电子工艺实践教程

主　编：张　金　周　生

副主编：余凯平　张　锋

　　　　岳伟甲　韩　玮

電子工業出版社.

Publishing House of Electronics Industry

北京·BEIJING

内 容 简 介

本书是作者在多年电子系统设计工程实践及教学基础上，以电子工艺、装配、调试技术为主，为电子工艺实训教学而编写的。本书内容包括安全用电、常用工具及材料、电子读图制图、焊接工艺、装配工艺、调试工艺、表面贴装工艺等，系统地介绍了电子工艺的基本常识。本书体系完整，内容充实，实例丰富，实用性强，叙述浅显易懂，可帮助高校学生掌握电子制作和设计的基本技能。

本书可作为培养应用电子方向技能型、实用型人才的操作用书，也可作为高等院校电子信息类、电气类等工科学生的专业教材，以及职业教育、技术培训和有关技术人员的参考书。

图书在版编目（CIP）数据

电子工艺实践教程/张金，周生主编 . —北京：电子工业出版社，2016. 10
（卓越工程师培养计划）
ISBN 978 – 7 – 121 – 30014 – 1

Ⅰ . ①电… Ⅱ . ①张… ②周… Ⅲ . ①电子技术 – 教材 Ⅳ . ①TN

中国版本图书馆 CIP 数据核字（2016）第 236469 号

策划编辑：王敬栋
责任编辑：底　波
印　　刷：北京捷迅佳彩印刷有限公司
装　　订：北京捷迅佳彩印刷有限公司
出版发行：电子工业出版社
　　　　　北京市海淀区万寿路 173 信箱　邮编 100036
开　　本：787 × 1 092　1/16　　印张：20　　字数：512 千字
版　　次：2016 年 10 月第 1 版
印　　次：2023 年 7 月第 7 次印刷
定　　价：49.80 元

凡所购买电子工业出版社图书有缺损问题，请向购买书店调换。若书店售缺，请与本社发行部联系，联系及邮购电话：(010)88254888，88258888。

质量投诉请发邮件至 zlts@ phei. com. cn，盗版侵权举报请发邮件至 dbqq@ phei. com. cn。

本书咨询联系方式：(010) 88254451。

前　言

Introduction

　　电子工艺实训是高等院校电类工科专业一门非常重要的实践课程,也是教育部"卓越工程师教育培养计划"中电子信息类课程群中的重要一环。特别是新世纪以来,信息技术的发展对具有创新性、实践性人才的需求越来越高,使得在工科学生的培养上必须加强实践环节,提高学生的动手能力、养成工程素质,为社会输送合格的应用型人才。

　　本书是根据多年的实践教学经验,结合电子工艺实训课程的教学特点而编写的,由陆军军官学院张金教授统稿,参与本书编写工作的还有陆军军官学院周生讲师、余凯平讲师、张锋讲师、岳伟甲讲师、韩玮讲师等。全书共 8 章,以电子设计与制作流程为主线,系统介绍电子工艺涉及的用电安全、常用工具及检测仪表的使用,模拟及数字电路读图训练,Altium Designer 原理图及印制电路板图设计制作方法,手工焊接技术及实例,自动焊接工艺,电子产品装配工艺,检测调试工艺及实例等内容,最后还详细讨论了表面贴装工艺及其元器件的手工焊接方法。

　　在本书编写过程中,参考了大量相关专业教材和资料,无法一一列出,在此向有关作者表示衷心的感谢。

　　由于作者水平有限,特别是电子工艺技术和工程实践的飞速发展,使得纰漏、不妥之处在所难免,敬请读者批评指正,并欢迎与作者联系,JGXYZhangJin@163.com。

编　者

2015 年 9 月　合肥

目 录 ■ ■ ■ ■ ■ ■ ■ ■ ■ ■ ■ ■ ■ ■ ■

CONTENTS

第1章 电子工艺基础 ·· 1

1.1 电子系统概述 ··· 1

1.1.1 电子系统基本类型 ·· 1

1.1.2 电子系统设计的基本内容与方法 ··················· 3

1.2 电子制作概述 ··· 8

1.2.1 电子制作基本概念 ·· 8

1.2.2 电子制作基本流程 ·· 8

1.3 电子工艺概述 ··· 11

1.4 安全用电 ··· 12

1.4.1 触电危害 ·· 12

1.4.2 安全电压 ·· 13

1.4.3 触电引起伤害的因素 ····································· 13

1.4.4 触电原因 ·· 13

1.4.5 安全用电技术 ·· 14

1.4.6 常见的不安全因素及防护 ······························ 16

1.4.7 安全常识 ·· 17

第2章 常用工具及材料 ··· 18

2.1 普通工具 ··· 18

2.1.1 螺钉旋具 ·· 18

2.1.2 钳具 ··· 19

2.1.3 扳手 ··· 20

2.1.4 其他五金工具 ·· 21

2.2 焊接工具及材料 ·· 21

2.2.1 焊接工具 ·· 21

2.2.2 焊接材料 ·· 25

2.3 检测调试工具 ··· 28

2.3.1 验电笔 ·· 29

2.3.2 万用表 ·· 29

2.3.3 毫伏表 ·· 34

2.3.4 信号发生器 ··· 36

V

2. 3. 5　示波器 ……………………………………………………………… 38

2. 4　其他工具与材料 …………………………………………………… 44

2. 4. 1　基本材料 ………………………………………………………… 44

2. 4. 2　其他工具 ………………………………………………………… 49

第 3 章　电子电路读图 ………………………………………………… 54

3. 1　电子电路图 ………………………………………………………… 54

3. 1. 1　概述 ……………………………………………………………… 54

3. 1. 2　分类 ……………………………………………………………… 54

3. 2　模拟电路读图 ……………………………………………………… 57

3. 2. 1　电路图用符号 …………………………………………………… 57

3. 2. 2　读图的思路及步骤 ……………………………………………… 63

3. 2. 3　模拟电路基本分析方法 ………………………………………… 66

3. 2. 4　模拟电路读图实例 ……………………………………………… 68

3. 3　数字电路读图 ……………………………………………………… 80

3. 3. 1　数字逻辑电路 …………………………………………………… 80

3. 3. 2　脉冲变换和整形电路 …………………………………………… 94

3. 3. 3　555 集成时基电路 ……………………………………………… 97

3. 3. 4　数字电路读图实例 ……………………………………………… 99

第 4 章　电子制图及制板 ……………………………………………… 106

4. 1　Altium Designer 制图 ……………………………………………… 106

4. 1. 1　概述 ……………………………………………………………… 106

4. 1. 2　原理图设计绘制 ………………………………………………… 106

4. 1. 3　建立原理图库 …………………………………………………… 114

4. 1. 4　创建 PCB 元器件封装 ………………………………………… 119

4. 1. 5　PCB 图设计 ……………………………………………………… 128

4. 2　印制电路板 ………………………………………………………… 136

4. 2. 1　概述 ……………………………………………………………… 136

4. 2. 2　印制电路板的类型和特点 ……………………………………… 136

4. 2. 3　印制电路板板材 ………………………………………………… 138

4. 2. 4　印制电路板对外连接方式的选择 ……………………………… 139

4. 3　印制电路板制板 …………………………………………………… 141

4. 3. 1　印制电路板的排版布局 ………………………………………… 141

4. 3. 2　一般元器件的布局原则 ………………………………………… 143

4. 3. 3　布线设计 ………………………………………………………… 144

4. 3. 4　焊盘与过孔设计 ………………………………………………… 145

4. 3. 5　印制电路板制造的基本工序 …………………………………… 146

4. 3. 6　印制电路板的简易制作 ………………………………………… 149

4. 3. 7　多层印制电路板制作简介 ……………………………………… 150

4. 4　STC89C51 单片机最小系统制图制板 …………………………… 151

       4.4.1　任务分析 ··· 151

       4.4.2　任务实施 ··· 153

       4.4.3　利用热转印技术制作印制电路板 ················· 184

第 5 章　焊接工艺 ·· 186

  5.1　焊接的基础知识 ··· 186

       5.1.1　概述 ··· 186

       5.1.2　锡焊机理 ·· 187

       5.1.3　焊接基本条件 ··· 188

  5.2　手工焊接 ·· 189

       5.2.1　焊接操作姿势 ··· 189

       5.2.2　电烙铁头清洁处理 ··································· 190

       5.2.3　元件镀锡 ·· 190

       5.2.4　五步法 ··· 192

       5.2.5　手工焊接工艺 ··· 193

       5.2.6　手工焊接方法 ··· 194

  5.3　焊接质量分析 ··· 195

       5.3.1　良好焊点的标准 ······································ 196

       5.3.2　焊点的质量要求 ······································ 196

       5.3.3　焊点的检查步骤 ······································ 197

       5.3.4　焊点的常见缺陷及原因分析 ······················ 197

  5.4　点阵板手工焊接实践 ······································· 202

       5.4.1　焊接前的准备 ··· 202

       5.4.2　点阵板的焊接方法 ··································· 203

       5.4.3　点阵板的焊接步骤与技巧 ·························· 203

  5.5　拆焊工艺 ·· 205

       5.5.1　拆焊工具及使用 ······································ 206

       5.5.2　拆焊方法 ·· 208

       5.5.3　拆焊操作要点 ··· 209

  5.6　自动焊接技术 ··· 210

       5.6.1　波峰焊 ··· 210

       5.6.2　浸焊 ··· 211

       5.6.3　再流焊 ··· 211

第 6 章　装配工艺 ·· 214

  6.1　装配工艺流程 ··· 214

       6.1.1　电子产品装配的分级 ································· 214

       6.1.2　装配工艺流程 ··· 214

  6.2　电子产品机械装配工艺 ···································· 216

       6.2.1　紧固件螺接工艺 ······································ 216

       6.2.2　铆装和销钉连接 ······································ 218

　　　6.2.3　胶接工艺　···　218

　　　6.2.4　压接工艺　···　219

　　　6.2.5　绕接工艺　···　220

　　　6.2.6　接插件连接工艺　···　221

　6.3　导线加工及安装工艺　··　222

　　　6.3.1　绝缘导线加工工艺　···　222

　　　6.3.2　屏蔽导线加工工艺　···　224

　　　6.3.3　绝缘同轴射频电缆的加工　···　225

　　　6.3.4　扁平电缆的加工　···　225

　　　6.3.5　导线的走线　··　226

　　　6.3.6　导线的扎制　··　227

　　　6.3.7　导线的安装　··　227

　6.4　印制电路板装配工艺　··　228

　　　6.4.1　印制电路板装配工艺流程　···　228

　　　6.4.2　元器件在印制电路板上的安装方法　··　229

　　　6.4.3　元器件引线成型工艺　···　231

　　　6.4.4　印制电路板电子元器件安装工艺　··　234

　6.5　电子产品整机总装工艺　··　238

第7章　调试工艺　··　240

　7.1　调试的内容和步骤　···　240

　　　7.1.1　通电前的检查　···　240

　　　7.1.2　通电调试　··　241

　　　7.1.3　整机调试　··　241

　7.2　整机调试的工艺流程　··　241

　　　7.2.1　样机调试的工艺流程　···　241

　　　7.2.2　整机产品调试的工艺流程　···　241

　7.3　静态的测试与调整　···　242

　　　7.3.1　直流电流的测试　···　242

　　　7.3.2　直流电压的测试　···　243

　　　7.3.3　电路静态的调整方法　···　243

　7.4　动态的测试与调整　···　243

　　　7.4.1　波形的测试与调整　··　244

　　　7.4.2　频率特性的测试与调整　··　244

　7.5　调试举例　··　246

　　　7.5.1　基板调试　··　246

　　　7.5.2　整机调试　··　249

　　　7.5.3　整机全性能测试　···　250

　7.6　整机调试中的故障查找及处理　··　250

　　　7.6.1　故障特点和故障现象　···　250

　　　7.6.2　故障处理步骤 ·· 251
　　　7.6.3　故障查找方法 ·· 251
　　　7.6.4　故障检修实例 ·· 253
　7.7　调试的安全措施 ·· 254
　　　7.7.1　调试的供电安全 ·· 254
　　　7.7.2　调试的操作安全 ·· 255
　　　7.7.3　调试的仪器设备安全 ·· 255
　　　7.7.4　调试时应注意的问题 ·· 256
　7.8　整机老化试验 ·· 257
　　　7.8.1　加电老化的目的 ·· 257
　　　7.8.2　加电老化的技术要求 ·· 258
　　　7.8.3　加电老化试验的一般程序 ···································· 258
　7.9　整机检验 ·· 258
　　　7.9.1　检验的概念和分类 ·· 258
　　　7.9.2　外观检验 ·· 259
　　　7.9.3　性能检验 ·· 259
　7.10　整机产品的防护 ·· 259
　　　7.10.1　防护的意义与技术要求 ······································ 259
　　　7.10.2　防护工艺 ·· 260

第8章　表面贴装技术 ·· 261
　8.1　SMT 概述 ·· 261
　　　8.1.1　表面贴装技术的特点 ·· 262
　　　8.1.2　为什么要用表面贴装技术 ······································ 263
　　　8.1.3　表面贴装技术的发展 ·· 263
　　　8.1.4　SMT 相关技术 ··· 263
　8.2　SMT 工艺流程 ·· 264
　　　8.2.1　单面贴装工艺 ··· 264
　　　8.2.2　单面插贴混装工艺 ·· 264
　　　8.2.3　双面贴装工艺 ··· 265
　　　8.2.4　双面插贴混装工艺 ·· 265
　8.3　表面贴装元器件 ·· 266
　　　8.3.1　概述 ·· 266
　　　8.3.2　表面贴装元件（SMC） ··· 267
　　　8.3.3　表面贴装器件（SMD） ··· 274
　8.4　表面贴装印制电路板（SMB） ·· 278
　　　8.4.1　SMB 的主要特点 ·· 278
　　　8.4.2　几种常用元器件的焊盘设计 ···································· 278
　　　8.4.3　SMB 相关设置 ·· 282
　　　8.4.4　元器件布局设置 ·· 284

8.4.5　基准标志 ·· 287

8.4.6　SMT 电子产品 PCB 设计 ·· 288

8.5　表面贴装工艺材料 ·· 291

8.5.1　焊膏的分类及组分 ·· 291

8.5.2　焊膏的选择依据及管理使用 ·· 293

8.5.3　无铅焊料 ··· 293

8.6　表面贴装设备 ·· 295

8.6.1　印刷设备 ··· 295

8.6.2　SMT 元器件贴装设备 ··· 297

8.6.3　再流焊炉 ··· 299

8.6.4　自动光学检测设备 ·· 300

8.7　表面贴装元器件手工焊接 ·· 301

8.7.1　工具和材料的特殊需要 ·· 302

8.7.2　控温电烙铁操作说明 ·· 303

8.7.3　焊接方法 ··· 305

8.7.4　BGA 元件手工焊接方法 ··· 307

参考文献 ·· 308

第1章 电子工艺基础

▣ 1.1 电子系统概述

系统是由两个以上各不相同且互相联系、互相制约的单元组成的，在给定环境下能够完成一定功能的综合体。这里所说的单元，可以是元器件、部件或子系统。一个系统又可能是另一个更大系统的子系统。

1.1.1 电子系统基本类型

1. 电子系统

通常将由电子元器件或部件组成的能够产生、传输、采集或处理电信号及信息的客观实体称为电子系统。例如，通信系统、雷达系统、计算机系统、电子测量系统、自动控制系统等。这些应用系统在功能与结构上具有高度的综合性、层次性和复杂性。当今电子产品的两大特点：产品的复杂性加深，根据 Moore 定律 IC 的复杂性，大约每 6 年增加 10 倍；产品的上市时间与市场寿命减小，竞争加剧，如图 1.1 所示。

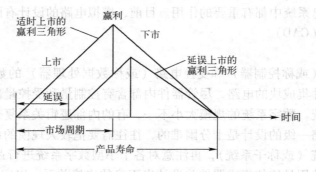

图 1.1 电子产品上市时间与市场寿命减小

当前 VCD 与 DVD 播放机已成为大众化的家电产品。该产品看似普通然而它们也属于集多种高新技术的复杂系统，必须在 VLSI 微电子技术的基础上才能实现。DVD 播放机的框图如图 1.2 所示。

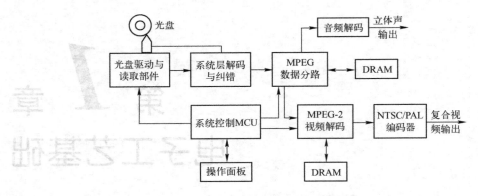

图 1.2　DVD 播放机系统框图

2. 电子系统的基本类型

图 1.3　复杂电子系统结构层次

复杂电子系统结构层次关系如图 1.3 所示。常用电子系统的基本类型如下。

（1）模拟系统

模拟电路是构成各种电子系统的基础，模拟系统是将各类待处理物理量通过各种传感器转换为电信号，使电信号的电压、电流、相位、频率等参数与某物理量具有直接的对应关系。经过处理的电信号有的需要还原成模拟量，如电视系统将光信号转换成电信号，再将电信号转换成光信号；有的则转换成其他物理量，如测量温度的仪表将温度转换成电信号后经处理再转换成磁信号，通过指针表示温度值。模拟系统的主要优点：在整个处理过程中，电信号的有关参数始终与原始的物理量有着直接的对应关系——模拟关系。应该注意，不管是模拟系统，还是数字系统都要用到模拟电子电路，切不可将模拟系统与数字系统混为一谈，认为在某个领域中模拟系统将被取代，或是模拟电路将被数字电路取代。应当明确，模拟电子电路在各类电子信息系统中都有重要的作用。目前，模拟电路的设计有两种方法：人工设计与计算机辅助设计（CAD）。

（2）数字系统

含有控制电路（或称控制器）和受控电路（或称数据处理器）的数字电路称为数字系统。已集成化为一片集成块的电路，尽管器件内部含有控制量和受控量部分，一般将其看成器件而不是数字系统。数字系统的规模大小不一，有的内部逻辑关系复杂，若直接对这样大的系统进行逻辑电路一级的设计是十分困难的，往往需要把较大规模的系统划分为若干较小规模的小型数字系统（或称子系统），再注意对各个小型数字系统进行逻辑电路级设计（逻辑电路级设计是指选用具体的集成器件并设计出正确的连接关系，以实现逻辑要求）。数字系统可分为两大类：同步数字系统和异步数字系统。目前异步数字系统还没有统一规范的设计方法，主要采用模块设计法——依靠经验，采用试凑的方法。异步教学系统设计方法还包括：寄存器传输语言 RTL（Register Transfer Language）设计法、ASM（Algorithmic State Machine）图设计法、MDS（Menmonic Documented Stale）图设计法、MCU 图设计法等。

（3）模拟、数字混合系统

现代电子产品一般既有模拟电路部分，又包含数字电路部分，是典型的模拟、数字混合系统。

（4）微处理器（单片机、嵌入式）系统

用微处理器构成的各类应用系统已深入到各个应用领域。单片机应用系统是指微处理器用于工业测量控制功能所必备的硬件结构系统。它包括微处理器（单片机）及其扩展电路、过程输入/输出通道、人机会话和接口电路等，如图 1.4 所示。

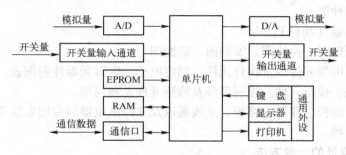

图 1.4　单片机应用系统

单片机及其扩展电路用于存储程序、数据并进行一系列运算处理。如微处理器内部组成不能满足系统要求时，尚有外部扩展程序存储器、数据存储器以及 I/O 等。

输入/输出通道包括模拟量输入/输出通道和开关量输入/输出通道两大部分。对模拟量信号的采集，需要经过模拟量输入通道的 A/D 转换器转换成数字信号，再通过接口送入微处理器进行加工处理、分析运算等。其结果通过模拟量输出通道的 D/A 转换器，转换为模拟量的输出控制，通常为伺服驱动控制。开关量输入/输出通道用来输入/输出开关量信号。

人机对话部分沟通操作者与系统之间的联系，通常由键盘、显示器、打印机等通过接口与单片机相连接。

通信接口实现系统与外界的数据交换，通常用串行标准接口 RS-232C，随着技术的发展，通用串行总线 USB 接口和以太网络接口的应用也逐渐普及。

（5）DSP（数字信号处理）系统

现代大型、复杂的电子系统一般总是上述 5 种类型或前 4 种类型的集成，而一些简单的系统，可能就是其中的某一种。以硬件实现的 DSP 系统的设计可在掌握 DSP 的理论和算法的前提下，借助数字系统的设计方法完成设计；以软件实现的 DSP 系统的设计可在掌握 DSP 的理论和算法的前提下，借助微型计算机系统的程序设计方法和硬件配置方法来完成；混合系统的设计可将模拟电子系统与数字电子系统的设计方法结合起来完成。从设计的角度来说，掌握了模拟电子系统、数字电子系统、微处理器系统的基本设计方法，就能够设计出现代复杂的电子系统。

1.1.2　电子系统设计的基本内容与方法

设计是构思和创造以最佳方式将设想向现实转化的活动过程，一般是根据已经提出的技术设想，制定出具体明确并付诸实施的方案。在一定条件下，以当代先进技术满足社会需求为目标，寻求高效率、高质量完成设计的方法。

1. 电子系统设计的基本内容

通常所说的电子系统设计，一般包括：拟定性能指标、电子系统的预设计、试验与修改设计等环节。分为：方案论证、初步设计、技术设计、试制与实验、设计定型五个阶段。衡量设计的标准：工作稳定可靠，能达到所要求的性能目标，并留有适当的余量；电路简单，成本低；所采用的元器件品种少，体积小，且货源充足便于生产、测试和维修。电子系统设计的基本内容如下。

- 明确电子信息系统设计的技术条件（任务书）。
- 选择电源的种类。
- 确定负荷容量（功耗）。
- 设计电路原理图、接线图、安装图、装配图。
- 选择电子、电器元件以及执行元件，制定电子、电器元器件明细表。
- 画出电动机、执行元件、控制部件及检测元件总布局图。
- 设计机箱、面板、印制电路板、接线板以及非标准电器和专用安装零件。
- 编写设计文档。

2. 电子系统设计的一般方法

传统的电子系统设计一般是采用搭积木式的方法进行的，即由器件搭成电路板，由电路板搭成电子系统。系统常用的"积木块"是固定功能的标准集成电路，如运算放大器、74/54系列（TTL）、4000/4500系列（CMOS）芯片和一些具有固定功能的大规模集成电路。设计者根据需要选择合适的器件，由器件组成电路板，最后完成系统设计。传统的电子系统设计只能对电路板进行设计，通过设计电路板来实现系统功能。

20世纪90年代以后，EDA（电子设计自动化）技术的发展和普及给电子系统的设计带来了革命性的变化。在器件方面，微控制器、可编程逻辑器件等飞速发展。利用EDA工具，采用微控制器、可编程逻辑器件，正在成为电子系统设计的主流。

采用微控制器、可编程逻辑器件通过对器件内部的设计来实现系统功能，是一种基于芯片的设计方法。设计者可以根据需要定义器件的内部逻辑和引脚，将电路板设计的大部分工作放在芯片的设计中进行，通过对芯片设计实现电子系统的功能。灵活的内部功能块组合、引脚定义等，可大大减轻电路设计和电路板设计的工作量和难度，有效地增强设计的灵活性，提高工作效率。同时采用微控制器、可编程逻辑器件，设计人员在实验室可反复编程，修改错误，以尽快开发产品，迅速占领市场。基于芯片的设计可以减少芯片的数量，缩小系统体积，降低能源消耗，提高系统的性能和可靠性。

基于系统功能与结构上的层次性，电子系统设计的一般方法有：自顶向下（Top-Down）法，自底向上（Bottom-Up）法及自顶向下与自底向上相结合的设计方法，所谓顶是指系统的功能件，底是指最基本的元件、器件，甚至是版图。

（1）自底向上法（Bottom-Up）

自底向上法是根据要实现的系统功能要求，首先从现有的可用的元件中选出合适的元件，设计成一个个部件，当一个部件不能直接实现系统的某个功能时，就需要设计由多个部件组成的子系统去实现该功能。上述过程一直进行到系统要求的全部功能都实现为止。设计步骤如图1.5所示。

该方法的优点是可以继承使用经过验证、成熟的部件与子系统，从而可以实现设计重用，减少设计的重复劳动，提高设计效率；缺点是设计过程中设计人员的思想受限于现成可用的元件，故不容易实现系统化、清晰易懂、可靠性高和维护性好的设计。该方法一般应用于小规模电子系统设计以及组装与测试。

（2）自顶向下法（Top - Down）

该设计方法首先从系统级设计开始。系统级的设计任务是：根据原始设计指标或用户的需求，将系统的功能全面、准确地描述出来，即将系统的输入/输出（I/O）关系全面准确地描述出来，然后进行子系统级设计。具体地讲，就是根据系统级设计所描述的功能，将系统划分和定义为一个个适当的能够实现某一功能的相对独立的子系统。每个子系统的功能（即输入/输出关系）必须全面、准确地描述出来，子系统之间的联系也必须全面、准确地描述出来。例如，移动电话应有收信和发信的功能，就必须分别安排一个接收机子系统和一个发射机子系统，还必须安排一个微处理器作为内务管理和用户操作界面管理子系统，此外天线和电源等子系统也必不可少。子系统的划分定义和互连完成后从下级部件向上级去进行设计，即设计或选用一些部件去组成实现既定功能的子系统。部件级的设计完成后再进行最后的元件级设计，选用适当的元件去实现该部件的功能，设计步骤如图1.6所示。

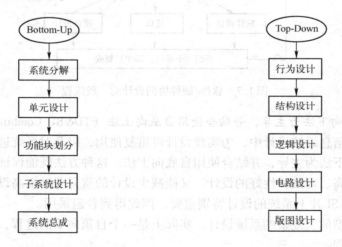

图 1.5　自底向上法的设计步骤　　　　图 1.6　自顶向下法设计步骤

自顶向下法是一种概念驱动的设计方法。该方法要求在整个设计过程中尽量运用概念（即抽象）去描述和分析设计对象，而不要过早地去考虑实现该设计的具体电路、元器件和工艺，以便抓住主要矛盾，避开具体细节，这样才能控制住设计的复杂性。整个设计在概念上的演化从顶层到底层应当由概括到展开，由粗略到精细。只有当整个设计在概念上得到了验证与优化后，才能考虑"采用什么电路、元器件和工艺去实现该设计"这类具体问题。此外，设计人员在运用该方法时还必须遵循下列原则。

①正确性和完备性原则；②模块化，结构化原则；③问题不下放原则；④高层主导原则；⑤直观性、清晰性原则。

采用"Top - Down"（自顶向下）设计方法必须注意以下问题。

① 在设计的每一个层次中，必须保证所完成的设计能实现所要求的功能和技术指标。注意功能上不能够有残缺，技术指标要留有余地。

② 注意设计过程中问题的反馈。解决问题采用"本层解决，下层向上层反馈"的原则，遇到问题必须在本层解决，不可以将问题传向下层。如果在本层解决不了，必须将问题反馈到上层，在上层中解决。完成一个设计，存在从下层向上层多次反馈修改的过程。

③ 功能和技术指标的实现采用子系统、部件模块化设计。要保证每个子系统、部件都可以完成明确的功能，达到确定的技术指标。输入/输出信号关系应明确、直观、清晰。应保证可以对子系统、部件进行修改与调整以及替换，而不牵一发动全身。

④ 软件/硬件协同审计，充分利用微控制器和可编程逻辑器件的可编程功能，在软件与硬件利用之间寻找一个平衡。软件/硬件协同设计的一般流程如图1.7所示。

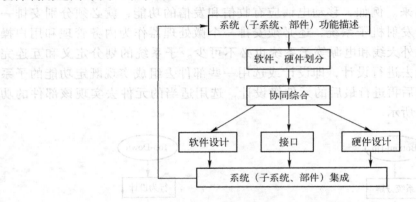

图 1.7 软件/硬件协同设计的一般流程

（3）以自顶向下法为主导，并结合使用自底向上法（TD&BU Combined）

近代的电子信息系统设计中，为实现设计可重复使用，以及对系统进行模块化测试，通常采用以自顶向下法为主导，并结合使用自底向上法。这种方法既能保证实现系统化、清晰易懂以及可靠性高、可维护性好的设计，又能减少设计的重复劳动提高设计效率。这对于以IP核为基础的VLSI片上系统的设计特别重要，因此得到普遍采用。

进行一项大型的、复杂的系统设计，实际上是一个自顶向下的过程，是一个上下多次反复进行修改的过程。

由于现代电子系统所采用的技术越来越先进，功能越来越强，结构越来越复杂，用传统的手工设计方法是无法设计的，也不能满足越来越短的研制周期要求，只有采用先进的EDA工具才能完成设计任务。设计者必须具备坚实的电路与系统的理论知识，对模拟、数字、微处理器和DSP的工程设计均要熟悉，还要熟悉使用EDA工具设计电子信息系统的流程。另外，EDA工具必须配有丰富的库（元器件图形符号库、元器件模型库、工艺参数库、标准单元库、可重用的电路模块库、IP库等），才有高的设计功能与效率以及具体工艺实现的可行性（由设计文档变成产品）。

电子系统设计方法如图1.8所示，一般称之为电子系统设计的Y图。

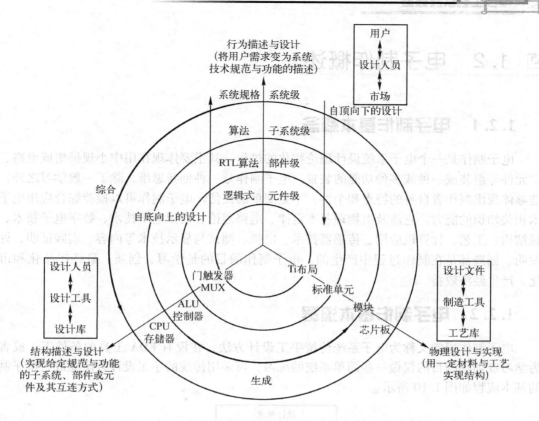

图 1.8　电子系统设计 Y 图

（4）设计的划分与步骤

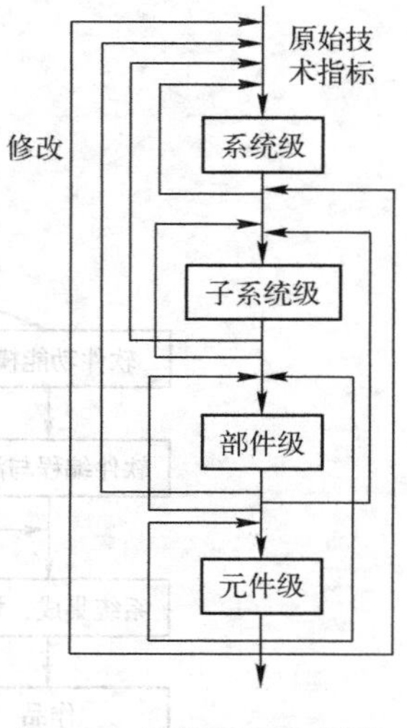

采用"Bottom - Up"（自底向上）设计方法或"Top - Down"（自顶向下）设计方法，一般都可以将整个设计划分为系统级设计、子系统级设计、部件级设计、元器件级设计 4 个层次，如图 1.9 所示。对于每一个层次都可以采用如下 3 步进行考虑。

第 1 步：行为描述与设计。将设计要求变为技术性能指标与功能的描述。

第 2 步：结构描述与设计。实现技术性能指标与功能的子系统、部件或元器件，以及相互连接关系、输入/输出信号、接口等。

第 3 步：物理描述与设计。实现结构的材料、元器件、工艺、加工方法、设备等。

图 1.9　设计的层次划分

例如，设计一个数字控制系统，行为描述与设计完成传递函数和逻辑表达式，结构描述与设计完成逻辑图和电路图，物理描述与设计确定使用的元器件、印制电路板的设计、安装方法等。

1.2 电子制作概述

1.2.1 电子制作基本概念

电子制作是一个电子系统设计理论物化的过程，其主要体现在用中小规模集成电路、分立元件等组装成一种或多种功能的装置。电子制作是一种创新思维，除了一般学习之外，它能够体现出制作者自身的特点和个性，不是简单的模仿。电子制作可以检验综合应用电子技术相关知识的能力，它涉及电物理基本定律、电路理论、模拟电子技术、数字电子技术、机械结构、工艺、计算机应用、传感器技术、电机、测试与显示技术等内容。实践证明，许多发明、创造都是在制作过程中产生的。电子制作的目的是学习、创新，最终产品化和市场化，产生经济效益。

1.2.2 电子制作基本流程

电子制作通常又称为电子系统传统手工设计方法，在没有 EDA 工具的条件下，或者作为学习或训练的目的仅做一些简单系统的练习，可采用传统的手工设计方法完成。电子制作的基本流程如图 1.10 所示。

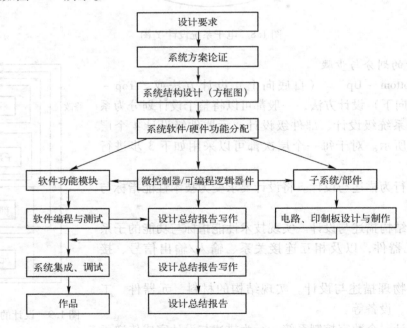

图 1.10 电子制作的基本流程

简要说明如下。

（1）审题

通过审题对给定任务或设计课题进行具体分析，明确所设计的系统的功能、性能、技术指标及要求，这是保证所做的设计不偏题、不漏题的先决条件。为此就要求学生与命题老师进行充分交流，务必弄清系统的设计任务要求。在真实的工程设计中，如果发生了偏题与漏题，用户将拒绝接受设计者的设计，设计者还要承担巨大的经济责任甚至法律责任；如果该设计是一次毕业设计训练，那么设计者将失去毕业设计成绩。所以审题这一步，事关重大，务必走稳、走好。

（2）方案选择与可行性论证

把系统所要实现的功能分配给若干个单元电路，并画出一个能表示各单元功能的整机原理框图。这项工作要综合运用所学知识，并同时查阅有关参考资料，要敢于创新、敢于采用新技术，不断完善所提的方案；应提出几种不同的方案，对它们的可行性进行论证，即从完成的功能的齐全程度、性能和技术指标的高低程序、经济性、技术的先进性以及完成的进度等方面进行比较，最后选择一个较适中的方案。

（3）单元电路的设计、参数计算和元器件选样

在确定总体方案、画出详细框图之后，便可进行单元电路设计。

① 根据设计要求和总体方案的原理框图，确定对各单元电路的设计要求，必要时应拟定主要单元电路的性能指标。应注意各个单元电路之间的相互配合，尽量少用或不用电平转换之类的接口电路，以简化电路结构、降低成本。

② 拟定各单元电路的要求后，检查无误后方可按一定顺序分别设计每一个单元电路。

③ 设计单元电路的结构形式。一般情况下，应查阅有关资料，从而找到适用的参考电路，也可从几个电路综合得出所需要的电路。

④ 选择单元电路的元器件。根据设计要求，调整元件，估算参数。

显然这一步工作需要有扎实的电子电路和数字电路的知识及清晰的物理概念。

（4）计算参数

在电子系统设计过程中，常需要计算一些参数。如设计积分电路时，需计算电阻值和电容值，还要估算集成电路的开环电压放大倍数、差模输入电阻、转换速率、输入偏置电流、输入失调电压和输入失调电流及温漂，最后根据计算结果选择元器件。

计算参数的具体方法，主要在于正确运用已学过的分析方法，搞清电路原理，灵活运用公式进行计算。一般情况下，计算参数应注意以下几点。

① 各元器件的工作电压、电流、频率和功耗等应在标称值允许范围内，并留有适当裕量，以保证电路在规定的条件下能正常工作，达到所要求的性能指标。

② 对于环境温度、交流电网电压变化等工作条件，计算参数时应按最不利的情况考虑。

③ 涉及元器件的极限参数（如整流桥的耐压）时，必须留有足够的裕量，一般按 1.5 倍左右考虑。例如，如果实际电路中三极管 U_{ce} 的最大值为 20V，挑选三极管时应按大于或等于 30V 考虑。

④ 电阻值尽可能选在 1MΩ 范围内，最大不超过 10MΩ，其数值应在常用电阻标称值之内，并根据具体情况正确选择电阻的品种。

⑤ 非电解电容尽可能在 100pF ~ 0.1μF 范围内选择，其数值应在常用电容器标称值系列之内，并根据具体情况正确选择电容器的品种。

⑥ 在保证电路性能的前提下，尽可能降低成本，减少元器件品种，减少元器件的功耗和体积，为安装调试创造有利条件。

⑦ 应把计算确定的各参数标在电路图的恰当位置。

⑧ 电子系统设计应尽可能选用中、大规模集成电路，但晶体管电路设计仍是最基本的方法，具有不可代替的作用。

⑨ 单元电路的输入电阻和输出电阻。应根据信号源的要求确定前置级电路的输入电阻，或用射极跟随器实现信号源与后级电路的阻抗匹配和转换，也可考虑选用场效管电路或采用晶体管自举电路。

⑩ 放大级数。设备的总增益是确定放大级数的基本依据。可考虑采用运算放大器实现放大级数。在具体选定级数时，应留有 15% ~ 20% 的增益裕量，以避免实现时可能造成增益不足的问题。除前置级外，放大级一般选用共发射级组态。

⑪ 级间耦合方式。级间耦合方式通常由信号、频率和功率增益要求而定。对低频特性要求很高的场合，可考虑直接耦合，一般小信号放大级之间采用阻容耦合，功放级与推动级或功放级与负载级之间一般采用变压器耦合，以获得较高的功率增益和阻抗匹配。

⑫ 为了降低噪声，I_{CQ} 可选得低些，选 β 小的管子。后级放大器，因输入信号幅值较大，工作点可适当高一些，同时选 β 较大的管子。工作点的选定以信号不失真为宜。工作点偏低会产生截止失真；工作点偏高，会产生饱和失真。

实践经验告诉我们，由于诸多因素的影响，在参数计算过程中，本着"定性分析、定量估算、实验调整"的方法是切合实际的，也是行之有效的。

（5）组装与调试

设计结果的正确性需要验证，但手工设计无法实现自动验证。虽然也可以在纸面上进行手工验证，但由于人工管理复杂性的能力有限再加上人工计算时多用近似值，设计中使用的器件参数与实际使用的器件参数不一致等因素，使得设计中总是不可避免地存在误差甚至错误，因而不能保证最终的设计是完全正确的。这就需要将设计的系统在面包板上进行组装，并用仪器进行测试，发现问题时随时修改，直到所要求的功能和性能指标全部符合要求为止。一个未经验证的设计总是有这样或那样的问题和错误，通过组装与调试对设计进行验证与修改、完善是传统手工设计法不可缺少的一个步骤。

（6）印制电路板的设计与制作

具有印制电路的绝缘底板称为印制电路板，简称印制板。

印制电路板在电子产品中通常有三种作用：作为电路中元件和器件的支撑件；提供电路元件和器件之间的电气连接；通过标记符号把安装在印制板上面的元件和器件标注出来，给人以一目了然的感觉，这样有助于元件和器件的插装和电气维修，同时大大减少了接线数量和接线错误。

印制板有单面印制板（绝缘基板的一面有印制电路）、双面印制板（绝缘基板的两面有印制电路）、多层印制板（在绝缘基板上制成三层以上印制电路）和软印制板（绝缘基板是软的层状塑料或其他质软的绝缘材料），一般电子产品使用单面和双面印制板。在导线的密度较大，单面板容纳不下所有的导线时使用双面板。双面板布线容易，但制作较难、成本较高，所以从经济角度考虑尽可能采用单面印制板。

（7）元件焊接与整机装备调试

电子产品的焊接装配是在元器件加工整形，导线加工处理之后进行的，装配也是制作产品的重要环节。要求焊点牢固、配线合理、电气连接良好、外表美观，保证焊接与装配的工艺质量。

　　（8）编写设计文档与总结报告

　　正如前面所指出的，从设计的第一步开始就要编写文档。文档的组织应符合系统化、层次化和结构化的要求；文档的文句应条理分明、简洁、明白；文档所用的单位、符号以及文档的图纸均应符合国家标准。可见，要编写出一个合乎规范的文档并不是一件容易的事，初学者应先从一些简单系统的设计入手，进行编写文档的训练。文档的具体内容与上面所列的设计步骤是相呼应的，如下。

　　① 系统的设计要求与技术指标的确定。

　　② 方案选择与可行性论证。

　　③ 单元电路的设计、参数计算和元器件选择。

　　④ 列出参考资料目录。

　　总结报告是在组装与调试结束之后开始撰写的，是整个设计工作的总结，其内容包括。

　　① 设计工作的日志。

　　② 原始设计修改部分的说明。

　　③ 实际电路图、实物布置图、实用程序清单等。

　　④ 功能与指标测试结果（含使用的测试仪器型号与规格）。

　　⑤ 系统的操作使用说明。

　　⑥ 存在问题及改进方向。

　　以上介绍的是电子系统生产厂家在进行电子产品制作过程中所包含的内容。对于初学者来说，则不必考虑那么多，通常只要挑选出需要的电路进行安装调试就可以了。介绍的主要目的是通过电子系统制作，提高电子学理论水平和实际动手能力，更深刻地理解电子学原理，熟悉各种类型的单元电路，掌握各种电子元器件的特点，深入了解电路在不同工作状态下的特性，逐步学习更多、更新的知识，掌握电子产品制作知识和技能，为上岗工作打下良好基础。

■ 1.3　电子工艺概述

　　电子产品的种类繁多，主要分为电子材料、元件、器件、配件、整机和系统。各种电子材料和元器件是构成配件和整机的基本单元，配件和整机又是组成电子系统的基本单元。任何电子产品从原材料进厂，到加工、制造、检验的每一个环节，直到成品出厂，都要按照特定的工艺规程去生产。

　　工艺是劳动者利用生产工具对各种原材料、半成品进行加工和处理，改变它们的几何形状、外形尺寸、表面状态、内部组织、物理和化学性能以及相互关系，最后使之成为预期产品的方法及过程。

　　工艺工作是对时间、速度、能源、方法、程序、生产手段、工作环境、组织机构、劳动管理、质量监控等生产因素科学研究的总结。工艺工作的内容又可分为工艺技术和工艺管理两大类。工艺技术是人类在劳动中逐渐积累起来并经过总结的操作技术经验，它是应用科学、生产实践及劳动技能的总和。工艺管理是从系统的观点出发，对产品制造过程的各项工艺技术活动进行规划、组织、协调、控制及监督，以实现安全、优质、高产、低消耗的既定目标。

电子工艺技术的发展经历了五个时代。

第一代：电子管—底座框架式时代（1950—1959）。

第二代：晶体管—通孔插装（THT）时代（1960—1969）。

第三代：集成电路—通孔插装时代（1970—1979）。

第四代：大规模集成电路—表面安装（SMT）时代（1980—1984）。

第五代：超大规模集成电路—多层复合贴装（MPT）时代（1985—今）。

通过电子工艺的学习和实践，应具备以下能力素质。

① 焊：掌握电子元件的焊接、拆焊技术。

② 选：能够熟练进行元器件识别、性能简易测试、筛选。

③ 装：具备电子电路和电子产品装配能力。

④ 调：具备电子电路与电子小产品调试能力。

⑤ 测：会正确使用电子仪器测量电参数。

⑥ 读：具备电子电路读图能力。

⑦ 编：会编写简单控制程序，驱动硬件完成预定功能。

⑧ 写：培养编写实习报告的能力。

⑨ 校：具备电子产品质量检验的能力。

1.4　安全用电

生存、安全、精神是人类三大需求，电具有双重性，安全用电是现代人的基本素养。电气安全主要包括人身安全和设备安全两个方面。人身安全是指在从事工作和电气设备操作使用过程中人员的安全，设备安全是指电气设备及有关其他设备、建筑的安全。

1.4.1　触电危害

人体触及带电体时，有电流流过人体就是触电，触电对人体的危害主要有电击和电伤两种。

1. 电击

电击是指电流通过人体内部，影响呼吸、心脏和神经系统，造成人体内部组织的损坏乃至死亡，即其对人体的危害是体内的、致命的。它对人体的伤害程度与通过人体的电流大小、通电时间、电流途径及电流性质有关。

2. 电伤

电伤是指由于电流的热效应、化学效应或机械效应对人体所造成的危害，包括烧伤、电烙伤、皮肤金属化等。它对人体的危害一般是体表的、非致命的。

（1）烧伤

烧伤是指由于电流的热效应而灼伤人体皮肤、皮下组织、肌肉，甚至神经等。其表现形式是发红、起泡、烧焦、坏死等。

（2）电烙伤

电烙伤是指由于电流的机械效应或化学效应，而造成人体触电部位的外部伤痕，如皮肤表面的肿块等。

（3）皮肤金属化

皮肤金属化是指由于电流的化学效应，使得触电点的皮肤变为带电金属体的颜色。

1.4.2 安全电压

安全电压是指在一定的皮肤电阻下，人体不会受到电击时的最大电压。我国规定的安全电压有 42V、36V、24V、12V、6V 等几种。

安全电压并不是指在所有条件下均对人体不构成危害，它与人体电阻和环境因素有关。

人体电阻一般分为体内电阻和皮肤电阻。体内电阻基本上不受外界条件的影响，其值为 500Ω 左右。

皮肤电阻因人、因条件而异。干燥皮肤的电阻大约为 $100k\Omega$，但随着皮肤的潮湿，电阻值逐渐减小，可小到 $1k\Omega$ 以下。42V、36V 是就人体的干燥皮肤而言的，在潮湿条件下，安全电压应为 24V 或 12V，甚至 6V。

1.4.3 触电引起伤害的因素

触电对人体的伤害与多种因素有关，主要有电击强度、电流途径和电流的性质等。

1. 电击强度

电击强度是指通过人体的电流与通电时间的乘积。1mA 的电流可使人体产生电击的感觉。数毫安的电流可引起肌肉收缩、神经麻木。电疗仪及电子针灸仪是利用微弱电流对人体的刺激达到治疗的目的。十几毫安的电流可使肌肉剧烈收缩、痉挛、失去自控能力，无力使自己与带电体脱离。几十毫安的电流通过人体 1s 以上就可造成死亡。几百毫安的电流可以使人体严重烧伤，并立即停止呼吸。人体受到 $30mA \cdot s$ 以上的电击强度时，就会产生永久性的伤害。

2. 电流途径

若电流不经过人体的脑、心、肺等重要部位，除了电击强度较大时会造成内部烧伤外，一般不会危及生命。若电流流经人体的心脏，则会引起心室颤动，较大的电流还会造成心脏停搏。若电流流经人体的脑部，则会使人昏迷，直至死亡。若电流流经人体的肺部，则会影响呼吸，使呼吸停止。

3. 电流的性质

直流电不易使心脏颤动，人体忍受直流电击的电击强度要稍高一些。静电因随时间很快减弱，没有足够量的电荷，一般不会导致严重后果。高频（特别是高于 20kHz）电流由于集肤效应，使得体内电流相对减弱，故对人体伤害较小。

$40 \sim 300Hz$ 的交流电对人体危害最大，当通过时间超过心脏脉动周期时，极易引起心室颤动而造成严重后果。其中工频（50Hz）信号人们接触最多，危害最大。

1.4.4 触电原因

人体触电，主要原因有直接触电、间接触电和跨步电压引起的触电。直接触电又分为单相触电和双相触电两种。

1. 直接触电

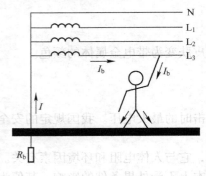

图 1.11　单相触电

（1）单相触电

单相触电是指人体的某一部分触及带电设备或电路中的某一相导体时，一相电流通过人体经大地回到中性点，人体承受相电压。绝大多数触电事故都属于这种形式，如图 1.11 所示。

（2）双相触电

双相触电是指人体两处同时触及两相带电体而发生的触电事故。这种形式的触电，加在人体的电压是电源的线电压（380V），电流将从一相经人体流入另一相导线，如图 1.12 所示。

双相触电的危险性比单相触电高。

2. 间接触电

间接触电是指电气设备已断开电源，但由于设备中高压大容量电容的存在而导致在接触设备某些部分时发生的触电。这类触电有一定的危险性，容易被忽视，因此要特别注意。

3. 跨步电压引起的触电

故障设备附近（如电线断落在地上），或雷击电流经设备入地时，在接地点周围存在电场，人走进这一区域，两脚之间形成跨步电压就会引起的触电事故，如图 1.13 所示。

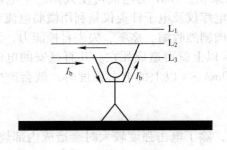

图 1.12　双相触电

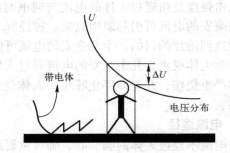

图 1.13　跨步电压引起的触电

1.4.5　安全用电技术

1. 三相电路的保护接零

电力系统的供电是将 6kV 以上的高压电经变压器降压后，送给工厂和用户使用。我国采用三相四线制供电，如图 1.14 所示。变压器负端中性点接地称为工作接地，从中性点引到用户的线称为工作零线。

用电设备外壳与工作零线相接称为保护接零。其优点是当绝缘损坏，有一相线碰壳时，通过外壳设备使该相线与零线形成短路（即短路碰壳），利用短路时产生的大电流，促使电路保护装置断开（如熔断器断开），以消除触电的危险性。

必须注意零线不准接保险丝（即熔断器）。常用电子仪器、家用电器均采用交流单相

220V 供电，其中输电线一根为相线，一根为工作零线。

保护接零是指电器外壳要接地，即除相（火）线、工作零线外，还应有一根保护零线，如图 1.15 所示。

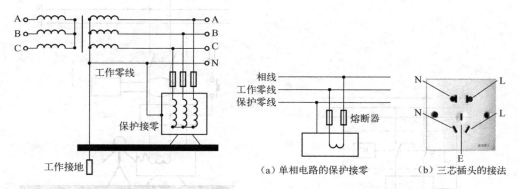

图 1.14　三相电路保护接零　　　　　　图 1.15　单相电路的保护接零

保护接零的措施是采用三芯接头。正确的接法是 E 接外壳，L 接相线，N 接工作零线。

必须注意不能把工作零线与保护零线接在一起，这样不仅不能起到保护作用，反而可能使外壳带电，当人体接触电器外壳时引起触电。

保护零线（地线）和工作零线相比，对地电压均为 0V，但保护零线不能接熔断器，而工作零线可以接熔断器。

2. 三相电路的保护接地

在没有中性点接地的三相三线制电力系统中，用电设备的外壳与大地连接起来称为保护接地，如图 1.16 所示。

当一相线碰壳而设备未接地时，人触及设备外壳要发生单相触电。当采用保护接地时，接地电阻远小于人体电阻。因此，当人体接触带电外壳时，由于接地电阻（R_b）远小于人体电阻（R_r），产生的大电流通过 R_b 到地，使电路保护装置动作，可避免人体的触电危险。

根据国家有关标准规定，接地电阻 $R_b \leqslant 4 \sim 10\Omega$。

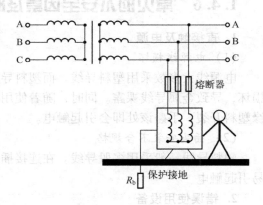

图 1.16　保护接地原理图

3. 漏电保护开关

漏电保护开关也称触电保护开关，是一种切断型保护安全技术，它比接地保护或接零保护更灵敏、更有效。漏电保护器有电压型和电流型两种，其工作原理基本相同，可把它看成一种具有检测电功能的灵敏继电器，如图 1.17 所示，当检测到漏电情况后，检测器 JC 控制开关 S 动作切断电源。

典型的电流型漏电保护开关工作原理如图 1.18 所示。当电器正常工作时，检测线圈内流进与流出的电流大小相等，方向相反，线圈不感应信号，检测输出为零，开关闭合，电路正常工作。当电器发生漏电时，漏电流不通过零线。线圈内检测到的电流之和不为零，当检测到的不平衡电流达到一定数值时,通过放大器输出信号将开关切断。漏电保护开关的主要作用是防止人身触电,在某些条件下,也能起到防止电气火灾的作用。

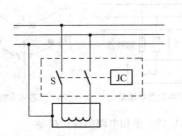 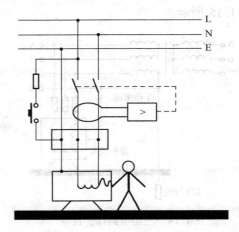

图 1.17 漏电保护开关示意图　　图 1.18 电流型漏电保护开关

按照国家标准规定,电流型漏电保护开关电流与时间乘积(又称电击强度)小于或等于 30mA·s。实际产品额定动作电流一般为 30mA,动作时间为 0.1s(乘积为 3mA·s)。如果是在潮湿等恶劣环境,可以选用动作电流更小的规格。

1.4.6　常见的不安全因素及防护

1. 直接触及电源

(1)电源线损坏

电源线大多数采用塑料导线。而塑料导线极容易被划伤或被电烙铁烫坏,使得绝缘塑料损坏,导致金属导线裸露。同时,随着使用时间的增加,塑料导线的老化较为严重,使得绝缘塑料开裂,手碰该处即会引起触电。

(2)插头安装不合规格

塑料导线一般采用多股导线。在连接插头时,如果多股导线未绞合而外露,手抓插头容易引起触电。

2. 错误使用设备

在仪器的调试或电路实验中,往往需要使用多种仪器组成所需电路。若不了解各种设备的电路接线情况,有可能将 220V 电源线引入表面上认为安全的地方,造成触电的危险。

3. 金属外壳带电

金属外壳带电的主要原因有以下几种。

① 电源线虚焊。由于电源线在焊接时造成虚焊,使得在运输、使用过程中开焊脱落,搭接在金属件上同外壳连通。

② 工艺不良。电子设备或产品由于在制造时,工艺不过关,使得产品本身带有隐患,如金属压片固定电源线时,压片存在尖棱或毛刺,容易在压紧或振动时损坏电源线的绝缘层。

③ 接线螺钉松动造成电源线脱落。在一些电子设备中,电源线通过接线柱与电路连接,

接线螺钉松动容易使得电源线脱落，造成仪器外壳带电。

④ 设备长期使用不检修，导线绝缘老化开裂，碰到外壳尖角处形成通路。电子仪器设备的电源线一般采用塑料导线，随着使用时间的增加，导线的绝缘层老化开裂，碰到外壳尖角处容易形成通路。

⑤ 错误接线。三芯接头中工作零线与保护零线短接。当工作零线与电源相线相接时，造成外壳直接接到电源相线上。

4. 电容器放电

电容器是存储电荷的容器，由于其绝缘电阻很大，即漏电流很小，电源断开后，电能可能会存储相当长的时间。因此，在维修或使用旧电容器时，一定要注意防止触电。尤其是电压超过千伏或电压虽低，但容量为微法以上的电容器时要特别小心，使用或维修前一定要放电。

1.4.7 安全常识

1. 接通电源前的检查

电源线不合格最容易造成触电。因此，在接通电源前，一定要认真检查，做到四查而后插。即一查电源线有无损坏；二查插头有无外露金属或内部松动；三查电源线插头的两极间有无短路，同外壳有无通路；四查设备所需电压值与供电电压是否相符。检查方法是采用万用表进行测量。两芯插头的两个电极及它们之间的电阻均应为无穷大。三芯插头的外壳只能与接地极相接，其余均不通。

2. 装焊操作安全规则

① 不要惊吓正在操作的人员，不要在实验室争吵打闹。

② 电烙铁头在没有确信脱离电源时，不能用手摸。

③ 电烙铁头上多余的焊锡不要乱甩，特别是往身后甩危险很大。

④ 电烙铁应远离易燃品。

⑤ 拆焊有弹性的元件时，不要离焊点太近，并使可能弹出焊锡的方向向外。

⑥ 插拔电烙铁等电器的电源插头时，要手拿插头，不要抓电源线。

⑦ 用螺丝刀拧紧螺钉时，另一只手不要握在螺丝刀刀口方向上。

⑧ 用剪线钳剪断短小导线时，要让导线飞出方向朝着工作台或空地，不可朝向人或设备。

⑨ 各种工具、设备要摆放合理、整齐，不要乱摆、乱放，以免发生事故。

⑩ 要注意文明实验、文明操作，不乱动仪器设备。

第 **2** 章
常用工具及材料

电子制作常用的工具可划分为普通工具、焊接工具和检测调试工具三大类。

2.1 普通工具

2.1.1 螺钉旋具

螺钉旋具螺俗称改锥、起子，分为十字螺钉旋具和一字螺钉旋具。主要用于拧动螺钉及调整可调元件的可调部分，是电子产品装配和检修时的主要工具之一。电工用螺钉旋具有：50mm、75mm、100mm、150mm、200mm、250mm 和 300mm 几种。十字螺钉旋具按照其头部旋动螺钉规格的不同分为：Ⅰ、Ⅱ、Ⅲ、Ⅳ 几个型号，分别用于旋动 22.5mm、6～8mm、10～12mm 的螺钉。如图 2.1 所示为手动螺钉旋具实物。

（a）一字形　　　　　　　　　　　　（b）十字形

图 2.1　常用螺钉旋具实物

常用的机动螺钉旋具分为电动和风动两大类（分别称为电批和风批）。适合在大批量流水线上使用。自动螺钉旋具（活动螺丝刀）适用于旋动头部带槽的机螺钉和木螺钉。这种旋具有顺旋、倒旋和同旋三种动作，如图 2.2 所示。

图 2.2　自动螺钉旋具实物

螺帽旋具（螺帽起子、管拧子）适用于装拆外六角螺母或螺丝，比使用扳手效率高、省力、不易损坏螺母或螺钉。如图2.3所示为钟表螺钉旋具，主要用于小型或微型螺钉的装拆，有时也用于小型可调元件的调整。由于它通体为金属，使用时要特别注意安全用电。

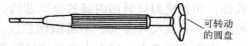

可转动的圆盘

图2.3　钟表螺丝刀实物

无感螺丝刀用于电子产品中电感类组件磁芯的调整，一般采用塑料、有机玻璃等绝缘材料和非铁磁性物质做成。另外还有带试电笔的螺钉旋具。

2.1.2　钳具

电工常用的钳具有钢丝钳、剪线钳、剥线钳、尖嘴钳等，其绝缘柄耐压应为1000V以上。

尖嘴钳主要用来夹小螺钉帽，绞合硬钢线，在焊接点上网绕导线、网绕元器件的引线，或者用于布线，其尖口用作剪断导线，还可用作元器件引脚成型，如图2.4所示。尖嘴钳按其长度分成不同的规格，一般可分为130mm、160mm、180mm和200mm四种，常用的是160mm塑柄尖嘴钳。在使用尖嘴钳时应注意不能用尖嘴钳装卸螺丝、螺母；用力夹持硬金属导线及其硬物，以避免钳嘴的损坏。

钢丝钳又称虎口钳、平口钳，主要作用与尖嘴钳基本相同，其铡口可用来铡切钢丝等硬金属丝，如图2.5所示。常用规格有150mm、175mm和200mm三种。带绝缘柄的钢丝钳可在带电的场合使用，工作电压一般为500V，有的则可耐压5000V。

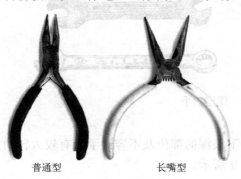

普通型　　　　　　长嘴型

图2.4　尖嘴钳

图2.5　钢丝钳

剪线钳又称斜口钳、偏口钳，用于剪细导线、元器件引脚或修剪焊接各多余的线头，还常用来代替一般剪刀剪切绝缘套管、尼龙扎线卡等，如图2.6所示。

图2.6　剪线钳

剥线钳主要用来快速剥去导线外面塑料包线的工具，如图2.7所示。使用时要注意选好孔径，切勿使刀口剪伤内部的金属芯线，常用规格有140mm、180mm两种。其特点是使用效率高、剥线尺寸准确、不易损伤芯线。但剥线钳切剥导线端头的绝缘层时，切口不太整齐，操作也较费力，故在大批量的导线剥头时应使用导线剥头机。

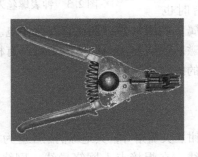

被剥导线

图2.7　剥线钳

2.1.3　扳手

扳手有固定扳手、套筒扳手、活动扳手三类，是紧固或拆卸螺栓、螺母的常用工具。

（1）固定扳手（呆扳子）

固定扳手适用于紧固或拆卸方形或六角形螺栓、螺母，如图2.8所示。

图2.8　固定扳手

（2）套筒扳手

套筒扳手适用于在装配位置很狭小、凹下很深的部位及不容许手柄有较大转动角度的场合下，紧固、拆卸六角螺栓或螺母，如图2.9所示。

（3）活动扳手

活动扳手的开口宽度可以调节，故能扳动一定尺寸范围的六角头或方头螺栓、螺母，如图2.10所示。

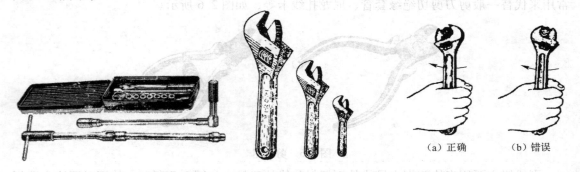

（a）正确　　（b）错误

图2.9　套筒扳手　　　　图2.10　活动扳手及其扳动方向示意图

2.1.4　其他五金工具

（1）手锤（榔头）

在凿削和装拆机械零件等操作都必须使用手锤敲击。

（2）锉刀

锉刀是钳工锉削使用的工具，如图 2.11 所示为整形锉。

图 2.11　整形锉

（3）钻具

常用钻孔的工具有手摇钻、手电钻、台钻等。

2.2　焊接工具及材料

2.2.1　焊接工具

焊接工具是指电气焊接用的工具。

（1）电烙铁

电烙铁用于各类电子整机产品的手工焊接、补焊、维修及更换元器件。其工作原理是烙铁芯内的电热丝通电后，将电能转换成热能，经烙铁头把热量传给被焊工件，对被焊接点部位的金属加热，同时熔化焊锡，完成焊接任务。

电烙铁根据传热方式可分为内热式电烙铁和外热式电烙铁；根据用途可分为吸锡电烙铁、恒温电烙铁、防静电电烙铁、自动送锡电烙铁、感应式烙铁（又称速烙铁，俗称焊枪）等；按电烙铁的功率可分为 20W、30W、35W、45W、50W、75W、100W、150W、200W、300W 等多种规格。一般电子产品电路板装配多选用 35W 以下功率的电烙铁。普通电烙铁如图 2.12 所示。电烙铁直接用 220V 交流电源加热，电源线和外壳之间应是绝缘的，电源线和外壳之间的电阻应大于 200MΩ。

外热式电烙铁的烙铁头安装在烙铁芯的里面，即产生热能的烙铁芯在烙铁头外面，故称为外热式电烙铁，其结构如图 2.13 所示。

外热电烙铁的优点是经久耐用、使用寿命长，长时间工作时温度平稳，焊接时不易烫坏元器件。但外热式电烙铁的体积大，焊小型器件时显得不方便。热效率低，一般要预热 6 ～ 7 分钟才能焊接。

内热式电烙铁的发热部分（烙铁芯）安装于烙铁头内部，其热量由内向外散发，故称为内热式电烙铁，如图2.14所示。

（a）外热式电烙铁　　　　　　　　　　　　　　　（b）内热式电烙铁

图 2.12　普通电烙铁

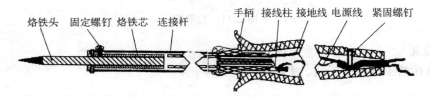

图 2.13　直立型外热式电烙铁

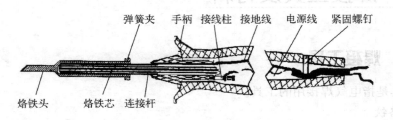

图 2.14　内热式电烙铁

内热式电烙铁的热效率高，烙铁头升温快，相同功率时的温度高、体积小、质量轻。但烙铁头易氧化、烧死，因此内热式烙铁寿命较短，不适合做大功率的烙铁。内热式电烙铁特别适合修理人员或业余电子爱好者使用，也适合偶尔需要临时焊接的工种，如调试、质检等。

烙铁头的形状要适应焊接物的要求，常见的有锥形、凿形、圆斜面形等形状，如图2.15所示。普通的新电烙铁第一次使用前要用锉刀去掉烙铁头表面的氧化层，并给烙铁头上锡。烙铁头长时间工作后，由于氧化和腐蚀作用，使烙铁面变得凹凸不平，故必须用锉刀锉平。

恒温电烙铁的温度能自动调节保持恒定。根据控制方式的不同，分为磁控恒温电烙铁和热电偶检测控温式自动调温恒温电烙铁两种。

磁控恒温电烙铁是借助于电烙铁内部的磁性开关而达到恒温的目的，其结构如图2.16所示。

热电偶检测控温式自动调温恒温电烙铁（自控焊台）依靠温度传感元件监测烙铁头温度，并通过放大器将传感器输出信号放大处理，去控制电烙铁的供电电路输出的电压高低，从而达到自动调节电烙铁温度、使电烙铁温度恒定的目的，如图2.17所示。

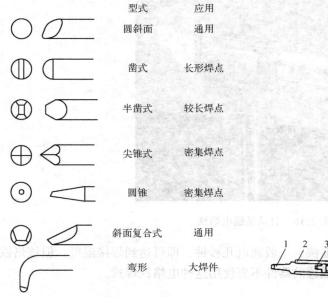

型式	应用
圆斜面	通用
凿式	长形焊点
半凿式	较长焊点
尖锥式	密集焊点
圆锥	密集焊点
斜面复合式	通用
弯形	大焊件

图 2.15　常用烙铁头

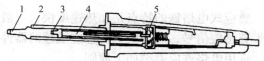

图 2.16　磁控恒温烙铁

1—烙铁头；2—烙铁芯；3—磁性传感器；
4—永久磁铁；5—磁性开关

（a）带气泵型自动调温恒温电烙铁（含吸锡电烙铁）

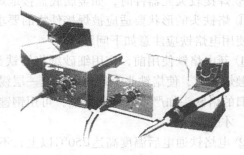

（b）防静电型自动调温恒温电烙铁（两台）

图 2.17　调温恒温电烙铁（吸锡及防静电焊台）

　　恒温电烙铁具有如下特点：省电；使用寿命长；焊接质量高；烙铁头的温度不受电源电压、环境温度的影响；恒温电烙铁的体积小、质量轻。

　　吸锡电烙铁是将活塞吸锡器和电烙铁融为一体的拆焊工具。用于拆焊（解焊）时，对焊点加热并除去焊接点上多余的焊锡。

　　防静电电烙铁（防静电焊台）主要完成对电烙铁的去静电供电、恒温等功能。防静电烙铁价格贵，只在有特殊要求的场合使用。如焊接超大规模的 CMOS 集成块，计算机板卡、手机等维修。

　　自动送锡电烙铁能在焊接时将焊锡自动输送到焊接点，可使操作者腾出一只手来固定工件，因此在焊接活动的工件时特别方便，如进行导线的焊接、贴片元器件的焊接等，如图 2.18 所示。

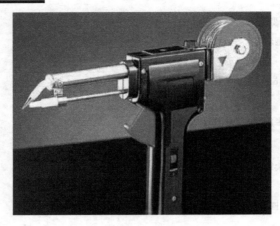

图 2.18　自动送锡电烙铁

感应式电烙铁的特点是加热速度快，一般通电几秒钟，即可达到焊接温度。但该烙铁头上带有感应信号，对一些电荷感应敏感的器件不要使用这种电烙铁焊接。

选用电烙铁应遵循如下原则。

① 焊接集成电路、晶体管及受热易损的元器件时，考虑选用20W内热式或25W外热式电烙铁。

② 焊接较粗导线和同轴电缆时，考虑选用50W内热式或45~75W外热式电烙铁。

③ 焊接较大元器件时，如金属底盘接地焊片，应选用100W以上的电烙铁。

④ 烙铁头的形状要适应被焊接件物的要求和产品装配密度。

使用电烙铁应注意如下问题。

① 新电烙铁使用前，应用细砂纸将烙铁头打光亮，通电烧热，蘸上松香后用烙铁头刃面接触焊锡丝，使烙铁头上均匀地镀上一层锡。这样做，可以便于焊接和防止烙铁头表面氧化。旧的烙铁头如严重氧化而发黑，可用钢锉锉去表层氧化物，使其露出金属光泽，重新镀锡后，才能使用。

② 电烙铁通电后温度高达250℃以上，不用时应放在烙铁架上，但较长时间不用时应切断电源，防止高温"烧死"烙铁头（被氧化）。要防止电烙铁烫坏其他元器件，尤其是电源线。

③ 不要把电烙铁猛力敲打，以免震断电烙铁内部电热丝或引线而产生故障。

④ 电烙铁使用一段时间后，可能在烙铁头部留有锡垢，在电烙铁加热的条件下，我们可以用湿布轻擦。若有出现凹坑或氧化块，应用细纹锉刀修复或直接更换烙铁头。

⑤ 掌握好电烙铁的温度，当电铬铁上加松香冒出柔顺的白烟时为焊接最佳状态。

⑥ 应选用焊接电子元件用的低熔点焊锡丝，用25%的松香溶解在75%的酒精（质量比）中作为助焊剂。

（2）烙铁架

烙铁架主要用于搁放通电加温后的电烙铁，以免烫坏工作台或其他物品。

（3）电热风枪

电热风枪由控制台和电热风吹枪组成，如图2.19所示。其工作原理是利用高温热风，加热焊锡膏和电路板及元器件引脚，使焊锡膏熔化，来实现焊装或拆焊的目的。专门用于焊装或拆卸表面贴装元器件的专用焊接工具。

（4）镊子

在焊接过程中，镊子是配合使用不可缺少的工具，主要用在焊接时夹持导线和元器件，防止其移动。特别是在焊接小零件时，用手扶拿会烫手，既不方便，有时还容易引起短路。一般使用的镊子有两种：一种是用铝合金制成的尖头镊子，它不易磁化，可用来夹持怕磁化的小元器件；另一种是不锈钢制成的平头镊子，它的硬度较大，除了可用来夹持元器件引脚外，还可以帮助加工元器件引脚，做简单的成形工作。使用镊子协助焊接时，还有助于电极的散热，从而起到保护元器件的作用。

（5）刻刀

刻刀用于清除元器件上的氧化层和污垢。

（6）恒温胶枪

采用高科技陶瓷 PTC 发热元件，升温迅速，自动恒温，绝缘强度大于 3750V，可以用于玩具模型、人造花圣诞树、装饰品、工艺品及电子电路固定，是电子制作必备工具，如图 2.20 所示。

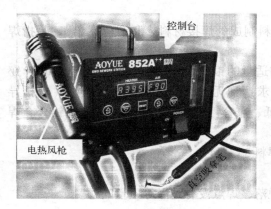

图 2.19　电热风枪

图 2.20　恒温胶枪

2.2.2　焊接材料

完成焊接需要的材料包括焊料、焊剂和一些其他的辅助材料（如阻焊剂、清洗剂等）。

（1）焊料

焊料是易熔金属，熔点应低于被焊金属。焊料熔化时，在被焊金属表面形成合金与被焊金属连接在一起。焊料按成分可分为锡铅焊料、银焊料、铜焊料等。在一般电子产品装配中，主要采用锡铅焊料，俗称焊锡。焊锡熔点低，各种不同成分的铅锡合金熔点均低于铅和锡的熔点，利于焊接；机械强度高，抗氧化；表面张力小，增大了液态流动性，有利于焊接时形成可靠焊点。当合金成分为铅 38.1%，锡 61.9% 时为共晶焊锡，它的熔点与凝固点均为 183℃，是铅锡焊料中最好的一种。若在共晶焊锡中加入 3% 的银，可使熔点降为 177℃，且焊料的焊接性能、扩展强度都有不同程度的提高，但是不经济。电子产品中常用的焊锡如表 2.1 所示。

表 2.1　电子产品中常用的焊锡种类

序　号	焊锡中各金属成分比例				焊锡熔点（℃）
	锡（Sn）	铅（Pb）	镉（Cd）	铋（Bi）	
1	61.9%	38.9%			182
2	35%	42%		23%	150
3	50%	32%	18%		145
4	23%	40%		37%	125
5	20%	40%		40%	110

焊锡一般做成丝状、扁带状、球状、饼状等形状。在手工电烙铁焊接中，一般使用管状焊锡丝。它是将焊锡制成管状，在其内部充加助焊剂而制成的。焊剂常用优质松香添加一定活化剂。由于松香很脆，拉制时容易断裂，会造成局部缺焊剂的现象，故采用多芯焊锡丝以克服这一缺点。焊锡丝直径有 0.5mm、0.8mm、0.9mm、1.0mm、1.2mm、1.5mm、2.0mm、2.3mm、2.5mm、3.0mm、4.0mm、5.0mm 多种，焊接过程中应根据焊点大小和电烙铁的功率选择合适的焊锡。

无铅焊料是指以锡为主体，添加其他金属材料制成的焊接材料。所谓"无铅"，是指焊锡中铅的含量必须低于 0.1% 的要求。

目前研制的无铅焊锡以锡（Sn）为主，添加适量的银（Ag）、锌（Zn）、铜（Cu）、铋（Bi）、铟（In）、锑（Sb）等金属材料制成，要求达到无毒性、无污染、性能好（包括导电、热传导、机械强度、润湿度等方面）、成本低、兼容性强等方面的要求。与锡铅合金焊料相比，目前的无铅合金焊料存在以下主要缺陷。

① 熔点高。无铅焊料的熔点高于锡铅合金焊料 34～44℃。

② 可焊性不高。

③ 焊点的氧化严重，造成导电不良，焊点脱落、焊点没有光泽等质量问题。

④ 没有配套的助焊剂。

⑤ 成本高。

（2）焊剂

焊剂也叫助焊剂，是焊接过程的溶剂，它具有除氧化膜、防止氧化、减小表面张力、使焊点美观的作用。有碱性、酸性和中性之分。在印制板上焊接电子元器件时，要求采用中性焊剂。碱性和酸性焊剂用于体积较大的金属制品的焊接，使用过的元器件都要用酒精擦净，以防腐蚀。印制板在制作过程中表层涂有助焊剂，所以在组装收音机的过程中可以不单独使用助焊剂。

常用的助焊剂有无机焊剂、有机助焊剂和松香类焊剂等，如表 2.2 所示。在手动焊接中多采用松香，松香是一种中性焊剂，受热熔化变成液态。它无毒、无腐蚀性、异味小、价格低廉、助焊力强。在焊接过程中，松香受热气化，将金属表面的氧化层带走，使焊锡与被焊金属充分结合，形成坚固的焊点。目前，在使用过程中通常将松香溶于酒精中制成"松香水"，松香同酒精的比例一般为 1∶3 为宜。也可根据使用经验增减，但不能过浓，否则流动性能变差。由于松香清洗力不强，为增强其活性，一般加入活化剂。如三乙醇氨等。焊接时活化剂根据加热温度分解或蒸发，只有松香残留下来，恢复原来的状态，保持固有的特性。

表 2.2　常用焊剂和性能

品　　种	松香酒精焊剂	盐酸二乙胺焊剂	盐酸苯胺焊剂	201 焊剂	SD 焊剂	202－2 焊剂
绝缘电阻/Ω	8.5×10^{11}	1.4×10^{11}	2×10^{9}	1.8×10^{10}	4.5×10^{9}	5×10^{10}
可焊性能	中	好	中	好	好	中

助焊剂的选用方法如下。

① 如果电子元件的引脚以及电路板表面都比较干净,可使用纯松香焊剂,这样的焊剂活性较弱。

② 如果电子元件的引脚以及焊接面上有锈渍等,可用无机焊剂。但要注意,在焊接完毕后清除残留物。

③ 焊接金、铜、铂等易焊金属时,可使用松香焊剂。

④ 焊接铅、黄铜、镀镍等焊接性能差的金属和合金时,可选用有机焊剂的中性焊剂或酸性焊剂,但要注意清除残留物。

松香及助焊剂如图 2.21 所示。

图 2.21　松香及助焊剂

（3）焊膏

焊膏是表面安装技术中再流焊工艺的必需的材料。它是将合金焊料加工成一定颗粒的,并拌以适当的液态黏合剂构成具有一定流动性的糊状焊接材料。

（4）清洗剂

清洗剂用于清洗焊点周围残余的焊剂、油污、汗迹、多余的金属物等杂质,可提高焊接质量,延长产品的使用寿命。

常用的清洗剂有无水乙醇、航空洗涤汽油和三氯三氟乙烷等。

（5）阻焊剂

在焊接时,尤其是在浸焊和波峰焊中,为提高焊接质量,需采用耐高温的阻焊涂料,使焊料只在需要的焊点上进行焊接,而把不需要焊接的部位保护起来,起到一定的阻焊作用。这种阻焊涂料称为阻焊剂。阻焊剂按照成膜方式可分为热固化型阻焊剂和光固化型阻焊剂两种。常见的印制板上没有焊盘的绿色涂层即为阻焊剂。在焊接中,特别是在自动焊接中,使用阻焊剂,可防止桥接、短路等现象发生,降低返修率;可减小印制板受到的热冲击，使印制板的板面不易起泡和分层；使用带有色彩的阻焊剂，使印制板的板面显得整洁美观。

（6）黏合剂（胶黏剂）

黏合剂具有优良黏接性能，能将各种材料牢固地黏接为一体的物质。日常生活中使用的胶水和糨糊也是黏合剂，但它们不适合在电子产品中使用。

电子产品常用的黏合剂：914 室温快速硬化环氧黏合剂、科化 501 胶、502 黏合剂（快干胶）、JW－1 环氧树脂黏合剂、101 胶、XY104 黏合剂（橡胶黏合剂）、XY401 黏合剂、四氢呋喃和热熔胶等。

2.3 检测调试工具

检测调试工具习惯上指的是传统电子测量仪器。电子测量仪器总体可分为专用仪器和通用仪器两大类。

（1）专用仪器为一个或几个产品而设计，可检测该产品的一项或多项参数，如电视信号发生器、电冰箱性能测试仪等。

（2）通用仪器为一项或多项电参数的测试而设计，可检测多种产品的电参数，如示波器、函数发生器等。

通用仪器一般按功能又可细分为以下几类。

① 信号产生器，用于产生各种测试信号，如音频、高频、脉冲、函数、扫频等信号发生器。

② 电压表及万用表，用于测量电压及派生量，如模拟电压表、数字电压表、各种万用表、毫伏表等。

③ 信号分析仪器，用于观测、分析、记录各种信号，如示波器、波形分析仪、逻辑分析仪等。

④ 频率时间相位测量仪器，如频率计、相位计等。

⑤ 元器件测试仪，如 RLC 测试仪、晶体管测试仪、Q 表、晶体管图示仪、集成电路测试仪等。

⑥ 电路特性测试仪，如扫频仪、阻抗测量仪、网络分析仪、失真度测试仪等。

⑦ 其他仪器，用于和上述仪器配合使用的辅助仪器，如各种放大器、衰减器、滤波器等。

各种测试仪器按显示特性可分为以下三类。

（1）模拟式，将被测试的电参数转换为机械位移，通过指针、标尺刻度，指示出测量数值。理论上模拟式指示是连续的，但由于标尺刻度有限，实际分辨力不高。如各种指针式电压表、电流表、频率表等。

（2）数字式，将被测试的连续变化的模拟量通过 A/D 变换，转换成离散的数字量，通过数显装置显示。数字显示具有读数方便、分辨力强、精确度高的特点，已成为现代测试仪器的主流，如各种数字电压表、频率计等。

（3）屏幕显示，通过示波管、显示器等将信号波形或电参数的变化显示出来，各种示波器、图示仪、扫频仪等是其典型应用。

本节简要介绍几种常用电子测量仪器的使用方法。

2.3.1 验电笔

验电笔是用来测量电源是否有电、电气电路和电气设备的金属外壳是否带电的一种常用工具，如图 2.22 所示。常用低压验电笔有钢笔形的，也有一字形螺钉旋具式的，其前端是金属探头，后部塑料外壳内装配有氖管、电阻和弹簧，还有金属端盖或钢笔形挂钩，这是使用时手触及的金属部分。普通低压验电笔的电压测量范围在 60 ~ 500V，低于 60V 时，验电笔的氖管可能不会发光

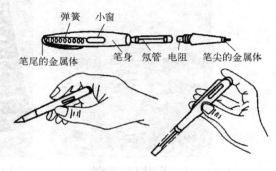

图 2.22　验电笔结构及正确操作

显示，高于 500V 的电压则不能用普通验电笔来测量。当用验电笔测试带电体时，带电体上的电压经笔尖（金属体）、电阻、氖管、弹簧、笔尾端的金属体，再经过人体接入大地，形成回路，从而使电笔内的氖管发光，如氖泡内电极一端发生辉光，则所测的电是直流电，如氖泡内电极两端都发辉光，则所测电为交流电。验电笔分高压和低压验电笔，除了常用的低压验电笔外，还有自行设计制作的音乐验电器，它们具有体积小、质量轻、携带方便、检验简单等优点。

2.3.2 万用表

万用表主要用来测量交流/直流电压、电流、直流电阻及晶体管电流放大位数等。现在常见的主要有数字式万用表和机械式万用表两种，如图 2.23 所示。

万用表的红笔接外电路正极，黑笔接外电路负极。万用表可用来测量电压、电流、电阻等基本电路参数，还可用来测量电感值、电容值、晶体管参数、音频测量、温度测量。

测试前要确定测量内容，将量程转换旋钮旋到所示测量的相应挡位上，以免烧毁表头，如果不知道被测物理量的大小，要先从大量程开始试测。表笔要正确地插在相应的插口中，测量电流时注意要更换红表笔插孔。测试过程中，不要任意旋转挡位变换旋钮。使用完毕后，一定要将不用表挡位变换旋钮调到交流电压的最大量程挡位上。测直流电压电流时，要注意电压的正、负极、电流的流向，与表笔相接（时）要正确。

（1）机械式万用表

指标式万用表的准确度是指万用表测量结果的准确程度，即测量值与标准值之间的基本误差值。准确度越高，测量误差越小。万用表的准确度根据国际标准规定有 7 个等级，它们是 0.1、0.2、0.5、1.0、1.5、2.5、5.0。通常万用表主要有 1.0、1.5、2.5、5.0 四个等级。其数值越小，等级越高。其中 2.5 级的万用表应用最为普遍。2.5 级的准确度表示基本误差为 ±2.5%，其他依此类推。万用表的精度等级与基本误差如表 2.3 所示。

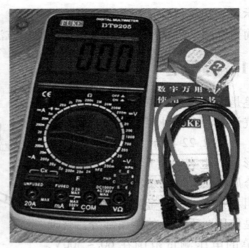

（a）某型机械式万用表　　　　　　　　　　　（b）某型数字式万用表

图 2.23　万用表

表 2.3　万用表的精度等级与基本误差

精度等级	0.1	0.2	0.5	1.0	1.5	2.5	5.0
基本误差	±0.1%	±0.2%	±0.5%	±1.0%	±1.5%	±2.5%	±5.0%

　　直流电压灵敏度是指使用万用表的直流电压挡测量直流电压时，该挡的等效内阻与满量程电压之比。例如，某万用表在 250V 电压挡时的内阻为 2.5MΩ，其电压的灵敏度就为 $2.5 \times 10^6 \Omega/250V$，即 10 000Ω/V。万用表的直流电压灵敏度的单位是 Ω/V 或 kΩ/V，一般直接标注在万用表的表盘上。万用表的电压灵敏度越高，表明万用表的内阻越大，对被测电路的影响就越小，其测量结果就越准确。因此电压灵敏度高的万用表适用于测量有一定要求的电子电路，而电压灵敏度低的万用表适用于测量要求不高的电路。如检修电视机时，就要求万用表的灵敏度大于或等于 20kΩ/V；而检修收音机时，采用灵敏度为 10kΩ/V 的万用表就可以了。

　　交流电压灵敏度与直流电阻灵敏度，除所测电压的交流、直流有区别外，其他物理含义完全一样。但由于交流测量时，表内的整流电路降低了万用表的内阻，故使用万用表进行交流电流或电压测量时，它的测量灵敏度和精度要比测量直流时低。

　　中值电阻是当欧姆挡的指针偏转至标度尺的几何中心位置时，所指示的电阻值正好等于该量程欧姆表的总内阻值。由于欧姆挡标度的不均匀性，使欧姆表有效测量范围仅局限于基本误差较小的标度尺中央部分。它一般对应于（1/10～10）倍的中值电阻，因此测量电阻时应合理选择量程，使指针尽量靠近中心处（满刻度的 1/3～2/3），以确保所测阻值准确。

　　频率特性是指万用表测量交流电时，有一定的频率范围，如超出规定的频率范围，就不能保证其测量准确度。一般便携式万用表的工作频率范围为 45～2000Hz，袖珍式万用表的工作频率为 45～1000Hz。

　　除此之外，指针式万用表还有绝缘等级、防电场等级和防磁场等级等性能指标。

　　在万用表指针盘面上，会有一些特定的符号，这些符号标明万用表的一些重要性能和使用要求，在使用万用表时，必须按这些要求进行，否则会导致测量不准确、发生事故、造成万用表损坏，甚至造成人身危险。万用表表盘上的常用字符含义如表2.4所示。

表2.4 万用表表盘上的常用字符含义

标志符号	意 义	标志符号	意 义
✳	公用端	1.5 ⌄	以标度尺长度百分数表示的准确度等级
COM	公用端	1.5	以指示值百分数表示的准确度等级
⏚	接地端	|1.5|	以量程百分数表示的准确度等级
A	电流端	—— 或 ⋯	被测量为直流
mA	被测电流适合mA挡的接入端	∼	被测量为交流
5A	专用端（如5A）	≪	被测量为直流与交流
·)))	具有声响的通断测试	Ⅲ (虚线框)	Ⅲ级防外电场
♪		Ⅲ (实线框)	Ⅲ级防外磁场
▷⊢	二极管检测	A – V – Ω	测量对象包括电流、电压、电阻
⊓	磁电系测量机构	⌒	零点调节器
⊓▷	测量线路中带有整流器	20kΩ/V̲	表示直流电压灵敏度为20kΩ/V，有的也以20000Ω/VDC表示
⊓ (水平)	刻度盘水平放置使用	4kΩ/∼	表示交流电压灵敏度为4kΩ/V
⊥	刻度盘垂直放置使用	45⋯55⋯1000Hz	使用频率范围45∼1000Hz 标准频率范围45∼55Hz
☆6	绝缘试验电压为6kV	dB – 1mW600Ω	在600Ω负载电阻上功耗1mW，定义为零分贝（dB）
↯	高电压，注意安全	⚠	注意
+	正端	–	负端

常用的万用表拨盘开关有两种方式。

一种是单拨盘开关方式，它只有一个多挡的拨盘开关，挡位的选择只需要将这只开关拨到相应位置即可，如图2.24所示MF960型万用表的单拨盘开关。MF960型万用表的拨盘有多个段，其中"DCV"为直流电压测量段，单位为V，该表的最小测量挡为0.1V，最大为1000V；"ACV"为交流电压测量段，单位也是V。最小测量挡为10V挡，最大为1000V挡，其中10V挡做电平测量时，满量程为22dB；"Ω"为电阻测量段，最小测量挡为×1Ω挡，最大为×10kΩ挡，其中×10Ω挡可做三极管的直流放大系数hFE的测量；"DCmA"为直流电流测量段，除最小的50μA挡和2.5A挡外，其余挡位的单位均为mA，注意，该表50μA挡是与0.1V公用的。

在万用表不使用时，应将拨盘开关拨到"OFF"位置，使万用表表头线圈短路，保护表头不受外电流和振动而损坏。

另一种是双拨盘开关方式，它有两个多挡的拨盘开关，挡位的选择需要由这两只开关配

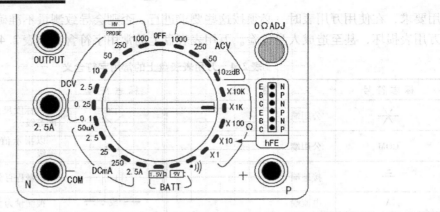

图 2.24　MF960 型万用表的单拨盘开关

合拨到相应位置，MF500 型万用表是一种典型的双拨盘方式的万用表，如图 2.25 所示 MF500 型万用表的拨盘开关。MF500 型万用表以其测量范围广，测量精度高，读数方便准确，被无线电爱好者所推崇。在选择挡位时，需将左右两个开关配合选择，才能选择到需要的测量功能。

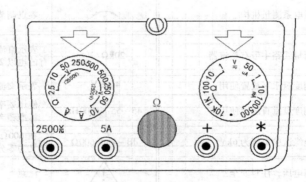

图 2.25　MF500 型万用表的拨盘开关

　　如果要测量电压，应先将右开关拨到"$\underline{V}$"位，再将左开关拨到"$\underline{V}$"位段可进行直流电压的测量，拨到"$\underline{V}$"位段可进行交流电压的测量。需要注意的是，在这两个位段下方，还有"2500$\underline{V}$"和"2500$\underline{V}$"的标志，这表示在进行交流高压和直交流高压测量时，左开关应拨到这两个位段的任一挡位上。

　　测量直流电流时，应先将左开关拨到"$\underline{A}$"位，再将右开关拨到"mA"位段可测量相应 mA 数以下的直流电流；如果右开关拨到"50 μA"挡，则可测量小电流，其满量程为 50 μA。

　　如果要测量交流电流，只要将左开关拨到"$\underline{A}$"位，再将右开关拨到与测量直流电流相同的位置即可。

　　如果要测量电阻，则需要先将左开关拨到"Ω"位上，再通过右开关在"Ω"位段上选择相应的挡位，即可进行电阻测量。

　　在万用表不使用时，应将右开关拨到"·"位置，以保护万用表。

　　在使用万用表前，先要看指针是否指在左端"零位"上，如果不是，则应用螺丝刀慢慢旋表壳中央的"起点零位"校正螺钉，使指针指在"零位"上。

(2) 数字式万用表

数字式万用表是以数字的方式直接显示被测量的大小，十分便于读数。DT – 830 型万用表是一种三位半袖珍式仪表，与一般指针式万用表相比，该表具有测量精度高、显示直观、可靠性好、功能全、体积小等优点。另外，它还具有自动调零、显示极性、超量程显示及低压指示等功能，装有快速熔丝管过流保护电路和过压保护元件。其所有被测量经过 V/V、I/V、Ω/V、AC/DC 变换，被折算成 200mV 以内的直流电压送入内部 7106 单片 CMOS A/D 转换器进行 A/D 变换和测量。数字式万用表显示的最高位不能显示 0 ~ 9 的所有数字，即称作"半位"。

DT – 830 型万用表的面板结构如图 2.26 所示，面板中各部分的功能如下。

① 电源开关 POWER。开关置于"ON"时，电源接通；置于"OFF"时，电源断开。

② 功能量程选择开关。完成测量功能和量程的选择。

③ 输入插孔。仪表共有 4 个输入插孔，分别标有"V·Ω"、"COM"、"mA"和"10A"。其中，"V·Ω"和"COM"两插孔间标有"MAX 750V ~、1000V –"字样，表示从这两个插孔输入的交流电压不能超过 750V（有效值），直流电压不能超过 1000V。此外，"mA"和"COM"两插孔之间标有"MAX 200mA"，"10A"和"COM"两插孔之间标有"10A MAX"，它

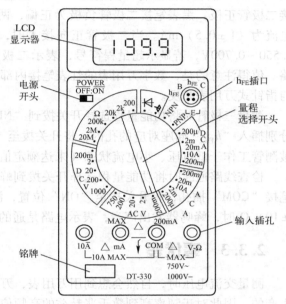

图 2.26　DT – 830 型万用表的面板结构

们分别表示由插孔输入的交流、直流电流的最大允许值。测试过程中，黑表笔固定于"COM"不变，测电压时红表笔置于"V·Ω"，测电流时置于"mA"或"10A"中。

④ h_{FE} 插座（为四芯插座）。标有 B、C、E 字样，其中 E 孔有两个，它们在内部是连通的，该插座用于测量三极管的 h_{FE} 参数。

⑤ 液晶显示器。最大显示值为 199.9 或 – 199.9。该仪表可自动调零和自动显示极性，当仪表所用的 9V 叠层电池的电压低于 7V 时，低压指示符号被点亮；极性指示是指被测电压或电流为负时，符号" – "点亮，为正时，极性符号不显示。最高位数字兼作超量程指示。

测量电压时将功能量程选择开关拨到"DCV"或"ACV"区域内恰当的量程挡，将电源开关拨至"ON"位置，这时即可进行直流或交流电压的测量。使用时将万用表与被测电路并联。注意，由"V·Ω"和"COM"两插孔输入的直流电压最大值不得超过允许值。另外应注意选择适当量程，所测交流电压的频率在 45 ~ 500Hz。

测量电流时将功能量程选择开关拨到"DCA"区域内恰当的量程挡，红表笔接"mA"插孔（被测电流小于 200mA）或接"10A"插孔（被测电流大于 200mA），黑表笔插入"COM"插孔，接通电源，即可进行直流电流的测量。使用时应注意，由"mA"、"COM"

两插孔输入的直流电流不得超过 200mA。将功能量程选择开关拨到"ACA"区域内的恰当量程挡，即可进行交流电流的测量，其余操作与测直流电流时相同。

测量电阻时，将功能量程选择开关拨到"Ω"区域内恰当的量程挡，红表笔接"V·Ω"插孔，黑表笔接"COM"插孔，然后将开关拨至"ON"位置，即可进行电阻的测量。精确测量电阻时应使用低阻挡（如 20Ω），可将两表笔短接，测出两表笔的引线电阻，并据此值修正测量结果。

测量二极管时，将功能量程选择开关拨到二极管挡，红表笔接"V·Ω"插孔，黑表笔接"COM"插孔，然后将开关拨至"ON"位置，即可进行二极管的测量。测量时，红表笔接二极管正极，黑表笔接二极管负极为正偏，两表笔的开路电压为 2.8V（典型值），测试电流为（1±0.5）mA。当二极管正向接入时，锗管应显示 0.150~0.300V，硅管应显示 0.550~0.700V，若显示超量程符号，表示二极管内部断路，显示全零表示二极管内部短路。值得注意的是，数字万用表的红表笔接内部电源的正极，黑表笔接内部电源的负极，这与指针式万用表相反。

测量三极管时将功能量程选择开关拨到"NPN"或"PNP"位置，将三极管的 3 个引脚分别插入"h_{FE}"插座对应的孔内，将开关拨至"ON"位置，即可进行三极管的测量。由于被测管工作于低电压、小电流状态（未达额定值），因而测出的 h_{FE} 参数仅供参考。

检查线路通断时将功能量程选择开关拨到蜂鸣器位置，红表笔接"V·Ω"插孔，黑表笔接"COM"插孔，将开关拨至"ON"位置，测量电阻，若被测线路电阻低于规定值（20±10）Ω 时，蜂鸣器发出声音，表示电路是通的。

2.3.3 毫伏表

测量交流电压时，自然会想到用万用表，万用表是以测 50Hz 交流电的频率为标准设计生产的，因此对于频率高到数千兆赫兹的高频信号，或低到几赫兹的低频信号，或有些交流信号幅值极小（有时只有几毫伏），这时普通万用表就难以胜任了，而必须用专门的电子电压表来测量。

电子电压表又称毫伏表，它的种类很多，根据测量信号频率的高低可分为低频毫伏表、高频毫伏表和超高频毫伏表。现以 DA-16 型低频晶体管毫伏表为例说明其使用方法。

DA-16 型毫伏表采用放大—检波的形式，具有较高的灵敏度、稳定度。检波置于最后，使信号检波时产生良好的指示线性。DA-16 型毫伏表频带宽，可从 20Hz 至 1MHz；采用二级分压，故测量电压范围宽，可从 100μV 至 300V，指示读数为正弦波电压的有效值。DA-16 型毫伏表的主要性能指标见表 2.5。

表 2.5 DA-16 型毫伏表的主要性能指标

项　目	性能指标	项　目	性能指标
测量电压范围	100μV~300V	频率响应误差	100Hz~100kHz；≤±3%
测量电平范围	−27~+32dB（600Ω）		20Hz~1MHz；≤±5%
被测频率范围	20Hz~1MHz	输入阻抗	电阻 1MΩ（1kHz），$C ≤ 50~70$pF
固有误差	≤±3%（基准频率 1kHz）	消耗功率	3W

DA – 16 型毫伏表的面板结构如图2.27 所示，面板各旋钮功能如下。

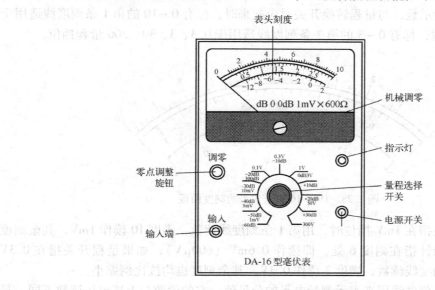

图 2.27　DA – 16 型毫伏表的面板结构

①　量程选择开关。选择被测电压的量程，共有 11 挡。量程括号中的分贝数供仪器做电平表时读分贝数用。

②　输入端。采用一同轴电缆线作为被测电压的输入引线。在接入被测电压时，被测电路的公共地端应与毫伏表输入端同轴电缆的屏蔽线相连接。

③　零点调整旋钮。当仪器输入端信号电压为零时（输入端短路），毫伏表指示应为零，否则需调节该旋钮。

④　表头刻度。表头上有 3 条刻度线，供测量时读数之用。第三条（ – 12 ~ + 2dB）刻度线作为电平表用时的分贝（dB）读数刻度。

⑤　机械调零。毫伏表未接上电源时，可利用旋具调整该旋钮使指针指向零点。

⑥　电源开关和指示灯。插好外插头（接交流 220V），当电源开关拨向上时，该红色指示灯亮，表示已接通电源，预热后可以准备进行测量。

测试前需进行机械调零和电气调零，将毫伏表立放在水平桌面上，通电前，先检查表头指针是否指示零点，若不指零，可用旋具调整表头上的机械调零旋钮使指示为零。电气调零是指将毫伏表的输入夹子短接，接通电源，待指针摆动数次至稳定后，校正电气调零旋钮，使指针在零位，此时即可进行测量（有的毫伏表有自动电气调零，无须人工调节）。

DA – 16 型毫伏表灵敏度较高，为了保护毫伏表以避免表针被撞击损坏，在接线时一定要先接地线（即电缆的外层，接到低电位线端），再接另一条线（高电位线端），接地线要选择良好的接地点。测量完毕拆线时，应先拆高电位线，然后再拆低电位线。DA – 16 型毫伏表的输入端采用的是同轴电缆，电缆的外层为接地线，为了安全起见，在测量毫伏级电压量程时，接线前最好将量程式开关置于低灵敏度挡（即高电压挡），接线完毕再将量程开关置于所需的量程。另外，在测量毫伏级的电压量时，为避免外部环境的干扰，测量导线应尽可能短。

根据被测信号的大约数值，选择适当的量程。当所测的未知电压难以估计其大小时，就需要从大量程开始试测，逐渐降低量程直至表针指示在 2/3 以上刻度盘时，即可读出被测电压值。

如图 2.28 所示为 DA – 16 型毫伏表的刻度面板，共有 3 条刻度线，第 1 条、第 2 条刻度线用来观察电压值指示数，与量程转换开关对应起来时，标有 0 ~ 10 的第 1 条刻度线适用于 0.1、1、10 量程挡位，标有 0 ~ 3 的第 2 条刻度线适用于 0.3、3、30、300 量程挡位。

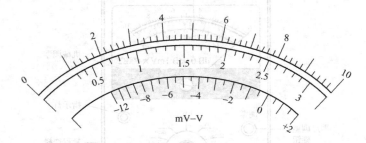

图 2.28　DA – 16 型毫伏表的刻度面板

例如，量程开关指在 1mV 挡位时，用第 1 条刻度线读数，满度 10 读作 1mV，其余刻度均按比例缩小，若指针指在刻度 6 处，即读作 0.6mV（600μV）；如果量程开关指在 0.3V 挡位时，用第 2 条刻度线读数，满度 3 读作 0.3V，其余刻度也均按比例缩小。

毫伏表的第 3 条刻度线用来表示测量电平的分贝值，它的读数与上述电压读数不同，是以表针指示的分贝读数与量程开关所指的分贝数的代数和来表示读数的。例如，量程开关置于 + 10dB（3V），表针指在 − 2dB 处，则被测电平值为 + 10dB + (− 2dB) = 8dB。

2.3.4　信号发生器

信号发生器又称信号源，它能产生不同频率、不同幅值的规则的或不规则的波形信号。在实际应用中，信号发生器能给测试、研究和调整电子电路及电子整机产品提供符合一定技术要求的电信号。

信号发生器类型很多，按频率和波段可分为低频信号发生器、高频信号发生器和脉冲信号发生器等。在电子整机产品装调中，高频信号发生器使用较多。下面以 ZN1060 型高频信号发生器为例说明其性能和使用方法。ZN1060 型高频信号发生器是一个具有数字显示的产品，其输出频率和输出电压的有效范围宽，频率调节采用交流伺服电动机传动系统，调谐方便，仪器内部有频率计，可对输出频率进行显示，提高了输出频率的准确度。ZN1060 型高频信号发生器的主要性能指标见表 2.6。

表 2.6　ZN1060 型高频信号发生器的主要性能指标

项　　目	性能指标	项　　目	性能指标
频率范围	10kHz ~ 40MHz 10 个波段，分为等幅、调幅	调幅度	0% ~ 80% 连续可调
载波频率误差	四位数码显示 ± 1 个字（预热 30min）	衰减器	×10dB: 0 ~ 110dB 分 11 挡 ×1dB: 0 ~ 10dB 分 10 挡
输出电压有效范围	0dB ~ 120dB（1μV ~ 1V）	电调制信号	400Hz, 1000Hz

ZN1060 型高频信号发生器的面板结构如图 2.29 所示。

ZN1060 型高频信号发生器有载波、调幅两种信号输出状态。

① 载波工作状态。波段按键（17）用来改变信号发生器输出载波的波段，根据需要的

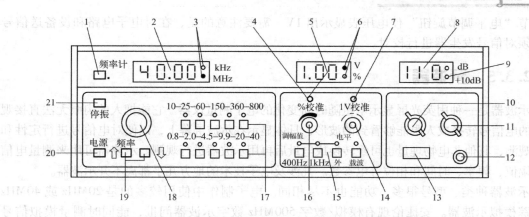

1—频率计开关；2—频率计显示；3—频率单位显示；4—调幅值调节校正；
5—电压、调幅显示；6—工作状态显示；7—载频电压校准；8—衰减器 dB 显示；
9—+10dB 显示；10—×10dB 显示；11—×1dB 显示；12—输出插座；
13—终端负载显示电阻（0dB = 1μV）；14—电平调节旋钮；15—工作选择按键；
16—调幅值调节旋钮；17—波段按键；18—频率手调旋钮；
19—频率电调按键；20—电源开关；21—停振按键

图 2.29　ZN1060 型高频信号发生器的面板结构

信号频率，按下相应波段按键，指示灯即亮，表示仪器工作于该波段。频率电调按键（19），标有"↑"符号表示按下此键频率往高调节，标有"↓"符号表示按下此键频率往低调节；频率手调旋钮（18），用于微调输出信号频率，将信号频率精确地调到所需数值；停振按键（21），起开关作用，用来中断测试过程中本仪器的输出信号。

　　② 调幅工作状态。工作选择按键（15）有"400Hz"、"1kHz"、"外" 3 个按键，按下对应按键分别输出由 400Hz、1kHz、外输入信号调制的调幅波；载波按键，按下此键后仪器输出高频载波信号；电平调节旋钮（14），调节载波输出幅值；调幅值调节旋钮（16），用来调节调幅波的调幅值大小，调幅值的数值由数字电压表显示。

　　③ 衰减器部分。"×10dB" 衰减器 10 从 0～110dB 分 11 挡；"×1dB" 衰减器 11 从 0～10dB 分 10 挡，衰减的分贝数由 "衰减器 dB 数显示" 读出。

　　④ 频率计开关。在测试过程中，如果被测设备受频率计干扰大时，可以按动频率计开关（1）使之弹出，停止频率计工作，保证测试顺利进行。

　　使用步骤如下：① 按下 "频率计开关"、"0.8～2MHz" 波段开关和 "载波开关"，将 "调幅值调节旋钮"、"电平调节旋钮" 逆时针旋至最小位置，衰减器置于最大衰减位置。② 按下 "电源开关"，预热 30min 即可正常使用。③ 根据所需要的输出频率，按下相应的波段后再按动 "频率电调按键" "↑" 或 "↓"，并调节 "频率手调旋钮"，使输出频率符合所需的数值。④ 调节 "电平调节旋钮" 使数字电压表显示为 1V。⑤ 根据所需要的输出电压，将 "×10dB" 和 "×1dB" 衰减器置于所需 dB。在使用过程中电压表应始终保持 1V，以保证仪器输出电压值的准确性。⑥ 根据需要的调幅频率，按 "400Hz" 或 "1kHz" 按键，此时仪器处于调幅工作状态，调节 "调幅值调节旋钮" 可改变调幅系数的大小，并在电压表上直接显示 M%。电压表所显示的调幅值，只有载波电平保持 1V 的情况下 M% 才是准确的。若要检查载波电平是否在 1V 上，可按下 "载波开关"，则电压表再次显示电压，可调节"电平调节旋钮"使电压表显示出 1V。需要注意的是，在对电子电路和设备送信号时必须对信号发生器进行校对。

2.3.5 示波器

示波器是一种用荧光屏显示电量随时间变化的电子测量仪器。它能把人的肉眼无法直接观察到的电信号转换成人眼能够看到的波形，具体显示在示波屏幕上，以便对电信号进行定性和定量观测，其他非电物理量也可经转换成电量后再用示波器进行观测。示波器可用来测量电信号的幅值、频率、时间和相位等电参数。凡涉及电子技术的地方几乎都离不开示波器。

示波器种类、型号很多，功能也不尽相同。电子制作中使用较多的是 20MHz 或 40MHz 的双踪模拟示波器。安捷伦现有模拟/数字 500MHz 数字示波器问世，能同时测量模拟信号和数字逻辑信号，但价格昂贵。如图 2.30 所示为两款常见示波器。

 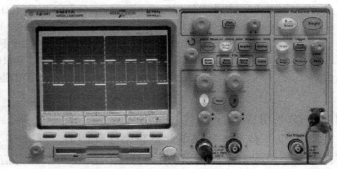

（a）手持式示波表   （b）数字示波器

图 2.30 示波器实物图

1. 模拟示波器

下面以 YB4320 双踪四线示波器为例来介绍模拟示波器的使用方法。

YB4320 示波器的面板结构如图 2.31 所示，各控制件的功能见表 2.7。其使用方法如下。

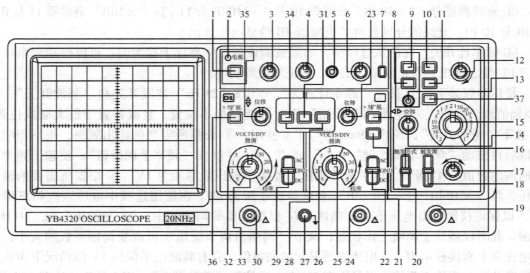

图 2.31 YB4320 示波器的面板结构

（1）检查电源

使用前先检查示波器的电源是否符合技术指标要求。

表 2.7　YB4320 示波器的面板控制件功能

序　号	功　能	序　号	功　能	序　号	功　能
1	电源开关	14	水平位移	27	接地柱
2	电源指示灯	15	扫描速度选择开关	28	通道2选择
3	亮度旋钮	16	触发方式选择	29	通道1耦合选择开关
4	聚焦旋钮	17	触发电平旋钮	30	通道1输入端
5	光迹旋转旋钮	18	触发源选择开关	31	叠加
6	刻度照明旋钮	19	外触发输入端	32	通道1垂直微调旋钮
7	校准信号	20	通道2×5扩展	33	通道1衰减器转换开关
8	交替扩展	21	通道2极性开关	33	通道1选择
9	扫描时间扩展控制键	22	通道2耦合选择开关	35	通道1垂直位移
10	触发极性选择	23	通道2垂直位移	36	通道1×5扩展
11	X－Y控制键	24	通道2输入端	37	交替触发
12	扫描微调控制键	25	通道2垂直微调旋钮		
13	光迹分离控制键	26	通道2衰减器转换开关		

（2）仪器校准

① 将面板上亮度、聚焦、移位旋钮居中，扫描速度置 0.5ms/DIV 且微调为校正位置，垂直灵敏度置 10mV/DIV 且微调为校正位置，触发源置内且垂直方式为 CH1，耦合方式置于"AC"，触发方式置"峰值自动"或"自动"。

② 通电预热，调节亮度、聚焦，使光迹清晰并与水平刻度平行（不宜太亮，以免示波管老化）。

③ 用 10:1 探极将校正信号输入至 CH1 输入插座，调节 CH1 移位与 X 移位，使波形与图 2.32 所示波形相符合。

④ 将探极换至 CH2 输入插座，垂直方式置于"CH2"，重复③步操作，得到与图 2.32 相符合的波形。

（3）信号连接

① 探极操作。为减小仪器对被测电路的影响，一般使用 10:1 探极，衰减比为 1:1 的探极用于观察小信号，探极上的接地和被测电路地应采用最短连接。在频率较低、测量要求不高的情况下，可用前面板上接地端和被测电路地连接，以方便测试。

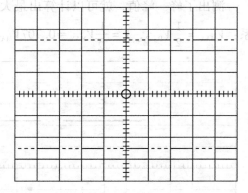

图 2.32　校正信号波形

② 探极调整。由于示波器输入特性的差异，在使用 10:1 探极测试以前，必须对探极进行检查和补偿调节。校准时如发现方波前后出现不平坦现象，则应调节探头补偿电容。

（4）对被测信号和有关参量测试

① 幅值的测量方法。

幅值的测量方法包括峰—峰值（V_{P-P}）的测量、最大值的测量（V_{MAX}）、有效值的测量（V），其中峰—峰值的测量结果是基础，后几种测量都是由该值推算出来的。

a　正弦波的测量。正弦波的测量是最基本的测量。按正常的操作步骤使用示波器显示稳定的、大小适合的波形后，就可以进行测量了。峰—峰值（V_{P-P}）的含义是波形的最高电压与最低电压之差，因此应调整示波器使之容易读数，方法是调节 X 轴和 Y 轴的位移，使正弦波的下端置于某条水平刻度线上，波形的某个上端位于垂直中轴线上，就可以读数了，如图 2.33 所示。

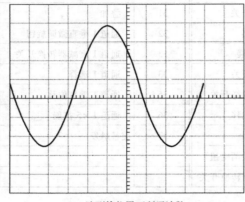
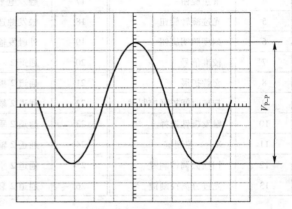

（a）波形的位置不利于读数　　　　　　　（b）波形的位置有利于读数

图 2.33　示波器上正弦波峰—峰值的读数方法

图 2.33（b）中，可以很容易读出，波形的峰—峰值占了 6.3 格（DIV），如果 Y 轴增益旋钮被拨到 2V/DIV，并且微调已拨到校准，则正弦波的峰—峰值 $V_{P-P} = 6.3（DIV）× 2（V/DIV）= 12.6（V）$。

测出了峰—峰值，就可以计算出最大值和有效值了。对于正弦波，这 3 个值有以下关系：$V_{MAX} = \dfrac{1}{2} V_{P-P}$，$V = \dfrac{1}{\sqrt{2}} V_{MAX} \approx 0.707 V_{MAX}$，由此可计算出，$V_{MAX} = 6.3V$，$V \approx 4.45V$。

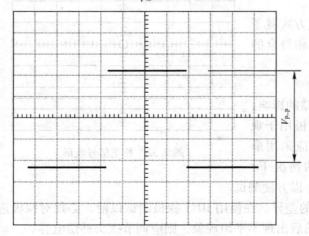

图 2.34　矩形波幅值的测量

b　矩形波的测量。矩形波幅值的测量与正弦波相似，通过合适的方法找到其最大值与最小值之间的差值，就是峰—峰值（V_{P-P}），如图 2.34 所示。

注意，此处示波器是通过扫描的方式进行显示的，因此矩形波的上升沿和下降沿由于速度太快，往往显示不出来，但高电平与低电平仍能清晰地看到。矩形波的峰—峰值占 4.6 格（DIV），若 Y 轴增益旋钮被拨到 2V/DIV，则矩形波的峰—峰值 $V_{P-P} = 4.6（DIV）× 2（V/DIV）= 9.2（V）$，最大值 $V_{MAX} = 4.6V$。

② 周期和频率的测量方法。

a 正弦波的测量。周期 T 的测量是通过屏幕上 X 轴来进行的。当适当大小的波形出现在屏幕上后，应调整其位置，使其容易对周期 T 进行测量，最好的办法是利用其过零点，将正弦波的过零点放在 X 轴上，并使左边的一个位于某竖刻度线上，如图 2.35 所示。

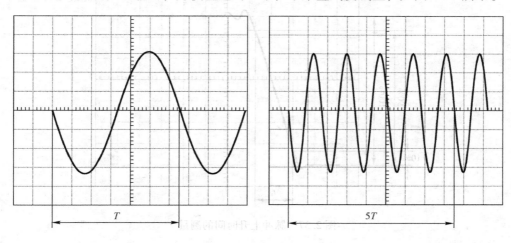

图 2.35　正弦波周期的测量

图 2.35 中所示正弦波周期占了 6.5 格（DIV），如果扫描旋钮已被拨到的刻度为 5ms/DIV，可以推算出其周期 $T = 6.5(\text{DIV}) \times 5(\text{ms/DIV}) = 32.5(\text{ms})$。同时，根据周期与频率的关系：$f = 1/T$，可推算出正弦波的频率 $f \approx 30.77$（Hz）。为了使周期的测量更为准确，可以用如图 2.35 所示的多个周期的波形来进行测量。

b 矩形波的测量。矩形波周期的测量与正弦波相似，但由于矩形波的上升沿或下降沿在屏幕上往往看不清，因此一般要将它的上平顶或下平顶移到中间的水平线上，再进行测量，如图 2.36 所示。

图 2.36 中一个周期占用了 7.25 格（DIV），如果扫描旋钮已被拨到的刻度为 2ms/DIV，可以推算出其周期 $T = 7.25$（DIV）$\times 2$（ms/DIV）$= 14.5$（ms），频率 $f \approx 68.97\text{Hz}$。

③ 上升时间和下降时间的测量方法。

在数字电路中，脉冲信号的上升时间 t_r 和下降时间 t_f 十分重要。上升时间和下降时间的定义是：以低电平为 0%，高电平为

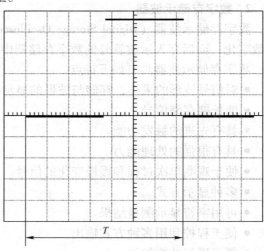

图 2.36　矩形波周期的测量

100%，上升时间是电平由 10% 上升到 90% 时所使用的时间；而下降时间则是电平由 90% 下降到 10% 使用的时间。测量上升时间和下降时间时，应将信号波形展开，使上升沿呈现出来并达到一个有利于测量的形状，再进行测量，如图 2.37 所示。

图 2.37 中波形的上升时间占了 1.78 格（DIV），如果扫描旋钮已被拨到的刻度为 20μs/DIV，可以推算出上升时间 $t_r = 1.78(\text{DIV}) \times 20(\mu s/\text{DIV}) = 35.6(\mu s)$。

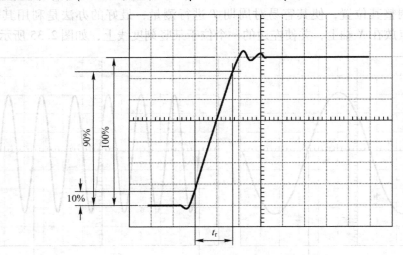

图 2.37　脉冲上升时间的测量

脉冲信号在上升沿的两头往往会有"冒头"，称为"过冲"，在测量时，不应将过冲的最高电压作为 100% 高电平。

在电子制作过程中还经常用到直流稳压电源、Q 表、电阻箱、逻辑笔、频率特性测试仪等测量仪表。标准仪器仪表的使用、型号规格参数均可参考相关厂家的型号说明文档，本书限于篇幅有限不做介绍。

2. 数字存储示波器

数字存储示波器（Digital Storage Oscilloscope，DSO）将捕捉到的波形通过 A/D 转换进行数字化，而后存入示波管外的数字存储器中。

数字存储示波器具有如下特点。

- 对信号波形的采样、存储与波形的显示可以分离。
- 能长期存储信号。
- 具有先进的触发功能。
- 具有很强的处理能力。
- 便于观测单次过程和缓慢变化的信号。
- 多种显示方式。
- 可用字符显示测量结果。
- 便于程控和用多种方式输出。
- 便于进行功能扩展。
- 实现多通道混合信号测量。

数字存储示波器的主要技术指标如下。

（1）最高取样速率（数字化速率）

最高取样速率是指单位时间内取样的次数，用每秒钟完成的 A/D 转换的最高次数来衡量，单位为采样点/秒（Sa/s），也常以频率来表示。取样速率越高，示波器捕捉信号的能力越强。

（2）存储带宽

存储带宽主要反映在最大数字化速率时还要能分辨多位数（精确度要求）。

最大存储带宽由取样定理确定，即当取样速率大于被测信号中最高频率分量频率的两倍时，即可由取样信号无失真地还原出原模拟信号。通常信号都是有谐波分量的，一般用最高取样速率除以 25 作为有效的存储带宽。

（3）分辨力

分辨力是指示波器能分辨的最小电压增量和最小时间增量，即量化的最小单元。它包括垂直分辨力（电压分辨力）和水平分辨力（时间分辨力）。

（4）存储容量（存储深度）

存储容量由采集存储器（主存储器）的最大存储容量来表示，常以字（Word）为单位。

（5）读出速度

读出速度是指将数据从存储器中读出的速度，常用 t/div 来表示。

数字存储示波器主要由取样与存储、波形的显示、波形的测量与处理等几部分组成，工作过程分为两个阶段：存储阶段，模拟输入信号先经适当地放大和衰减，送入 A/D 转换器进行数字化处理，转换为数字信号，最后，在逻辑控制电路的控制下依次将 A/D 转换器输出的数字信号写入存储器 RAM 中；显示阶段，首先将信号从存储器中读出，送入 D/A 转换器变换为模拟信号，经垂直放大器放大后加到示波管的垂直偏转板。然后 CPU 的读地址信号加至 D/A 转换器，得到一阶梯波电压，经水平放大器放大后加至示波管的水平偏转板，从而达到在示波管上以稠密的光点重现输入的模拟信号的目的。如图 2.38 所示为 TDS220 数字存储示波器前面板图。

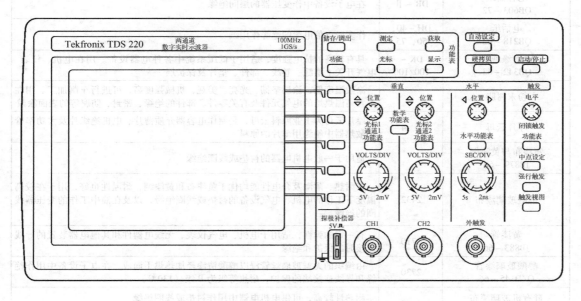

图 2.38　TDS220 数字实时示波器前面板图

2.4 其他工具与材料

2.4.1 基本材料

电子产品中的基本材料是指整机产品中除元器件、零部件等以外的常用的绝缘材料、电线、电缆、覆铜板、焊接材料和其他材料（如漆料、胶黏剂）等。

1. 绝缘材料

绝缘材料又称电介质，是指具有高电阻率、电流难以通过的材料。通常情况下，可认为绝缘材料是不导电的。

绝缘材料的作用是将电子产品中电位不同的带电部分隔离开。

绝缘材料一般分为以下三类。

- 无机绝缘材料：主要用于电机、电器的绕组绝缘以及制作开关板、骨架和绝缘子等。
- 有机绝缘材料：主要用于电子元件的制造和制成复合绝缘材料。
- 复合绝缘材料：主要用于电器的底座、支架、外壳等。

常用绝缘材料的型号、特性与用途如表 2.8 所示。

表 2.8 常用绝缘材料的型号、特性与用途

名称及标准号	牌号	特性与用途
电缆纸 QB131－61	K－08，12，17	作 35kV 的电力电缆、控制电缆、通信电缆及其他电器的绝缘用纸
电容器纸 QB603－72	DR－Ⅱ	在电子设备中作变压器的层间绝缘
电话纸 QB218－62	DH－40，50，75	作多股电信电缆的绝缘体用纸
电绝缘纸板 QB342－63	DK－100/100	具有较高的抗电强度，适用于低压系统中各种电器设备。用在电机、仪表、电气开关上槽缝、卷线、部件、垫片及保护层
粉末树脂		涂敷温度低，涂层坚韧、光亮、美观，机械强度高，可进行车削加工。用在不宜高温烘焙的电气元件及有关零件、部件的绝缘、密封、防腐等的表面涂敷
厚片云母	3*，4*	厚片云母为工业原料云母，是制作电容器介质薄片、电机绝缘片及大功率管与散热器中绝缘用薄片的原料
黄漆布与黄漆绸 JB879－66		适用于一般电机电器的衬垫或线圈绝缘
醇酸玻璃漆布	2432	其耐热、耐潮及介电性能均优于黄漆布和黄漆绸，耐温性也好，用于在较高温度下工作的电机、电气设备的衬垫或线圈绝缘，以及在油中工作的变压器线圈的绝缘
黄漆管 JB883－66	2710	有一定的弹性，适用于电机、电气仪表、无线电器件和其他电器装置的导线连接时的保护和绝缘
醇酸玻璃漆管 Q/D145－66	2730	由编织的无碱玻璃丝管浸以醇酸清漆经加热烘干而成。在电子设备中用作绝缘和导线连接端的保护，耐热等级为 B 级（130℃）
硅有机玻璃漆布		耐热性较高，可供电机电器中用作衬垫或线圈绝缘
环氧玻璃漆布		适用于包扎环氧树脂浇注的特种电器线圈
软聚氯乙烯管（带） HG2－64－65		用作电气绝缘及保护，颜色有灰、白、天蓝、紫、红、橙、棕、黄、绿色等

名称及标准号	牌号	特性与用途
特种软聚氯乙烯管	5111	供低温下使用
聚四氟乙烯管 HG2－536－67	SFG－1 SFG－2	用来制造在温度为－180～＋250℃的各种腐蚀介质中工作的密封，减摩和绝缘零件
聚四氟乙烯电容器薄膜， 聚四氟乙烯电器绝缘薄膜	SFM－1 SFM－3	用于电容器及电气仪表中的绝缘，适用温度为－60～＋250℃
酚醛层压纸板 JB885－66	3021，3023	3023 具有低的介质损耗，适于在电信和高频设备中做绝缘结构。由 3201 制造的零件可在变压器油中使用
酚醛层压布板 JB886－66	3025	有较高的机械性能和一定介电性能。适用在电气设备中做绝缘结构零部件，可在变压器油中使用
酚醛层压布板	320	有较高的介电性能及一定的机械性能，耐油性好，可在变压器油中使用
有机硅环氧层压玻璃布板 Q/D149－66	3250	有较高的机械强度、耐热性和介电性能，可在电机、电器中用作槽楔、垫块和其他绝缘零件
硬聚氟乙烯板 HG2－62－65		具有优良的电气绝缘性能，耐酸、碱、油，在－10～＋50℃范围内使用
有机玻璃板棒 HG2－343－66		用作仪器仪表部件、电气绝缘材料及光学镜片等
有机玻璃管 YHG－62－66		是无色、透光、清晰的圆柱管，可用于各种工业设备、装置、仪器中，如离子交换树脂柱流体观察管

2. 常用线料

电子产品中的常用线料包括电线和电缆，它们是传输电能或电磁信号的传输导线。

（1）安装导线（安装线）

安装线是指用于电子产品装配的导线。常用的安装线分为裸导线和塑胶绝缘电线。

① 裸导线

裸导线是指没有绝缘层的光金属导线。它有单股线、多股绞合线、镀锡绞合线、多股编织线、金属板、电阻电热丝等若干种类，如表 2.9 所示。

表 2.9　常用裸导线的种类、型号和用途

分类	名　　称	型号	主要用途
裸单线	硬圆铜单线	TY	用于电线电缆的芯线和电器制品（如电机、变压器等）的绕组线。硬圆铜单线也可用于电力及通信架空线
	软圆铜单线	TR	
	镀锡软铜单线	TRX	用于电线电缆的内外导体制造及电器制品的电气连接
	裸铜软天线	TTR	适用于通信的架空天线
裸型线	软铜扁线 硬铜扁线	TBR TBY	适用于电机、电器、配线线路及其他电工制品
	裸铜电刷线	TS、TSR	用于电机及电气线路上连接电刷
电阻合金线	镍铬丝	Cr20 Ni80	供制造发热元件及电阻元件用，正常工作温度 1000℃
	康铜丝	KX	供制造普通线绕电阻器及电位器用，能在 500℃ 条件下使用

② 塑胶绝缘电线（塑胶线）

塑胶绝缘电线是在裸导线的基础上，外加塑胶绝缘的电线，是由导电的线芯、绝缘层和保护层组成。广泛用于电子产品的各部分、各组件之间的各种连接，如表 2.10 所示。

表 2.10　电线型号命名法及含义

分类代号或用途		绝　缘		护　套		派 生 特 性	
符号	意　义	符号	意　义	符号	意　义	符号	意　义
A	安装线缆	V	聚氯乙烯	V	聚氯乙烯	P	屏蔽
B	布电缆	F	氟塑料	H	橡套	R	软
F	飞机用低压线	Y	聚乙烯	B	编织套	S	双绞
R	日用电器用软线	X	橡皮	L	腊克	B	平行
Y	一般工业移动电器用线	ST	天然丝	N	尼龙套	D	带形
T	天线	B	聚丙烯	SK	尼龙丝	T	特种
		SE	双丝包				

（2）电磁线

电磁线是由涂漆或包缠纤维作为绝缘层的圆形或扁形铜线，主要用于绕制各类变压器、电感线圈等。常用电磁线的型号、名称和主要特性及用途如表 2.11 所示。

表 2.11　常用电磁线的型号、名称和主要特性及用途

型号	名　称	主要特性及用途
QZ-1	聚酯漆包圆铜线	其电气性能好，机械强度较高，抗溶剂性能好，耐温在 130℃ 以下。用作中小型电机、电气仪表等的绕组
QST	单丝漆包圆钢线	用于电机、电气仪表的绕组
QZB	高强度漆包扁铜线	主要性能同 QZ-1，主要用于大型线圈的绕组
QJST	高频绕组线	高频性能好，用作绕制高频绕组

（3）扁平电缆（排线或带状电缆）

扁平电缆是由许多根导线结合在一起，相互之间绝缘的一种扁平带状多路导线的软电缆，如调试电路用的杜邦线，如图 2.39 所示。这种电缆造价低、质量轻、韧性强，是电子产品常用的导线之一。可用作插座间的连接线，印制电路板之间的连接线及各种信息传递的输入—输出柔性连接。

杜邦线20cm长
调试电路的好帮手

图 2.39　调试电路用杜邦线

（4）屏蔽线

屏蔽线是在塑胶绝缘电线的基础上，外加导电的金属屏蔽层和外护套而制成的信号连接线，如图 2.40 所示。

屏蔽线具有静电屏蔽、电磁屏蔽和磁屏蔽的作用，它能防止或减少线外信号与线内信号之间的相互干扰。屏蔽线主要用于 1MHz 以下频率的信号连接。

（5）电缆

电子产品装配中的电缆主要包括射频同轴电缆、馈线和高压电缆等。

① 射频同轴电缆（高频同轴电缆）

射频同轴电缆的结构与单芯屏蔽线基本相同，不同的是两者使用的材料不同，其电性能也不同。射频同轴电缆主要用于传送高频电信号，具有衰减小、抗干扰能力强、天线效应小、便于匹配的优点，其阻抗一般有 50Ω 或 75Ω 两种，如图 2.41 所示。

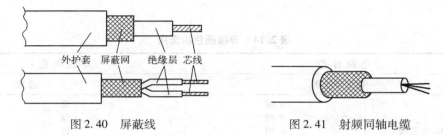

外护套　屏蔽网　绝缘层　芯线

图 2.40　屏蔽线　　　　　　　　　图 2.41　射频同轴电缆

② 馈线

馈线是由两根平行的导线和扁平状的绝缘介质组成的，专用于将信号从天线传到接收机或由发射机传给天线的信号线。其特性阻抗为 300Ω，传送信号属平衡对称型。

③ 高压电缆

高压电缆的结构与普通的带外护套的塑胶绝缘软线相似，只是要求绝缘体有很高的耐压特性和阻燃性，故一般用阻燃型聚乙烯作为绝缘材料，且绝缘体比较厚实。高压电缆的耐压与绝缘体厚度的关系如表 2.12 所示。

表 2.12　高压电缆的耐压与绝缘体厚度的关系

耐压（DC：kV）	绝缘体厚度（mm）	耐压（DC：kV）	绝缘体厚度（mm）
6	约 0.7	30	约 2.1
10	约 1.2	40	约 2.5
20	约 1.7		

（6）电源软导线

电源软导线的主要作用是连接电源插座与电气设备。选用电源线时，除导线的耐压要符合安全要求外，还应根据产品的功耗，选择不同线径的导线。电器用聚氯乙烯软导线参数如表 2.13 所示。

表 2.13　电器用聚氯乙烯软导线参数表

导体			成品外径（mm）						导体电阻（Ω/km）	容许电流（A）
截面积（mm²）	结构根/直径	外径（mm）	单芯	双根绞合	平形	圆形双芯	圆形3芯	长圆形		
0.5	20/0.18	1.0	2.6	5.2	2.6×5.2	7.2	7.6	7.2	36.7	6
0.75	30/0.18	1.2	2.8	5.6	2.8×5.6	7.6	8.0	7.6	24.6	10

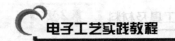

导体			成品外径（mm）						导体电阻（Ω/km）	容许电流（A）
截面积（mm²）	结构根/直径	外径（mm）	单芯	双根绞合	平形	圆形双芯	圆形3芯	长圆形		
1.25	50/0.18	1.5	3.1	6.2	3.1×6.2	8.2	8.7	8.2	14.7	14
2.0	37/0.26	1.8	3.4	6.8	3.4×6.8	8.8	9.3	8.8	9.50	20

（7）导线颜色的选用

为了整机装配及维修方便，导线和绝缘套管的颜色通常按一定的规定选用，如表2.14所示。

表2.14　导线颜色的选用

电路种类		导线颜色		
一般交流线路		①白	②灰	
三相AC电源线	A相	黄		
	B相	绿		
	C相	红		
	工作零线（中性线）	淡蓝		
	保护零线（安全地线）	黄和绿双色线		
直流（DC）线路	+	①红	②棕	
	O（GND）	①黑	②紫	
	-	①蓝	②白底青纹	
晶体管	E（发射极）	①红	②棕	
	B（基极）	①黄	②橙	
	C（集电极）	①青	②绿	
立体声电路	R（右声道）	①红	②橙	③无花纹
	L（左声道）	①白	②灰	③有花纹
指示灯		青		

3. 覆铜板

覆以铜箔制成的覆箔板称为覆铜板，它是用腐蚀铜箔法制作印制板的主要材料。以下介绍几种常用的覆铜板。

（1）1.TFZ-62、TFZ-63覆铜箔酚醛纸基层压板

特点：价格低廉，但机械强度低、不耐高温、阻燃性差、抗湿性能差等，主要用在低频和中、低档的民用产品中。

（2）THFB-65覆铜箔酚醛玻璃布层压板

特点：质量轻、电气和机械性能良好、加工方便等，但其价格较高。主要用在工作温度较高、工作频率较高的无线电设备中。

（3）聚四氟乙烯覆铜板

特点：耐温范围宽（-230~260℃）、绝缘性能好、耐腐蚀等，但价格高。主要在高频和超高频线路中用于制作印制电路板。

（4）聚苯乙烯覆铜箔板

主要用作高频和超高频印制线路板和印制元件。

2.4.2 其他工具

1. 电路板制版机/热转印机

电路板的制作，往往是电子爱好者比较头痛的一件事，许多电子爱好者为了制作一块电路板，往往采用油漆描板、刀刻、不干胶粘贴等业余制作方法，速度较慢，而且很难制作出高质量的印制电路板。电路板的制作甚至成为许多初学者步入电子殿堂的"拦路虎"。在计算机日益普及的今天，利用计算机设计印制板，虽然设计上具有图形规范、尺寸精确、容易修改、便于保存等优点，但制作电路板的工艺仍较为复杂，要通过光绘、照相制版等化学工艺流程，消耗材料较多，周期较长，费用较高。

利用小型快速电路板制版机（见图2.42）可以非常快速地小批量制作印制电路板，它具有以下显著的优点。

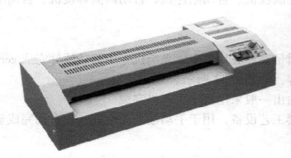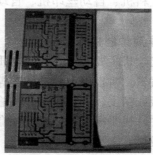

图2.42　小型快速电路板制版机（热转印机）

① 制版精度高：能达到激光打印机分辨率的制版精度。

② 制版成本低廉：制作一块电路板的制版费仅相当于一张热转印纸的成本。

③ 制版速度快：该制版机能够将激光打印机打印在热转印纸上的印制电路图形迅速转移到电路板上，形成抗腐蚀层，制作一块200mm×300mm的印制电路板（单、双面板），仅需要10~20分钟。非常适合于工厂、研究所、学校、电子商场、个人业余实验快速制作电路板样板使用。

电子产品中的基本材料是指整机产品中除元器件、零部件等以外的常用的绝缘材料、电线、电缆、覆铜板、焊接材料和其他材料（如漆料、胶黏剂）等。

2. 电子整机装配的专用设备

常用的电子整机装配专用设备包括：波峰焊接机、自动插件机、引线自动成形机、切脚机、超声波清洗机、搪锡机、自动切剥机等。

使用专用设备，既可提高生产效率、保证成品的一致性，又可减轻劳动强度。

导线剪线机是靠机械传动装置将导线拉到预定长度，由剪切刀去剪断导线的。

剥头机用于剥除塑胶线、腊克线等导线端头的绝缘层。

套管剪切机用于剪切塑胶管和黄漆管。

捻线机的功能是捻紧松散的多股导线芯线。使用捻线机比手工捻线效率高、质量好。

打号机用于对导线、套管及元器件打印标记。

浸锡设备用于焊接前对元器件引线、导线端头、焊片及接点等热浸锡。目前使用较多的有普通浸锡设备和超声波浸锡设备两种类型。

波峰焊接机是利用焊料波峰接触被焊件，形成浸润焊点、完成焊接过程的焊接设备。这种设备适用于印制电路板的焊接。

超声波清洗机用于清洗残留污物的清洗设备，主要用于一般方法难于清洗干净及形状复杂、清洗不便的元器件清除油类等污物。

插件机是指能在电子整机印制电路板上自动、正确装插元件的专用设备。

自动切脚机用于切除电路板上的元器件多余引脚，具有切除速度快、效率高、引脚长度可任意调节、切面平整等特点。

自动元器件引脚成型设备是一种能将元器件的引线按规定要求自动快速地弯成一定形状的专用设备。

自动 SMT 表面贴装设备是在电路板上安装 SMT 表面贴装元器件的设备的总称。它主要包括自动上料机、自动丝印机、自动滴胶机、自动贴片机、自动回流焊接机、自动下料机等设备。

3. 化学腐蚀制板专用设备

激光光绘机主要用于高速，高质量菲林底片输出，光绘机专用驱动软件完成 gerber 文件的输入、编辑、拼板以及数据传送等，如图 2.43 所示。

单面板或精度较低菲林的打印输出一般采用激光打印机完成。

自动冲片机是激光光绘机的配套工艺设备，用于手动输入光绘底片，自动完成显影、定影、水洗及烘干，如图 2.44 所示。

图 2.43　Create – LGP2000 型激光光绘机

图 2.44　Create – AWM3000 自动冲片机

图 2.45　Create – MCM2000 手动裁板机

手动裁板机用于 PCB 板制作前，根据设计好的 PCB 图 KEEPOUT 尺寸确定的 PCB 板基尺寸规格，进行裁板，如图 2.45 所示。

数控钻铣机如图 2.46 所示，钻孔软件接受 Nc drills 或自编 txt 坐标文档或 gerber 文件能完成钻孔与铣边操作。

高精度微型钻床完成小量孔的手工钻取，钻孔直径从 0.3～3.0mm，主轴转速 1 万转每分钟，如图 2.47 所示。

图2.46　Create – VCM3000数控钻铣机　　　图2.47　Create – MPD高精度微型钻床

全自动线路板抛光机用于去除覆铜板金属表面氧化物保护膜及油污，进行表面抛光处理，如图2.48所示。板基在抛光前，最好进行稀酸（H_2SO_4）溶液清洗。

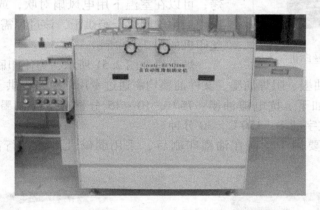

图2.48　Create – BFM3000全自动线路板抛光机

金属过孔机主要用于板孔金属化，如图2.49所示。主要工艺包括化学黑孔与化学镀铜，化学黑孔分为六个步骤：预浸、水洗、黑孔、通孔、烘干、微蚀金属。

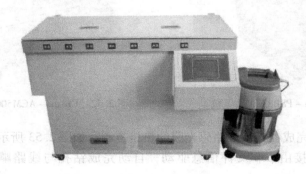

图2.49　金属过孔机

丝网印刷（油墨印刷）包括抗电镀油墨印刷、阻焊油墨印刷、字符油墨符印刷三个过程。抗电镀油墨是在双面电路板制作过程中，在覆铜板上用抗电镀油墨整板印刷，并经烘干后曝光，形成负性电路图形，以用于镀锡并形成锡保护下所需电路图形；阻焊油墨主要用于各焊盘之间形成阻焊层，使电路板焊接时，不容易产生短路；文字油墨主要用于标记电路板各器件位置及对应型号，方便位置识别与焊接。

丝网漏印是利用丝网图形将油墨漏印在板基材料上形成所需图形。因此在油墨印刷前需要制作丝网漏印图，具体步骤包括：丝网清洗、感光胶的配置及上胶、丝网晾干、曝光、显影等。丝网清洗：新的丝网或使用过的丝网布在使用前均需要清洗，新丝网布清洗只需用少

图 2.50　丝印机

量碱性清洗液冲洗即可，使用过的丝网布需用脱膜液脱去原有的感光胶膜再用碱性液清洗；感光胶配置及上胶：使用前感光胶与感光剂一般是分开封的，先往光敏剂容器中倒入 10ml 清水摇匀，再倒入感光胶容器中搅拌均匀即可；将配置好的感光胶通过上胶器均匀刷在丝网布的两面，该过程需在暗室中进行；丝网晾干：丝网的晾干不能用 40℃ 以上的热风直接吹，也不能直接用明火烘烤；可以在室温下用电风扇对吹，或者自然晾干；也可以用专用丝网烘干箱烘干，该过程需在较暗环境中进行。丝印机如图 2.50 所示。

烘干机如图 2.51 所示，为使印刷后的油墨具有较强的黏附性，抗电镀油墨、阻焊油墨、文件油墨均需通过专用的电路板烘干机进行热固化，具体固化温度及时间如下。抗电镀油墨：75℃，10～15 分钟；阻焊油墨：75℃，20 分钟或 150℃，30 分钟；文字油墨：150℃，30 分钟。

自动洗网机主要用于丝网在油墨印刷后，采用弱碱性溶液进行高压喷淋清洗，如图 2.52 所示。

图 2.51　Create – PSB3300 烘干机

图 2.52　Create – ACM5000 洗网机

自动压膜机主要完成覆铜板电路感光膜的热压覆制，如图 2.53 所示。

电路板雕刻机直接由 pcb 文件信息驱动，自动完成钻孔与线路雕刻成型，如图 2.54 所示。

曝光箱主要用于快速单面感光板的电路曝光制作，如图 2.55 所示，曝光时间 1 分钟，曝光分辨率可达 4mil。

图2.53　Create－GTM3000 自动压膜机　　　　图2.54　LPKF－S42 双面电路板雕刻机

全自动显影机完成曝光图形的自动喷淋显影，如图 2.56 所示，显影的效果与速度将由设定的温度、压强、传送速度以及显影液浓度决定。

图2.55　曝光机　　　　　　　　　图2.56　Create－EXP6000 全自动显影机

第**3**章

电子电路读图

3.1　电子电路图

3.1.1　概述

随着电子工业的飞速发展，电子产品及设备日新月异，技术含量越来越高，结构也越来越复杂。电路图又称为电路原理图，是一种反映无线电和电子设备中各元器件的电气连接情况的图纸。电子电路图是电子产品和电子设备的"语言"。它是用特定的方式和图形文字符号描述的，可以帮助人们去尽快地熟悉设备的构造、工作原理。通过对电路图的分析和研究，可以了解电子设备的电路结构和工作原理。因此，如何看懂电路图是学习电子技术的一项重要内容，是进行电子制作或维修的前提，也是无线电和电子技术爱好者必须掌握的基础。

电子电路的读图，也称识图，就是综合运用已经学过的知识对电路进行分析的过程，具备电子电路的识图能力，不仅可以开阔视野，提高评价电路性能的能力，而且为电子电路的应用提供有益的帮助。因此，识读电子电路图是一名从事电子技术工作的人员，尤其是初学者的基本功。在分析电子电路时，首先将整个电路分成具有独立功能的几部分，进而弄清每一部分电路的工作原理和主要功能，然后分析各部分电路之间的联系，从而得出整个电路所具有的功能和性能特点，必要时进行定量估算。为了得到更细致的分析，还可借助各种电子电路计算机辅助分析和设计软件。

3.1.2　分类

电子电路图可分为原理图和工艺图两大类，如表 3.1 所示。

1. 方框图

方框图是一种使用广泛的说明性图形，是用简单的方框表示系统或分系统的基本组成、相互关系及其主要特征，它们之间的连线表达信号通过电路的途径或电路的动作顺序，简单明确、一目了然。如图 3.1 所示为直流稳压电源的方框图。

表 3.1 电子电路图分类

原理图	功能图	方框图
		电原理图
	电气原理图	
	逻辑图	
	说明书	
	明细表	整件汇总表
		元器件材料表
工艺图	印制板图	
	装配图	印制板装配图
		实物装配图
		安装工艺图
	布线图	接线图
		接线表
	机壳底板图	
	面板图	机械加工图
		制版图

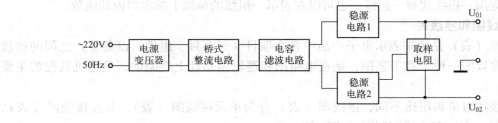

图 3.1 直流稳压电源的方框图

2. 电原理图

电原理图用来表示设备的电气工作原理，是采用国家标准规定的电气图形符号并按功能布局绘制的一种工程图。主要用途是详细表示电路、设备或成套装置的全部基本组成和连接关系，也称电路原理图。

电路原理图用于将该电路所用的各种元器件用规定的符号表示出来，并用连线画出它们之间的连接情况，在各元器件旁边还要注明其规格、型号和参数。电原理图是编制接线图、用于测试和分析寻找故障的依据。有时在比较复杂的电路中，常采取公认的省略方法简化图形，使画图、识图方便。

绘制电原理图时，要注意做到布局均匀、条理清楚。如电信号要采用从左到右、自上而下的顺序，即输入端在图纸的左上方，输出端在图纸的右下方。需要把复杂电路分割成单元电路进行绘制时，应表明各单元电路信号的来龙去脉，并遵循从左到右、自上而下的顺序。同时设计人员根据图纸的使用范围和目的需要，可以在电原理图中附加说明，如导线的规格和颜色，主要元器件的立体接线图，元器件的额定功率、电压、电流等参数，测试点上的波形，特殊元器件的说明等。

3. 逻辑图

逻辑图是用二进制逻辑单元图形符号绘制的数字系统产品的逻辑功能图，采用逻辑符号来表达产品的逻辑功能和工作原理。在数字电路中，电路图由电原理图和逻辑图混合组成。逻辑图的主要用途是编制接线图，分析检查电路单元故障。

绘制逻辑图要求层次清楚、布局均匀、便于识图。尤其是中、大规模集成电路组成的逻辑图，图形符号简单而连线很多，布局不当容易造成识图困难，应遵循以下基本规则。

（1）符号统一。在同一张图内，同种电路不得出现两种符号。应尽量采用符合国家标准的符号，而且集成电路的引脚名称一般保留外文字母标注。

（2）信号流的出入顺序，一般要从左到右、自下而上（此点与其他电原理图有所不同）。凡有与此不符者，要用箭头表示出来。

（3）连线要成组排列。逻辑图中很多连线的规律性很强，应将功能相同或关联的排在一组，并与其他线保持适当距离，如计算机电路中的地址线、数据线等。

（4）对于集成电路，引脚名称和引脚标号一般要标出，也可用另一张图详细表示该芯片的引脚排列及其功能，而对于多只相同的集成电路，标注其中一只即可。

绘制逻辑图的简化方法如下。

在同组的连线里，只画第一条线和最后一条线，把中间线号的线省略；对规律性很强的连线，在两端写上名称而省略中间线段；对于成组排列的连线，在电路两端画出多根连线，而在中间则用一根线代替一组线，也可以在表示一组线的单线上标出组内的线数。

4. 接线图和接线表

接线图（表）是用来表示电子产品中各个项目（元器件、组件、设备等）之间的连接以及相对位置的一种工程工艺图，是在电路图和逻辑图基础上绘制的，是整机装配的主要依据。

根据表达对象和用途不同，接线图（表）分为单元接线图（表）、互连接线图（表）、端子接线图（表）和电缆配制图（表）等。

下面以单元接线图（表）为例简要介绍。

（1）单元接线图

单元接线图只提供单元内部的连接信息，通常不包括外部信息，但可注明相互连接线图的图号，以便查阅。绘制单元接线图，应遵循以下原则。

① 按照单元内各项目的相对位置布置图形或图形符号。

② 选择最能清晰地显示各个项目的端子和布线的面来绘制视图。对多面布线的单元，可用多个视图来表示。视图只需画出轮廓，但要标注端子号码。

③ 当端子重叠时，可用翻转、旋转和位移等方法来绘制，但图中要加注释。

④ 在每根导线两端要标出相同的导线号。

（2）单元接线表

单元接线表是将各零部件标以代号或序号，再编出它们接线端子的序号，把编好号码的线依次填在接线表表格中，其作用与上述的接线图相同。这种方法在大批量生产中使用较多。

5. 印制电路板装配图

印制电路板装配图是表示各种元器件和结构件等与印制板连接关系的图样，用于指导工人装配、焊接印制电路板。现在基本使用 CAD 软件设计印制电路板，设计结果通过打印机或绘图仪输出。

设计电路板装配图时应注意以下几点。

① 要考虑看图方便，根据元器件的结构特点，选用恰当的表示方式，力求绘制简便。

② 元器件可以用标准图形符号，也可以用实物示意图，还可以混合使用，但要能表现清楚元器件的外形轮廓和装配位置。

③ 有极性的元器件要按照实际排列标出极性和安装方向。如电解电容器、晶体管和集成电路等元器件，表示极性和安装方向标志的半圆平面或色环不能弄错。

④ 要有必要的外形尺寸、安装尺寸和其他产品的连接位置，有必要的技术说明。

⑤ 重复出现的单元图形，可以只绘出一个单元，其余单元可以简化绘制，但是必须用细实线画出各单元的极限位置，并标出单元顺序号，如数码管等。

⑥ 一般在每个元器件上都标出代号，其代号应和电路图和逻辑图保持一致。代号的位置标注在该元器件图形符号或外形的左方或上方。

⑦ 可见跨接线用粗实线绘制，不可见的用虚线绘制。

⑧ 当印制电路板两面均装元器件时，一般要画两个视图。

在上述 5 种电路图中，方框图、电原理图和逻辑图主要表明工作原理，而接线图（表）（也称布线图）、印制电路板装配图主要表明工艺内容。除此之外，还有与产品设计相关的功能表图、机壳图、底板图、面板图、元器件明细表和说明书等。

◤ 3.2　模拟电路读图

3.2.1　电路图用符号

模拟电路图主要描述元器件、部件和各部分电路之间的电气连接及相互关系，应力求简化。一张电路图就好比是一篇文章，各种单元电路就好比是句子，而各种元器件就是组成句子的单词。所以要想读懂电路图，还得从认识单词——元器件开始。有关电阻器、电容器、电感线圈、晶体管等元器件的用途、类别、使用方法等内容可以参照电子工业出版社出版的《电子设计与制作 100 例（第 2 版）》第 2 章，本节集中介绍常用电子元器件电路图用符号。

随着集成电路以及微组装混合电路等技术的发展，传统的象形符号已不足以表达其结构与功能，象征符号被大量采用。而许多新元件、器件和组件的出现，又会用到新的名词、符号和代号。因此，要及时掌握新元器件的符号表示和性能特点。

1. 电阻器与电位器符号

电阻器的文字符号是"R"，电位器是"RP"，即在 R 的后面再加一个说明它有调节功能的字符"P"。电阻器与电位器符号如图 3.2 所示，其中图 3.2（a）表示一般的阻值固定的电阻器；图 3.2（b）表示半可调或微调电阻器；图 3.2（c）表示电位器；图 3.2（d）表示带开关的电位器。在某些电路中，对电阻器的功率有一定要求，可分别用图 3.2（e）、

图 3.2（f）、图 3.2（g）、图 3.2（h）所示符号来表示。

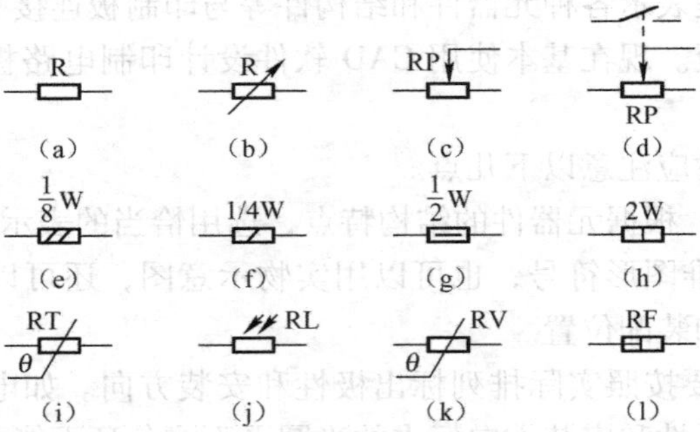

图 3.2　电阻器电位器图形符号

热敏电阻的电阻值是随外界温度变化而变化的，有的是负温度系数的，用 NTC 来表示；有的是正温度系数的，用 PTC 来表示。它的符号见图 3.2（i），用 θ 或 t 来表示温度。它的文字符号是"RT"。光敏电阻器符号见图 3.2（j），有两个斜向的箭头表示光线。它的文字符号是"RL"。压敏电阻器阻值是随电阻器两端所加的电压变化而变化的，其符号见图 3.2（k），用字符 U 表示电压。它的文字符号是"RV"。这三种电阻器实际上都是半导体器件，但习惯上仍把它们当作电阻器。

保险电阻是新近出现的，它兼有电阻器和熔丝的作用。当温度超过 500℃ 时，电阻层迅速剥落熔断，把电路切断，能起到保护电路的作用。保险电阻的电阻值很小，目前在彩电中用得很多，其图形符号见图 3.2（l），文字符号是"RF"。

2. 电容器符号

电容器符号如图 3.3 所示。其中图 3.3（a）表示容量固定的电容器；图 3.3（b）表示有极性电容器；如各种电解电容器；图 3.3（c）表示容量可调的可变电容器；图 3.3（d）表示微调电容器；图 3.3（e）表示一个双连可变电容器。电容器的文字符号是"C"。

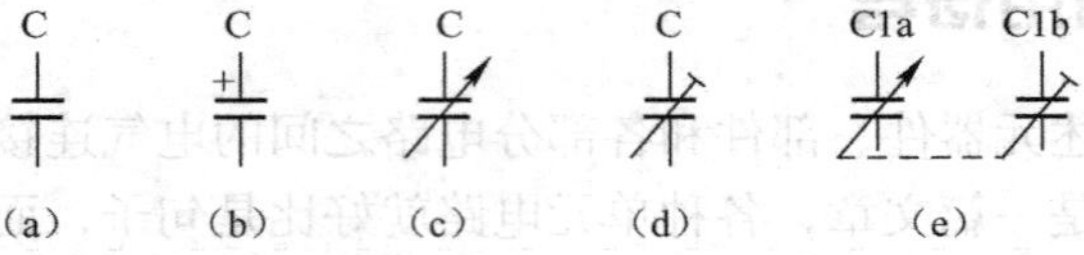

图 3.3　电容器图形符号

3. 电感器与变压器的符号

电感线圈在电路图中的图形符号如图 3.4 所示。其中图 3.4（a）是电感线圈的一般符号；图 3.4（b）是带磁芯或铁芯的线圈；图 3.4（c）是铁芯有间隙的线圈；图 3.4（d）是带可调磁芯的可调电感；图 3.4（e）是有多个抽头的电感线圈。电感线圈的文字符号是"L"。

变压器的图形符号如图 3.5 所示。其中图 3.5（a）是空芯变压器；图 3.5（b）是磁芯或铁芯变压器；图 3.5（c）是绕组间有屏蔽层的铁芯变压器；图 3.5（d）是次级有中心抽头的变压器；图 3.5（e）是耦合可变的变压器；图 3.5（f）是自耦变压器；图 3.5（g）是带可调磁芯的变压器；图 3.5（h）中的小圆点是变压器极性的标记。

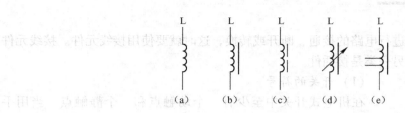

图 3.4　电感线圈图形符号

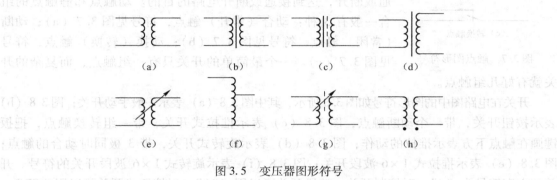

图 3.5　变压器图形符号

4. 送话器、拾音器和录放音磁头的符号

送话器的图形符号如图 3.6 所示。其中图 3.6（a）为一般送话器的图形符号；图 3.6（b）是电容式送话器；图 3.6（c）是压电晶体式送话器的图形符号。送话器的文字符号是"BM"。

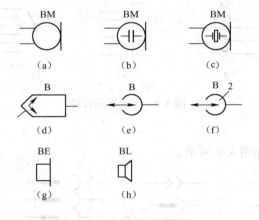

图 3.6　送话器图形符号

拾音器俗称电唱头。图 3.6（d）是立体声唱头的图形符号，它的文字符号是"B"。图 3.6（e）是单声道录放音磁头的图形符号。如果是双声道立体声的，就在符号上加一个"2"字，见图 3.6（f）。

5. 扬声器、耳机的符号

扬声器、耳机都是把电信号转换成声音的换能元件。耳机的符号如图 3.6（g）所示。它的文字符号是"BE"。扬声器的符号如图 3.6（h）所示，它的文字符号是"BL"。

6. 接线元件的符号

电子线路中常常需要进行电路的接通、断开或转换，这时就要使用接线元件。接线元件有两大类：一类是开关；另一类是接插件。

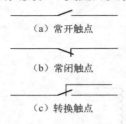

（a）常开触点

（b）常闭触点

（c）转换触点

图 3.7　触点图形符号

（1）开关的符号

在机电式开关中至少有一个动触点和一个静触点。当用手扳动、推动或旋转开关的机构时，就可以使动触点和静触点接通或断开，达到接通或断开电路的目的。动触点和静触点的组合一般有 3 种：动合（常开）触点，符号见图 3.7（a）；动断（常闭）触点，符号见图 3.7（b）；动换（转换）触点，符号见图 3.7（c）。一个最简单的开关只有一组触点，而复杂的开关就有好几组触点。

开关在电路图中的图形符号如图 3.8 所示，其中图 3.8（a）表示一般手动开关；图 3.8（b）表示按钮开关，带一个动断触点；图 3.8（c）表示推拉式开关，带一组转换触点，把扳键画在触点下方表示推拉的动作；图 3.8（d）表示旋转式开关，带 3 极同时动合的触点；图 3.8（e）表示推拉式 1×6 波段开关；图 3.8（f）表示旋转式 1×6 波段开关的符号。开关的文字符号为"S"，对控制开关、波段开关可以用"SA"，对按钮式开关可以用"SB"。

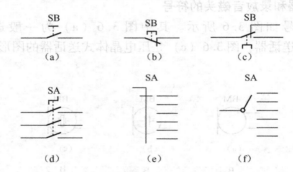

（a）　　　　（b）　　　　（c）

（d）　　　　（e）　　　　（f）

图 3.8　开关图形符号

（2）接插件的符号

接插件的图形符号如图 3.9 所示。

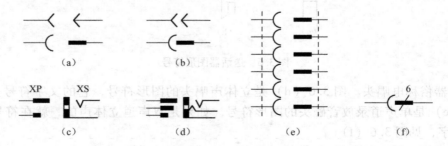

（a）　　　　　（b）　　　　　（c）　　　　　（d）　　　　　（e）　　　　　（f）

图 3.9　接插件图形符号

其中图 3.9（a）表示一个插头和一个插座，（有两种表示方式）左边表示插座，右边表示插头；图 3.9（b）表示一个已经插入插座的插头；图 3.9（c）表示一个 2 极插头座，也称为2芯插头座；图3.9（d）表示一个3极插头座，也就是常用的3芯立体声耳机插头座；图3.9（e）表示一个6极插头座。为了简化也可以用图3.9（f）表示，在符号上方标上数字6，表示是6极。接插件的文字符号是"X"。为了区分，可以用"XP"表示插头，用"XS"表示插座。

7. 继电器的符号

因为继电器是由线圈和触点组两部分组成的，所以继电器在电路图中的图形符号也包括两部分：一个长方框表示线圈；一组触点符号表示触点组合。当触点不多、电路比较简单时，往往把触点组直接画在线圈框的一侧，这种画法叫集中表示法，如图3.10（a）所示。当触点较多且每对触点所控制的电路又各不相同时，为了方便，常常采用分散表示法。就是把线圈画在控制电路中，把触点按各自的工作对象分别画在各个受控电路里。这种画法对简化和分析电路有利。但这种画法必须在每对触点旁注上继电器的编号和该触点的编号，并且规定所有的触点都应按继电器不通电的原始状态画出。如图3.10（b）所示是一个触摸开关。当人手触摸到金属片A时，555时基电路输出（3端）高电位，使继电器KR1通电，触点闭合使灯点亮使电铃发声。555时基电路是控制部分，使用的是6V低压电。电灯和电铃是受控部分，使用的是220V市电。

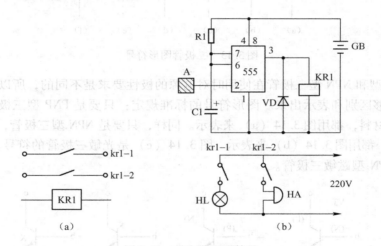

图3.10 继电器图形符号

继电器的文字符号都是"K"。有时为了区分，交流继电器用"KA"表示，电磁继电器和舌簧继电器用"KR"表示，时间继电器用"KT"表示。

8. 电池及熔断器符号

电池的图形符号如图3.11所示。长线表示正极，短线表示负极，有时为了强调可以把短线画得粗一些。如图3.11（b）所示是一个电池组。有时也可以把电池组简化地画成一个电池，但要在旁边注上电压或电池的数量。如图3.11（c）所示是光电池的图形符号。电池的文字符号为"GB"。熔断器的图形符号如图3.12所示，它的文字符号是"FU"。

9. 二极管、三极管符号

半导体二极管在电路图中的图形符号如图3.13所示。其中图3.13（a）为一般二极管的符号，箭头所指的方向就是电流流动的方向，即在这个二极管上端接正电压，下端接负电压时它就能导通。图3.13（b）是稳压二极管符号。图3.13（c）是变容二极管符号，旁边的电容器符号表示它的结电容是随着二极管两端的电压变化的。图3.13（d）是热敏二极管符号。图3.13（e）是发光二极管符号，用两个斜向放射的箭头表示它能发光。图3.13（f）是磁敏二极管符号，它能对外加磁场做出反应，常被制成接近开关而用在自动控制方面。二极管的文字符号用"V"，有时为了和三极管区分，也可能用"VD"来表示。

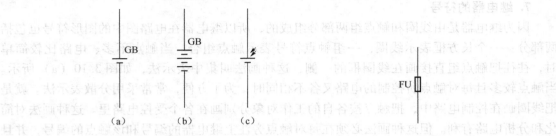

图3.11 电池图形符号　　　　　图3.12 熔断器图形符号

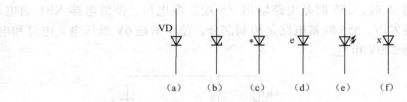

图3.13 二极管图形符号

由于PNP型和NPN型三极管在使用时对电源的极性要求是不同的，所以在三极管的图形符号中应能够区别和表示出来。图形符号的标准规定：只要是PNP型三极管，不管它用锗材料还是硅材料，都用图3.14（a）来表示。同样，只要是NPN型三极管，不管它用锗材料还是硅材料，都用图3.14（b）来表示。图3.14（c）是光敏三极管的符号。图3.14（d）表示一个硅NPN型磁敏三极管。

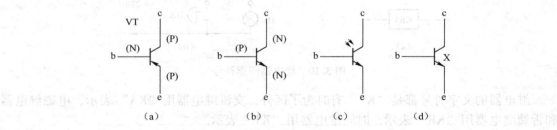

图3.14 三极管图形符号

10. 晶闸管、单结晶体管、场效应管的符号

晶闸管是晶体闸流管或可控硅整流器的简称，常用的有单向晶闸管、双向晶闸管和光控晶闸管，它们的符号分别如图3.15所示的（a）、（b）、（c）。晶闸管的文字符号是"VS"。

单结晶体管的符号如图3.16所示。

利用电场控制的半导体器件，称为场效应管，它的符号如图3.17所示。其中图3.17（a）表示N沟道结型场效应管；图3.17（b）表示N沟道增强型绝缘栅场效应管；图3.17（c）表示P沟道耗尽型绝缘栅场效应管。它们的文字符号也是"VT"。

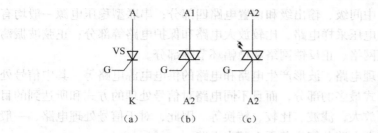

图 3.15　晶闸管图形符号　　　　　图 3.16　单结晶体管图形符号

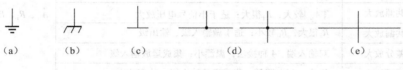

图 3.17　场效应管图形符号

11. 其他图形符号

电子电路中其他常用图形符号如图 3.18 所示。图 3.18（a）为接大地；图 3.18（b）为接机壳；图 3.18（c）为接底板；图 3.18（d）为导线的连接；图 3.18（e）为导线的不连接。

图 3.18　其他图形符号

3.2.2　读图的思路及步骤

读图能力体现了对所学知识的综合应用能力。通过读图，开阔视野，可以提高评价性能优劣的能力、系统集成的能力和设计能力，为电子电路在实际工程中的应用提供有益的帮助。

在分析电子电路时，首先将整个电路分解成具有独立功能的几部分，进而弄清每一部分电路的工作原理和主要功能，然后分析各部分电路之间的联系，从而得出整个电路所具有的功能和性能特点，必要时再进行定量估算；要想得到更细致的分析，还可借助于各种电子电路计算机辅助分析和设计软件。详细思路和步骤如下。

1. 了解用途

了解所读电路用于何处及所起的作用，对分析整个电路的工作原理、各部分的功能及性能指标均具有指导意义。因此，"了解用途"是读图非常重要的第一步。通常，对于已知电路均可根据其使用场合大概了解其主要功能，有时还可知电路的主要性能指标。

2. 化整为零

将所读电路分解为若干具有独立功能的部分，究竟分为多少，与电路的复杂程度、读者所掌握基本功能电路的多少和读图经验有关。有些电路的组成具有一定的规律。例如，通用型集成运放一般均有输入级、中间级、输出级和偏置电路四部分；串联型稳压电源一般均有调整管、基准电压电路，输出电压采样电路、比较放大电路和保护电路等部分；正弦波振荡电路一般均有放大电路、选频网络、正反馈网络和稳幅环节等部分。

模拟电子电路分为信号处理电路、波形产生电路和电路的供电电源电路等。其中信号处理电路是最主要、也是电路形式最多的部分，而且不同电路对信号处理的方式和所达到的目的各不相同，如可对信号加以放大，滤波、比较、转换等。因此，对于信号处理电路，一般以信号的流通方向为线索将复杂电路分解为若干个基本电路。

3. 分析功能

选择合适的方法分析每部分电路的工作原理和主要功能，这不但需要读者能够识别电路类型，而且还需要学生能够定性分析电路的性能特点。如放大能力的强弱、输入和输出电阻的大小、振荡频率的高低、输出量的稳定性等。它们是确定整个电路功能和性能的基础。常用基本模拟电子电路单元如表 3.2 所示。

表 3.2　常用基本模拟电子电路单元一览

电路类型	名称	特点和典型功能	指标参数和功能描述方法
基本放大电路	共射放大	$|\dot{A}_u|$ 大；适于小信号电压放大	$\dot{A}_u$、R_i、R_0、f_L、f_H、f_{BW}
	共集放大	R_i 大，R_0 小；适于做输入级、输出级、缓冲级	
	共基放大	f_H 高；适于做宽频带放大电路	
	共源放大	$|\dot{A}_u|$ 较大，R_i 很大；适于小信号电压放大	
	共漏放大	R_i 很大，R_0 较小；适于做输入级、输出级	
	差分放大	双输入端、4 种接法，温漂小；集成运放输入级	
	互补输出	R_0 小，双向跟随；集成运放输入级、功率放大	
电流源电路	镜像	具有良好的恒流特性；集成运放的偏置电路、有源负载	输出电流表达式
	微		
	多路		
集成运放应用电路	反相比例	R_i、R_0 共模信号均小；电压放大、电流电压转换	比例系数、R_i
	同相比例	R_i 大，R_0 小、共模信号大；电压放大、跟随、隔离	
	加减	多个信号的线性叠加；求和、求差、差分放大	用运算式表达输出电压和输入电压之间的函数关系
	积分	输入电压的积分；正弦信号相依 90°、波形变换	
	微分	输入电压的微分；反映输入信号变化速率	
	模拟乘法器	乘法运算；乘/除法器、乘/开方，功率测量	
	对数	输入电压的对数和反对数运算；乘法→加减，信号范围的扩大和缩小	
	指数		
有源滤波电路	低通	抑制高频、通低频；减少直流信号脉动，提高低频信号的信噪比	$A_u(s)$、A_{up}、f_0、f_p 幅频特性
	高通	抑制低频、通高频；减少放大电路的漂移；提高高频信号的信噪比	
	带通	通过某频率范围信号，抑制其他频率信号；从混入干扰、噪声和多频信号中选出有用信号	
	带阻	抑制某频率范围信号，通过其他频率信号；抑制干扰、噪声和无用信号通过	

电路类型	名称	特点和典型功能	指标参数和功能描述方法
正弦振荡电路	RC 桥式	输出波形好，f 可调范围宽；产生 1 Hz ~ 1 MHz 正弦波	$f_0 \approx \dfrac{1}{2\pi RC}$
	变压器反馈式	放大电路和反馈网络耦合不紧密；产生几千赫至几十兆赫正弦波	$f_0 \approx \dfrac{1}{2\pi \sqrt{LC}}$ （L 和 C 分为选频网络中等效电感和电容）
	电感反馈式	放大电路和反馈网络耦合紧密，易振，输出波形含高次谐波；产生几千赫至几十兆赫正弦波，改变选频网络 C 可得较宽的频率范围	
	电容反馈式	输出波形好，f 可调范围宽；产生几千赫至几十兆赫固定频率的正弦波	
	石英晶体	振荡频率非常稳定；用于产生 100 千赫至几百兆赫固定频率的正弦波	f_0 等于石英晶体的固有频率
电压比较器	单限	只有一个阈值电压；基本开关电路	U_{OH}、U_{OL}、U_T 电压传输特性
	滞回	输入电压正、负方向变化的阈值电压不同，具有抗干扰能力；抗干扰开关，非正弦振荡电路	
	窗口	输入电压单一方向变化时有两个阈值电压；判断电压信号幅值是否在两个阈值之间或之外	
非正弦波发生电路	矩形波	RC 回路 + 滞回比较器；产生脉冲信号	U_{OH}、U_{OL} $T(f)$ 波形分析
	三角波	积分运算电路 + 滞回比较器，产生三角波 – 方波电压；延时和定时，函数发生器基本组成单元	
	锯齿波	积分运算电路 + 滞回比较器，产生锯齿波 – 矩形波电压；单一方向延时和定时	
波形变换电路	任意 – 矩形	利用比较器	输入/输出波形
	方波 – 三角	利用积分器	
	三角 – 锯齿	利用可变极性的比例运算电路	
	三角 – 正弦	利用二极管使比例系数改变，实现折线法	
信号转换电路	电压 – 电流	将输入电压转换成输出电流	$i_O = f(u_I)$
	交流 – 直流	将输入交流电压整流成直流电压	$u_O = f(u_I)$
	电压 – 频率	将输入直流电压转换成频率与之幅值成正比的脉冲（或三角波、矩形波）	$T_0 = f(u_I)$ 或 $f = f(u_I)$
功率放大电路	OTL	单电源供电，需加输出电容，低频特性差	P_{om}、η
	OCL	双电源供电，低频特性好	
	BTL	单电源供电，低频特性好，效率比 OCL 电路低	
直流电源	桥式整流	将交流电压全波整流，整流效率高	$U_{O(AV)}$、$I_{O(AV)}$、S
	电容滤波	减小整流电压脉动；负载电流小且变化小场合	$U_{O(AV)}$、$I_{O(AV)}$
	倍压整流	输出电压平均值高于变压器副边电压有效值；高输出电压小负载电流情况	$U_{O(AV)}$
	电感滤波	减小输出电压脉动；负载电流较大的情况	$U_{O(AV)}$、$I_{O(AV)}$
	稳压管稳压	输出电压 = 稳压管电压，输出电流变化范围小；小负载电流且输出电压固定的稳压电源	U_O、I_O
	串联稳压	调整管工作在放大状态，输出电压稳定且可调、输出电流范围大；通用型稳压电源	
	W78××	输出电压稳定，内含多种保护电路；输出电压为固定值的稳压电源	

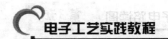
电路类型	名称	特点和典型功能	指标参数和功能描述方法
直流电源	W117	输出电压稳定，内含多种保护电路；输出电压可调的稳压电源的基准电压源	U_0、I_0
	开关稳压	调整管工作在放大状态，转换效率高，可不用电源变压器；输出电压调节范围很小的稳压电源	

4. 统观整体

首先将每部分电路用方框图表示，并用合适的方式（文字、表达式、曲线、波形）扼要表述其功能，然后根据各部分的联系将方框图连接起来，得到整个电路的方框图。方框图不但直观地看出各部分电路应如何相互配合以达到整个电路的功能，还能够根据前面的分析定性分析出整个电路的性能特点。

5. 性能估算

对各部分电路进行定量估算，从而得到整个电路的性能指标。从估算过程可知每一部分电路对整个电路的哪一个性能产生什么样的影响，为调整、维修和改进电路打下基础。

应当指出，读图时，应首先分析电路主要组成部分的功能和性能，必要时再对次要部分做进一步分析。对于不同水平的读者和不同的具体电路，分析步骤也不尽相同，上述思路和步骤仅供参考。

3.2.3 模拟电路基本分析方法

1. 小信号情况下的等效电路法

用半导体管在低频小信号作用下的等效电路取代放大电路交流通路中的管子，便可得到放大电路的交流等效电路，由此可估算放大倍数、输入电阻、输出电阻。

2. 频率响应的求解方法

首先画出适于信号频率 $0 \sim \infty$ 的等效电路，求出电路的上限、下限频率，然后写出电压放大倍数的表达式，最后画出波特图，通常可画折线化波特图。

在放大电路中，某个电容所确定的截止频率决定于其所在回路的时间常数 τ，而求解 τ 的关键是正确求出它所在回路的等效电阻，截止频率等于 $\dfrac{1}{2\pi\tau}$。

3. 反馈的判断方法

电子电路中总是引入这样或那样的反馈，以适应不同场合下的应用。例如，在实用放大电路中引入不同组态的交流负反馈以改善其各性能，在电压比较器中引入正反馈以获得滞回特性，等等。正确判断电路中所引入的反馈是读懂电路的基础。

反馈的判断方法包括有无反馈、直流反馈和交流反馈、反馈极性（利用瞬时极性法）的判断，以及交流负反馈反馈组态（电压串联、电压并联、电流串联、电流并联）的判断。

4. 集成运放应用电路的识别方法

根据集成运放应用电路中引入反馈的性质，可以判断电路的基本功能。集成运放若引入负反馈则构成运算电路或有源滤波电路；利用同相比例运算电路和 RC 串/并联网路又可构成正弦波振荡电路。若集成运放处于开环或仅引入正反馈，则构成电压比较器；利用电压比较器和积分运算电路又可构成波形发生电路。因此，在识别集成运放应用电路时的基本思路，如图 3.19 所示。

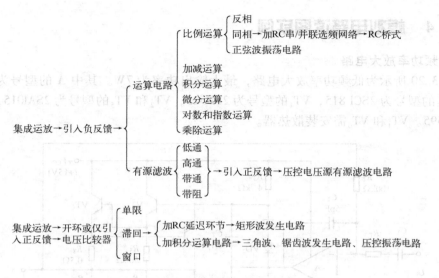

图 3.19　集成运放应用电路识别基本思路

5. 运算电路运算关系的求解方法

运算电路中都引入了深度负反馈，可以认为集成运放的净输入电压为零（即虚短），净输入电流也为零（虚断）。以"虚短"和"虚断"为基础，利用节点电流法和叠加原理（适于多个输入信号的情况）即可求出输出与输入的运算关系式。

6. 电压比较器电压传输特性的分析方法

根据电压比较器的限幅电路求出输出高电平和低电平。令集成运放同相输入端和反相输入端电位相等求出（输入电压）阈值电压，根据输入电压作用于集成运放的同相输入端和反相输入端来确定输出电压在输入电压过阈值电压时的跃变方向，即得到电压比较器的电压传输特性。

7. 波形发生电路的判振方法

对于正弦波振荡，首先应观察电路是否存在正弦波振荡电路的基本组成部分，放大电路能否正常工作，进而利用瞬时极性法判断电路是否符合正弦波振荡的相位条件，然后看其是否有可能满足正弦波振荡的幅值条件。同时满足两个条件，电路才能产生振荡。

对于非正弦波振荡，首先观察电路是否有电压比较器和延时电路（RC 电路或积分电路），然后假设比较器输出为某一状态（低电平或高电平），分析电路是否能稳定，若比较器的两个输出状态可以自动地相互转换，则说明电路能够产生非正弦波振荡，否则不振。

8. 功率放大电路最大输出功率和转换效率的分析方法

首先求出最大不失真输出电压，即负载上可能获得的最大不失真电压，然后求出负载上可能获得的最大交流功率，即为最大输出功率。

最大输出功率时电源提供的平均电流与电源电压相乘，即得到电源的平均功率。

最大输出功率与此时电源提供的平均功率之比为转换效率。

9. 直流电源的分析方法

直流电源的分析方法包括整流电路、滤波电路、稳压管稳压电路、串联型稳压电路、三

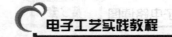
端稳压器应用电路、开关型稳压电路的分析方法，从而得出它们的主要参数。

3.2.4 模拟电路读图实例

1. 低频功率放大电路

如图 3.20 所示为低频功率放大电路，最大输出功率为 7W。其中 A 的型号为 LF356N，VT_1 和 VT_3 的型号为 2SCl 815，VT_4 的型号为 2SD525，VT_2 和 VT_5 的型号为 2SAl015，VT_6 的型号为 2SB595。VT_4 和 VT_6 需安装散热器。

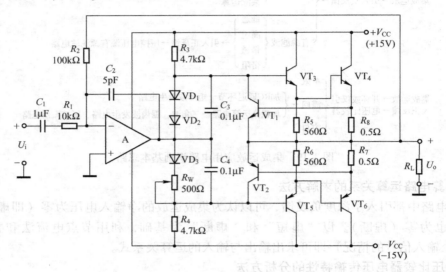

图 3.20 低频功率放大电路

（1）化整为零

对于分立元件电路，应根据信号的传递方向，分解电路。

R_2 将电路的输出端与 A 的反相输入端连接起来，因此电路引入了反馈。由于图 3.20 所示电路为放大电路，可以推测它引入的应为负反馈，进一步分析还需要弄清楚电路的基本组成。

C_1 为耦合电容。输入电压 U_i 作用于 A 的反相输入端，A 的输出又作用于 VT_3 和 VT_5 管的基极，故集成运放 A 为前置放大电路，且 VT_3 和 VT_5 为下一级的放大管；VT_3 和 VT_4、VT_5、VT_6 分别组成复合管，前者等效为 NPN 型管，后者等效为 PNP 型管，A 的输出作用于两个复合管的基级，而且两个复合管的发射级作为输出端，故第二级为互补输出级；因此可以判断出电路是两级电路。

因为 VT_1 和 VT_2 的基级和发射极分别接 R_7 和 R_8 的两端，而 R_7 和 R_8 上的电流等于输出电流 I_o；可以推测，当 I_o 增大到一定数值，VT_1 和 VT_2 才导通，可以为功放管分流，所以 VT_1 和 VT_2、R_7 和 R_8 构成过流保护电路。

利用反馈的判断方法可以得出，图 3.20 所示电路引入的是电压并联负反馈。

（2）分析功能

对于功率放大电路，通常均应分析其最大输出功率和效率。在图 3.20 所示电路中，由于电流采样电阻 R_7 和 R_8 的存在，负载上可能获得的最大输出电压幅值为：

$$U_{\text{omax}} = \frac{R_{\text{L}}}{R_8 + R_{\text{L}}} \cdot (V_{\text{CC}} - U_{\text{CES}}) \tag{3-1}$$

式中 U_{CES} 为 VT_4 管的饱和管压降。最大输出功率为：

$$P_{\text{om}} = \frac{\left(\frac{U_{\text{omax}}}{\sqrt{2}}\right)^2}{R_{\text{L}}} = \frac{U_{\text{omax}}^2}{2R_{\text{L}}} \tag{3-2}$$

在忽略静态损耗的情况下，效率为：

$$\eta = \frac{\pi}{4} \frac{U_{\text{omax}}}{V_{\text{CC}}} \tag{3-3}$$

可见电流采样电阻使得负载上的最大不失真电压减小，从而使最大输出功率减小，效率降低。

设功放管饱和管压降的数值为 $3V$，负载为 10Ω，则最大不失真输出电压幅值为：

$$U_{\text{omax}} = \frac{R_{\text{L}}}{R_8 + R_{\text{L}}} \cdot (V_{\text{CC}} - U_{\text{CES}}) = \left[\frac{10}{10 + 0.5}(15 - 3)\right] \approx 11.43 \ (\text{V})$$

最大输出功率为：

$$P_{\text{om}} = \frac{U_{\text{omax}}^2}{2R_{\text{L}}} \approx \frac{11.43^2}{2 \times 10} \approx 6.53 \ (\text{W})$$

效率：

$$\eta = \frac{\pi}{4} \frac{U_{\text{omax}}}{V_{\text{CC}}} \approx \frac{\pi}{4} \cdot \frac{11.43}{15} \approx 59.8\%$$

一旦输出电流过流，VT_1 和 VT_2 管将导通，为功放管分流，保护电流的数值为：

$$I_{\text{omax}} = \frac{U_{\text{on}}}{R_7} \approx \frac{0.7}{0.5} = 1.4 \ (\text{A})$$

（3）统观整体

综上所述，图 3.20 所示电路的方框图如图 3.21（a）所示。若仅研究反馈，则可将电路简化为图 3.21（b）所示电路。

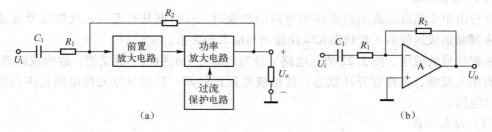

图 3.21 低频功率放大电路的方框图

根据图 3.21（b）所示电路，可以求得深度负反馈条件下电路的电压放大倍数为：

$$A_{\text{uf}} = -\frac{R_2}{R_1} = -10$$

从而获得在输出功率最大时所需要的输入电压有效值为：

$$U_{\text{i}} = \left|\frac{U_{\text{omax}}}{\sqrt{2} A_{\text{uf}}}\right| \tag{3-4}$$

其他器件作用如下。

（1）C_2为相位补偿电容，它改变了频率响应，可以消除自激振荡。

（2）R_3、D_1、D_2、D_3、R_W和R_4构成偏置电路，使输出级消除交越失真。

（3）C_3和C_4为旁路电容，使VT_3和VT_5的基极动态电位相等，以减少有用信号的损失。

（4）R_5和R_6泄漏电阻，用以减小VT_4和VT_6的穿透电流。其值不可过小，否则将使有用信号损失过大。

2. 火灾报警电路

如图3.22所示为火灾报警电路，u_{I1}和u_{I2}分别来源于两个温度传感器，它们安装在室内同一处。但是，一个安装在金属板上，产生u_{I1}；而另一个安在塑料壳体内部，产生u_{I2}。

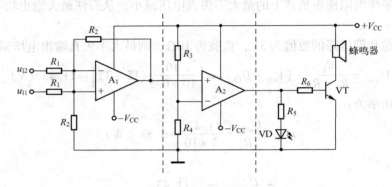

图3.22　火灾报警电路

（1）了解用途

在正常情况下，即无灾情时，两个温度传感器所产生的电压相等，$u_{I1} = u_{I2}$，发光二极管不亮，蜂鸣器不响。有灾情时，安装在金属板上的温度传感器因金属板导热快而温度升高较快，而安装在塑料壳体内的温度传感器温度上升得较慢，使u_{I1}与u_{I2}产生差值电压。差值电压增大到一定数值时，发光二极管发光、蜂鸣器鸣叫，同时报警。

（2）化整为零

分析由单个集成运放所组成应用电路的功能时，可根据其有无引入反馈以及反馈的极性，来判断集成运放的工作状态和电路输出与输入的关系。

根据信号的流通，图3.22所示电路可分为三部分。A_1引入了负反馈，故构成运算电路；A_2没有引入反馈，工作在开环状态，故组成电压比较器；后面分立元件电路是声光报警及其驱动电路。

（3）分析功能

输入级参数具有对称性，是双端输入的比例运算电路，也可实现差分放大，输出电压U_T为：

$$u_{01} = \frac{R_2}{R_1}(u_{I1} - u_{I2}) \tag{3-5}$$

第二级电路的阈值电压U_T为：

$$U_T = \frac{R_4}{R_3 + R_4}V_{CC} \tag{3-6}$$

当 $u_{O1} < U_T$ 时，$u_{O2} = U_{OL}$；当 $u_{O1} > U_T$，时，$u_{O2} = U_{OH}$；电路只有一个阈值电压，故为单限比较器。u_{O2} 的高、低电平决定于集成运放输出电压的最小值和最大值。电压传输特性如图 3.23 所示。

当 u_{O2} 为高电平时，发光二极管因导通而发光，与此同时晶体管 VT 导通，蜂鸣器鸣叫。发光二极管的电流为：

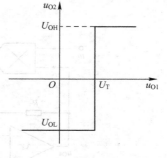

$$I_D = \frac{U_{OH} - U_D}{R_5} \qquad (3-7)$$

晶体管的基极电流为：

$$I_B = \frac{U_{OH} - U_{BE}}{R_6} \qquad (3-8)$$

图 3.23　A_2 组成的电压比较器的电压传输特性

集电极电流，即蜂鸣器的电流为：

$$I_C = \beta I_B \qquad (3-9)$$

若参数选择的结果是晶体管在导通时处于饱和状态，则

$$I_C = \frac{V_{CC} - U_{CES}}{R_L} \leqslant \beta I_B \qquad (3-10)$$

式中：U_{CES} 为管子的饱和管压降；R_L 是蜂鸣器等效电阻。

（4）统观整体

根据上述分析，图 3.22 所示电路的方框图如图 3.24 所示。

图 3.24　火灾报警电路的方块图

在没有火情时，（u_{I1}—u_{I2}）数值很小，$u_{O1} < U_T$，$u_{O2} = U_{OL}$，发光二极管和晶体管均截止。

当有火情时，$u_{I1} > u_{I2}$，（u_{I1}—u_{I2}）增大到一定程度，$u_{O1} > U_T$，u_{O2} 从低平跃变为高电平，$u_{O2} = U_{OH}$，使得发光二极管和晶体管导通，发光二极管和蜂鸣器发出警告。

3. 自动增益控制电路

自动增益控制电路如图 3.25 所示，为了便于读懂，这里做了适当的简化。

（1）了解功能

如图 3.25 所示电路用于自动控制系统之中。输入电压为正弦波，当其幅值由于某种原因产生变化时，增益产生相应变化，使得输出电压幅值基本不变。

（2）化整为零

以模拟集成电路为核心器件分解图 3.25 所示电路，可以看出，每一部分都是一种基本电路。第一部分是模拟乘法器；第二部分是由 A_1、R_1、R_2 和 R_8 构成的同相比例运算电路，其输出为整个电路的输出；第三部分是由 A_2、R_3、R_4、D_1 和 D_2 构成的精密整流电路；第四部分是由 A_3、R_5 和 C 构成的有源滤波电路；第五部分是由 A_4、R_6 和 R_7 构成的差分放大电路。A_4 的输出电压 u_{O4} 作为模拟乘法器的输入，与输入电压 u_I 相乘，因此电路引入了反馈，是一个闭环系统。

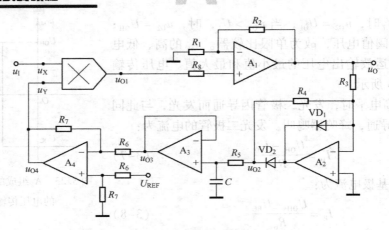

图 3.25　自动增益控制电路

（3）功能分析

根据所学知识可知，模拟乘法器的输出电压：

$$u_{O1} = ku_{X}u_{Y} = ku_{1}u_{O4} \tag{3-11}$$

同相比例运算电路的输出电压 u_O 为：

$$u_O = \left(1 + \frac{R_2}{R_1}\right)u_{O1} \tag{3-12}$$

设 $R_3 = R_4$，则精密整流电路的输出电压 u_{O2} 为：

$$u_{O2} = \begin{cases} 0 & u_O > 0 \\ -u_O & u_O < 0 \end{cases} \tag{3-13}$$

因此，电路为半波整流电路。

有源滤波电路的电压放大倍数为：

$$\dot{A}_{u} = \frac{\dot{U}_{O3}}{\dot{U}_{O2}} = \frac{1}{1 + j\dfrac{f}{f_{H}}}\left(f = \frac{1}{2\pi R_5 C}\right) \tag{3-14}$$

可见电路为低通滤波电路。当参数选择合理时，可使输出电压 u_{O3} 为直流电压 U_{O3}，且 U_{O3} 正比于输出电压 u_O 的幅值。

在差分放大电路中，输出电压 u_O 为：

$$u_{O4} = \frac{R_7}{R_6}(U_{REF} - U_{O3}) = A_{u4}(U_{REF} - U_{O3}) \tag{3-15}$$

因而 u_{O4} 正比于基准电压 U_{REF} 与 U_{O3} 的差值。

（4）统观整体

根据上述分析，可以得到各部分电路的关系，图 3.25 所示电路的方框图如图 3.26 所示。

根据式（3-11）、（3-12）、（3-15），输出电压的表达式为：

$$u_O = ku_1 u_{O4} = k\left(1 + \frac{R_2}{R_1}\right)\frac{R_7}{R_6}(U_{REF} - U_{O3})u_1 \tag{3-16}$$

设输入电压 u_1 幅值增大，则输出电压 u_O 的幅值随之增大，U_{O3}（U_{O3} 正比于输出电压 u_O）

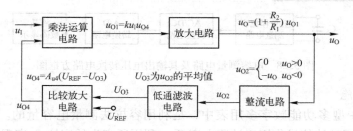

图 3.26　自动增益控制电路的方框图

必然增大，导致（U_{REF}—U_{O3}）减小，从而使 u_O 幅值减小；若 u_1 幅值减小，则各部分的变化与上述过程相反。在参数选择合适的条件下，在一定的频率范围内，通过电路增益的自动调节，对于不同幅值的正弦波 u_1，u_O 的幅值可基本不变。

4. 电容测量电路

DT890C＋型 $3\frac{1}{2}$ 位多功能数字多用表包括 12 个组成部分，有 A/D 转换器、小数点及标志符驱动电路、直流电压测量电路、交流电压测量电路、直流电流测量电路、交流电流测量电路、$200\Omega \sim 20M\Omega$ 电阻测量电路、$200M\Omega$ 电阻测量电路、电容测量电路、温度测量电路、晶体管 h_{FE} 测量电路、二极管及蜂鸣器电路等。电路中共用 6 片集成电路，分别是 1 片 $3\frac{1}{2}$ A/D 转换器 TSC7106、1 片 CMOS 四与非门 CC4011、2 片低失调 JEFT 双运放 TL062 和 2 片低功耗通用双运放 LM358。

如图 3.27 所示为五量程电容测量电路，其输出电压通过 AC/DC 转换器和 A/D 转换器，驱动液晶显示器，即获得测量值，方框图如图 3.28 所示。其中 AC/DC 转换器、A/D 转换器和液晶显示器是 DT890C＋型数字多用表中的公用电路。下面仅对图 3.27 所示电路加以分析。

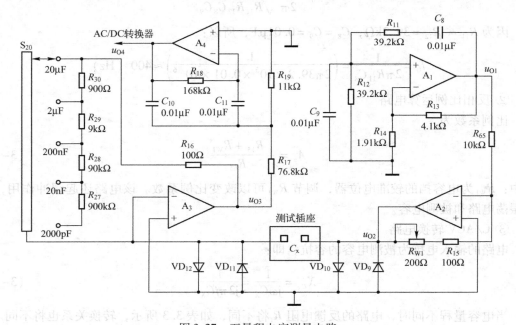

图 3.27　五量程电容测量电路

图 3.28　电容测量电路及其输出电压转换电路方框图

（1）了解功能

在 DT890C＋型多功能数字多用表中，是利用容抗法测量电容量的。其基本设计思想是：将 400Hz 的正弦波信号作用于被测电容 C_x，利用所产生的容抗 X_C 实现 C/ACV 转换，将 X_C 转换为交流电压；再通过测量交流电压获得 C_x 的电容量。

测量范围分为 2nF、20nF、200nF、2μF 和 2 0μF 五挡，测量准确度为 ±2.5%。分辨率取决于 A/D 转换器的位数。当采用 TSC7106 时，最高分辨力为 1pF。

图 3.27 所示电路中 A_1 和 A_2 是一片 TL062，A_3 和 A_4 是一片 LM358。

（2）化整为零

观察图 3.27 所示电路，以集成运放为核心器件可将其分解为四部分。A_1 和 C_8、C_9、R_{11}、R_{12}、R_{13}、R_{14} 组成文氏桥振荡电路，A_2 和 R_{65}、R_{15}、R_{W1} 组成反相比例运算电路；A_2 的输出电压在被测电容 C_x 上产生电流，通过 A_3 及其有关元件组成的电路将电容量转换成交流电压，故组成 C/ACV 电路；A_4 和 R_{17}、R_{18}、R_{19}、C_{10}、C_{11} 组成有源滤波电路，根据整个电路的功能，该滤波电路应只允许 400Hz 正弦波信号通过，而滤掉其他频率的干扰，故为带通滤波电路。

（3）功能分析

① 文氏桥振荡电路

振荡频率的表达式为：

$$f_0 = \frac{1}{2\pi\sqrt{R_{11}R_{12}C_8C_9}} \tag{3-17}$$

因为 $R_{11} = R_{12} = 39.2\text{k}\Omega$，$C_8 = C_9 = 0.01\mu\text{F}$，所以：

$$f_0 = \frac{1}{2\pi R_{11}C_8} = \left(\frac{1}{2\pi 39.2 \times 10^3 \times 0.01 \times 10^{-6}}\right) \approx 400 \quad (\text{Hz})$$

② 反相比例运算电路

比例系数为

$$A_u = -\frac{R_{15} + R_{W1}}{R_{65}} \tag{3-18}$$

式中：R_{W1} 为电容挡的较准电位器，调节 R_{W1} 可以改变比例系数。该电路还起缓冲作用，隔离振荡电路和被测电容。

③ C/ACV 转换电路

电路的输入电抗为被测电容的容抗，即：

$$X_{C_X} = \frac{1}{j\omega C_X} = \frac{1}{j2\pi fC_X} \tag{3-19}$$

当电容量程不同时，电路的反馈电阻 R_f 将不同，如表 3.3 所示，转换关系也将不同。

表 3.3 不同量程时 C/ACV 转换电路的反馈电阻 R_f

电容量程	R_f表达式	R_f的数值
20μF	R_{16}	100Ω
2μF	$R_{16} + R_{30}$	1kΩ
200nF	$R_{16} + R_{30} + R_{29}$	10kΩ
20nF	$R_{16} + R_{30} + R_{29} + R_{28}$	100kΩ
2000pF	$R_{16} + R_{30} + R_{29} + R_{28} + R_{27}$	1MΩ

转换系数为:

$$\dot{A}_{u3} = \frac{\dot{U}_{O3}}{\dot{U}_{O2}} = -\frac{R_f}{X_{C_X}} = -2\pi jf R_f C_X$$

其模为:

$$|\dot{A}_{u3}| = 2\pi f R_f C_X \tag{3-20}$$

式中 $f = 400Hz$,若在 200nF 挡,从表 3.3 中可知 $R_f = 10kΩ$,则:

$$|\dot{A}_{u3}| = 2\pi f R_f C_X = 2\pi \times 400 \times 10 \times 10^3 C_X = 8\pi \times 10^6 C_X$$

其最大值为:

$$|\dot{A}_{u3}| = 8\pi \times 10^6 C_X = 8\pi \times 10^6 \times 200 \times 10^{-9} \approx 5.03$$

从表 3.3 中可以看出,电容量每增大 10 倍,反馈电阻阻值降低为原来的 1/10。因此,不难发现,在各电容挡,电路的转换系数的最大数值均相等。这样,就可以保证对于各电容挡输出电压最大幅值均相等,也就限制了 A/D 转换电路最大输入电压。

输出电压有效值为:

$$U_{O3} = |\dot{A}_{u3}| U_{O2} = 2\pi f R_f C_X U_{O2} \tag{3-21}$$

当 400Hz 正弦波信号 U_{O2} 幅值一定时,电容挡确定,R_f 也就随之确定,因此 U_{O3} 与被测电容容量 C_X 成正比。

④ 有源滤波电路

从测量的需要出发,该电路应为带通滤波电路。为了便于识别电路,首先将电路变为习惯画法,如图 3.29 所示,这是一个多路反馈无限增益电路。

经推导可得中心频率为:

$$f_0 = \frac{1}{2\pi C_{10}}\sqrt{\frac{1}{R_{18}}\left(\frac{1}{R_{17}} + \frac{1}{R_{19}}\right)} \tag{3-22}$$

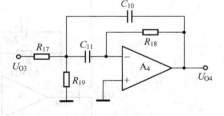

图 3.29 多路反馈无限
增益带通滤波电路

将 $C_{10} = 0.01μF$、$R_{18} = 168kΩ$、$R_{17} = 76.8kΩ$、$R_{19} = 11kΩ$ 代入式 (3-22),得出 $f_0 = 400Hz$。因此,有源滤波电路只允许 u_{O3} 中 400Hz 信号通过,而滤去其他频率的干扰。

可见,输出电压 u_{O4} 是幅值与被测电容 C_X 容量成正比关系的 400Hz 交流电压。

(4) 统观整体

根据上述四部分的关系,可得图 3.27 所示电路的方框图如图 3.30 所示。

图 3.30　五量程电容测量电路方框图

综上所述，在测量电容量时，文氏桥振荡电路产生 400Hz 正弦波电压，经过反相比例运算电路作为缓冲电路，作用于被测电容；通过 C/ACV 转换电路将被测电容值 C_X 转换为交流电压信号，再经二阶带通滤波电路滤掉其他频率的干扰，输出是幅值与 C_X 成正比的 400Hz 正弦波电压。

电容测量电路的输出电压作为 AC/DC 转换电路的输入信号，转换为直流电压；再由 A/D 转换电路转换成数字信号，并驱动液晶显示器，显示出被测电容的容量值。

电容测量电路有如下特点。

① 在 C/ACV 转换电路中，电容挡越大，反馈电阻阻值越小，使得各档转换系数的最大数值均相等，从而限制了整个电路的最大输出电压幅值，也就限制了 A/D 转换电路的最大输入电压，其值为 200mV。

② 电路中所有集成运放的输入均为交流信号，因此其温漂不会影响电路的测量精度，也就不需要对电容挡手动调零。电路中仅有一个电位器 R_{W1} 用于校准电容挡，一般一经调好就不再变动。

③ 二极管 VD_9 和 VD_{10} 用于 A_2 输出电压的限幅，二极管 D_{11} 和 D_{12} 用于限制 A_3 净输入电压幅值，以保护运放。此外，尽管电容挡不允许带电测量，但是若发生误操作，则二极管可为被测电容提供放电回路，从而在一定程度上保护了测量电路。

5. 反馈式稳幅电路

如图 3.31 所示为反馈式稳幅电路，其功能是：当输入电压变化时，输出电压基本不变。主要技术指标如下。

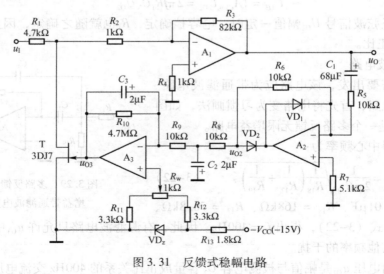

图 3.31　反馈式稳幅电路

（1）输入电压波动 20% 时，输出电压波动小于 0.1%。

（2）输入信号频率从 50～2000Hz 变化时，输出电压波动小于 0.1%。

（3）负载电阻从 $10k\Omega$ 变为 $5k\Omega$ 时，输出电压波动小于 0.1%。

图 3.31 所示电路的方框图如图 3.32 所示。其中以 A_1 为核心组成反相比例运算电路；以 A_2 为核心组成半波精密整流电路；以 A_3 为核心组成二阶低通滤波器；T 为等效成可变电阻。

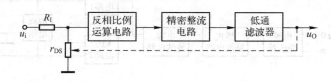

图 3.32　反馈式稳幅电路方框图

当参数选择合适时，若 u_1 幅值增大导致 u_0 增大，则 r_{DS} 减小，使得 u_{01}、u_{02} 减小，从而使 u_0 减小，趋于原来数值。过程简述如下：

$$u_1\uparrow \rightarrow u_0\uparrow \rightarrow r_{DS}\downarrow \rightarrow u_{01}\downarrow \rightarrow u_{02}\downarrow$$
$$u_0\downarrow \leftarrow$$

若 u_1 幅值减小，则各物理量的变化与上述过程相反。

6. 直流稳压电源电路

电源电路是模拟电路中比较简单却是应用最广的电路。拿到一张电源电路图时，应注意：①先按"整流 — 滤波 — 稳压"的次序把整个电源电路分解开来，逐级细细分析。②逐级分析时要分清主电路和辅助电路、主要元件和次要元件，弄清它们的作用和参数要求等。例如，开关稳压电源中，电感电容和续流二极管就是它的关键元件。③因为晶体管有 NPN 和 PNP 型两类，某些集成电路要求双电源供电，所以一个电源电路往往包括不同极性不同电压值和好几组输出。读图时必须分清各组输出电压的数值和极性。在组装和维修时也要仔细分清晶体管和电解电容的极性，防止出错。④熟悉某些习惯画法和简化画法。⑤最后把整个电源电路从前到后全面综合贯通起来。这张电源电路图也就读懂了。

例如，直流稳压电源如图 3.33 所示。

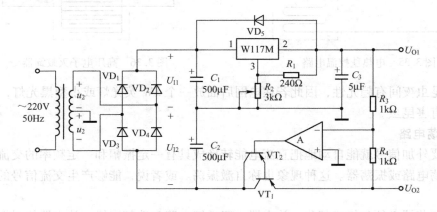

图 3.33　直流稳压电源电路

电路各部分的功能及相互之间的关系如图 3.34 所示。若 W117 的输出端和调整端之间的电压为 $1.25V$，3 端电流可忽略不计，则输出电压 U_{01} 和 U_{02} 的调节范围为：

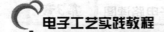

$$U_{O1} = -U_{O2} = \frac{R_1 + R_2}{R_1} \cdot U_{REF} = 1.25 \sim 16.8 \text{V}$$

因为在调节 R_2 时，U_{O2} 的数值始终和 U_{O1} 保持相等，故称之为"跟踪电源"。

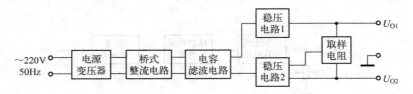

图 3.34　直流稳压电源电路方框图

如图 3.35 所示是一个电热毯电路。开关在"1"的位置是低温挡。220V市电经二极管后接到电热毯，因为是半波整流，电热毯两端所加的是约 100V 的脉动直流电，发热不高，所以是保温或低温状态。开关扳到"2"的位置，220V市电直接接到电热毯上，所以是高温挡。

如图 3.36 所示是利用倍压整流原理得到小电流直流高压电的灭蚊蝇器。220V 交流经过四倍压整流后输出电压可达 1100V，把这个直流高压加到平行的金属丝网上。网下放诱饵，当苍蝇停在网上时造成短路，电容器上的高压通过苍蝇身体放电将其击毙。苍蝇尸体落下后，电容器又被充电，电网恢复高压。这个高压电网电流很小，因此对人无害。

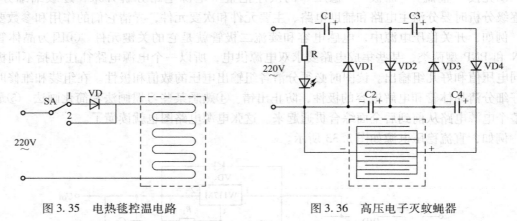

图 3.35　电热毯控温电路　　　　　图 3.36　高压电子灭蚊蝇器

由于昆虫夜间有趋光性，因此若在电网后面放一个 3W 荧光灯或小型黑光灯，就可以诱杀蚊虫和有害昆虫。

7. 振荡电路

不需要外加信号就能自动地把直流电能转换成具有一定振幅和一定频率的交流信号的电路称为振荡电路或振荡器。这种现象也称自激振荡。或者说，能够产生交流信号的电路就称振荡电路。

一个振荡器必须包括三部分：放大器、正反馈电路和选频网络。放大器能对振荡器输入端所加的输入信号予以放大，使输出信号保持恒定的数值。正反馈电路保证向振荡器输入端提供的反馈信号是相位相同的，只有这样才能使振荡维持下去。选频网络则只允许某个特定频率 f_0 能通过，使振荡器产生单一频率的输出。

振荡器能否振荡起来并维持稳定的输出是由以下两个条件决定的；一个是反馈电压 u_f 和输入电压 u_i 要相等，这是振幅平衡条件。二是 u_f 和 u_i 必须相位相同，这是相位平衡条件，也就是说，必须保证是正反馈。一般情况下，振幅平衡条件往往容易做到，所以在判断一个振荡电路能否振荡，主要是看它的相位平衡条件是否成立。

振荡器按振荡频率的高低可分为超低频（20Hz 以下）、低频（20Hz～200kHz）、高频（200kHz～30MHz）和超高频（10～350MHz）等几种。按振荡波形可分成正弦波振荡和非正弦波振荡两类。

正弦波振荡器按照选频网络所用的元器件可以分成 LC 振荡器、RC 振荡器和石英晶体振荡器三种。石英晶体振荡器有很高的频率稳定度，只在要求很高的场合使用。在一般家用电器中，大量使用着各种 LC 振荡器和 RC 振荡器。

8. 调幅和检波电路

广播和无线电通信是利用调制技术把低频声音信号加到高频信号上发射出去的。在接收机中还原的过程叫解调。其中低频信号称调制信号，高频信号则称载波。常见的连续波调制方法有调幅和调频两种，对应的解调方法就称检波和鉴频。

下面我们先介绍调幅电路和检波电路。

（1）调幅电路

调幅是使载波信号的幅值随着调制信号的幅值变化，载波的频率和相位不变。能够完成调幅功能的电路就叫调幅电路或调幅器。

调幅是一个非线性频率变换过程，所以它的关键是必须使用二极管、三极管等非线性元器件。根据调制过程在哪个回路里进行，可以把三极管调幅电路分成集电极调幅、基极调幅和发射极调幅3种。下面以集电极调幅电路为例。

如图 3.37 所示是集电极调幅电路，由高频载波振荡器产生的等幅载波经 T_1 加到晶体管基极。低频调制信号则通过 T_3 耦合到集电极中。C_1、C_2、C_3 是高频旁路电容，R_1、R_2 是偏置电阻。集电极的 LC 并联回路谐振在载波频率上。如果把三极管的静态工作点选在特性曲线的弯曲部分，三极管就是一个非线性器件。因为晶体管的集电极电流是随着调制电压变化的，所以集电极中的两个信号就因非线性作用而实现了调幅。由于 LC 谐振回路是调谐在载波的基频上，因此在 T_2 的次级就可得到调幅波输出。

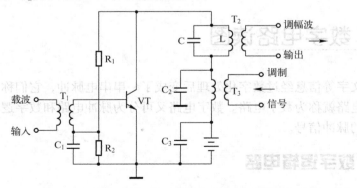

图 3.37 集电极调幅电路

（2）检波电路

检波电路或检波器的作用是从调幅波中取出低频信号。它的工作过程正好和调幅相反。

检波过程也是一个频率变换过程，也要使用非线性元器件。常用的有二极管和三极管。另外，为了取出低频有用信号，还必须使用滤波器滤除高频分量，所以检波电路通常包含非线性元器件和滤波器两部分。下面举二极管检波器为例说明它的工作。

如图 3.38 所示是一个二极管检波电路。VD 是检波元件，C 和 R 是低通滤波器。当输入的已调波信号较大时，二极管 VD 是断续工作的。正半周时，二极管导通，对 C 充电；负半周和输入电压较小时，二极管截止，C 对 R 放电。在 R 两端得到的电压包含的频率成分很多，经过电容 C 滤除了高频部分，再经过隔直流电容 C_0 的隔直流作用，在输出端就可得到还原的低频信号。

9. 调频和鉴频电路

调频是使载波频率随调制信号的幅值变化，而振幅则保持不变。鉴频则是从调频波中解调出原来的低频信号，它的过程和调频正好相反。

（1）调频电路

能够完成调频功能的电路就称调频器或调频电路。常用的调频方法是直接调频法，也就是用调制信号直接改变载波振荡器频率的方法。如图 3.39 所示，用一个可变电抗元件并联在谐振回路上。用低频调制信号控制可变电抗元件参数的变化，使载波振荡器的频率发生变化。

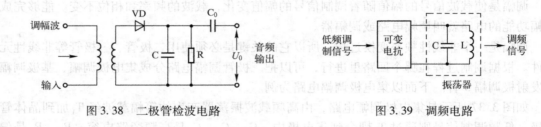

图 3.38　二极管检波电路　　　　　图 3.39　调频电路

（2）鉴频电路

能够完成鉴频功能的电路称鉴频器或鉴频电路，有时也称频率检波器。鉴频的方法通常分两步：第一步先将等幅的调频波变成幅值随频率变化的调频 – 调幅波；第二步再用一般的检波器检出幅值变化，还原成低频信号。常用的鉴频器有相位鉴频器、比例鉴频器等。

◤ 3.3　数字电路读图

声音图像文字等信息经过数字化处理后变成了一串串电脉冲，它们称为数字信号。能处理数字信号的电路就称为数字电路。数字电路又可分为脉冲电路和数字逻辑电路，它们处理的都是不连续的脉冲信号。

3.3.1　数字逻辑电路

电路中的"1"和"0"同时还具有逻辑意义，如逻辑"1"和逻辑"0"可以分别表示电路的接通和断开、事件的是和否、逻辑推理的真和假等。电路的输出和输入之间是一种逻辑关系。这种电路除了能进行二进制算术运算外，还能完成逻辑运算和具有逻辑推理能力，所以才把它称为逻辑电路。由于数字逻辑电路有易于集成、传输质量高、有运算和逻辑推理能力等优点，因此被广泛用于计算机、自动控制、通信、测量等领域。一般家电产品中，如定时器、告警器、控制器、电子钟表、电子玩具等都要用数字逻辑电路。

数字逻辑电路的第一个特点是为了突出"逻辑"两个字，使用的是独特的图形符号。数字逻辑电路中有门电路和触发器两种基本单元电路，它们都是以晶体管和电阻等元件组成的，但在逻辑电路中只用几个简化了的图形符号去表示它们。按逻辑功能要求把这些图形符号组合起来画成的图就是逻辑电路图，它完全不同于一般的放大振荡或脉冲电路图。

数字电路中有关信息是包含在"1"和"0"的数字组合内的，只要电路能明显地区分开"1"和"0"，"1"和"0"的组合关系没有破坏即可。所以数字逻辑电路的第二个特点是主要关心它能完成什么样的逻辑功能，较少考虑它的电气参数性能等问题。也因为这个原因，数字逻辑电路中使用了一些特殊的表达方法，如真值表、特征方程等，还使用一些特殊的分析工具，如逻辑代数、卡诺图等，这些也都与放大振荡电路不同。

1. 门电路

门电路可以看成数字逻辑电路中最简单的元件。目前有大量集成化产品可供选用。

最基本的门电路有 3 种：非门、与门和或门。非门就是反相器，它把输入的 0 信号变成 1，1 变成 0。这种逻辑功能叫"非"。与门有两个以上输入，它的功能是当输入都是 1 时，输出才是 1。这种功能也叫逻辑乘。或门也有两个以上输入，它的功能是输入有一个 1 时，输出就是 1。这种功能也叫逻辑加。

把这 3 种基本门电路组合起来可以得到各种复合门电路，如与门加非门成与非门，或门加非门成或非门。如图 3.40 所示是它们的图形符号和真值表。此外还有与或非门、异或门等。

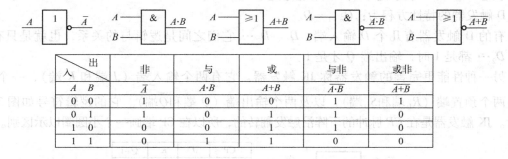

入　　出		非	与	或	与非	或非
A	B	$\overline{A}$	$A\cdot B$	$A+B$	$\overline{A\cdot B}$	$\overline{A+B}$
0	0	1	0	0	1	1
0	1	1	0	1	1	0
1	0	0	0	1	1	0
1	1	0	1	1	0	0

图 3.40　基本逻辑门电路符号及真值表

数字集成电路有 TTL、HTL、CMOS 等多种，所用的电源电压和极性也不同，但只要它们有相同的逻辑功能，就用相同的逻辑符号。而且一般都规定高电平为 1、低电平为 0。

2. 触发器

触发器实际上就是脉冲电路中的双稳电路，它的电路和功能都比门电路复杂，它也可看成数字逻辑电路中的元件。目前也已有集成化产品可供选用。

按照结构不同，触发器可分为：基本 RS 触发器，为电平触发方式；同步触发器，为脉冲触发方式；主从触发器，为脉冲触发方式；边沿触发器，为边沿触发方式。根据逻辑功能的不同，触发器可分为：RS 触发、JK 触发器、D 触发器、T 触发器、T′触发器。同一电路结构的触发器可以做成不同的逻辑功能；同一逻辑功能的触发器可以用不同的电路结构来实现；不同结构的触发器具有不同的触发条件和动作特点，触发器逻辑符号中 CP 端有小圆圈的为下降沿触发；没有小圆圈的为上升沿触发。利用特性方程可实现不同功能触发器间逻辑功能的相互转换。常用的触发器有 D 触发器和 JK 触发器。

D 触发器有一个输入端 D 和一个时钟信号输入端 CP，为了区别，在 CP 端加有箭头。它有两个输出端，一个是 Q，另一个是 $\bar{Q}$，加有小圈的输出端是 $\bar{Q}$ 端。另外，它还有两个预置端 $\bar{R}_D$ 和 $\bar{S}_D$，平时正常工作时要 $\bar{R}_D$ 和 $\bar{S}_D$ 端都加高电平 1，如果使 $\bar{R}_D = 0$（$\bar{S}_D$ 仍为 1），则触发器被置成 $Q = 0$；如果使 $\bar{S}_D = 0$（$\bar{R}_D$ 仍为 1），则被置成 $Q = 1$。因此，$\bar{R}_D$ 端称为置 0 端，$\bar{S}_D$ 端称为置 1 端。D 触发器的逻辑符号如图 3.41 所示，$\bar{R}_D$ 和 $\bar{S}_D$ 都带小圆圈，表示要加上低电平才有效。

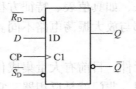

CP	D	Q_{n+1}
1	0	0
1	1	1
0	×	Q_n

图 3.41　D 触发器的逻辑符号及特性表

D 触发器是受 CP 和 D 端双重控制的，CP 加高电平 1 时，它的输出和 D 的状态相同。如 $D = 0$，CP 来到后，$Q = 0$；如 $D = 1$，CP 来到后，$Q = 1$。CP 脉冲起控制开门作用，如果 $CP = 0$，则不管 D 是什么状态，触发器都维持原来状态不变。这样的逻辑功能画成表格就称为功能表或特性表，如图 3.41 所示。表中 Q_{n+1} 表示加上触发信号后变成的状态，Q_n 是原来的状态。"×"表示是 0 或 1 的任意状态。

D 触发器的特性方程为：$Q_{n+1} = D$。

有的 D 触发器有几个 D 输入端：D_1、D_2… 它们之间是逻辑与的关系，也就是只有当 D_1、D_2… 都是 1 时，输出端 Q 才是 1。

另一种性能更完善的触发器称 JK 触发器。它有两个输入端（J 端和 K 端），一个 CP 端，两个预置端（$\bar{R}_D$ 端和 $\bar{S}_D$ 端），以及两个输出端（Q 端和 $\bar{Q}$ 端）。它的逻辑符号如图 3.42 所示。JK 触发器是在 CP 脉冲的下降沿触发翻转的，所以在 CP 端画一个小圆圈以示区别。

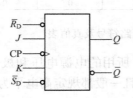

CP	J	K	Q_{n+1}
1	0	0	Q_n
1	0	1	0
1	1	0	1
1	1	1	$\bar{Q}_n$
0	×	×	Q_n

图 3.42　JK 触发器的逻辑符号及特性表

JK 触发器的逻辑功能如图 3.42 所示。有 CP 脉冲时（即 CP = 1）：J、K 都为 0，触发器状态不变；$Q_{n+1} = Q_n$，$J = 0$、$K = 1$，触发器被置 0：$Q_{n+1} = 0$；$J = 1$、$K = 0$，$Q_{n+1} = 1$；$J = 1$、$K = 1$，触发器翻转一下：$Q_{n+1} = \bar{Q}_n$。如果不加时钟脉冲，即 CP = 0 时，不管 J、K 端是什么状态，触发器都维持原来状态不变：$Q_{n+1} = Q_n$。有的 JK 触发器同时有好几个 J 端和 K

端，J_1、J_2…和 K_1、K_2…之间都是逻辑与的关系。有的 JK 触发器是在 CP 的上升沿触发翻转的，这时它的逻辑符号图的 CP 端就不带小圆圈。也有的时候为了使图更简洁，常常把 R_D 端和 S_D 端省略不画。

JK 触发器的特性方程为：$Q^{n+1} = J\overline{Q^n} + \overline{K}Q^n$。

T 触发器的逻辑符号及特性表如图 3.43 所示。

T 触发器的特性方程为：$Q^{n+1} = T\overline{Q^n} + \overline{T}Q^n$

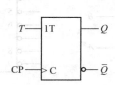

T	Q^n	Q^{n+1}
0	0	0
0	1	1
1	0	1
1	1	0

图 3.43　T 触发器的逻辑符号及特性表

SR 触发器的逻辑符号及特性表如图 3.44 所示。

SR 触发器的特性方程为：$Q^{n+1} = T\overline{Q^n} + \overline{T}Q^n$

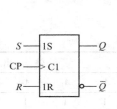

Q_n	S	R	Q_{n+1}
0	0	0	0
0	0	1	0
0	1	0	1
0	1	1	不确定
1	0	0	1
1	0	1	0
1	1	0	1
1	1	1	不确定

图 3.44　SR 触发器的逻辑符号及特性表

3. 编码器

能够把数字、字母变换成二进制数码的电路称为编码器。如图 3.45（a）所示是一个能把十进制数变成二进制码的编码器。一个十进制数被表示成二进制码必须 4 位，常用的码是使从低到高的每一位二进制码相当于十进制数的 1、2、4、8，这种码称为 8－4－2－1 码或简称 BCD 码。所以这种编码器就称为"10 线－4 线编码器"或"DEC/BCD 编码器"。

从图 3.45 看到，它是由与非门组成的。有 10 个输入端，用按键控制，平时按键悬空相当于接高电平 1。它有 4 个输出端 ABCD，输出 8421 码。如果按下"1"键，与"1"键对应的线被接地，等于输入低电平 0、于是门 D 输出为 1，整个输出为 0001。

如按下"7"键，则 B 门、C 门、D 门输出为 1，整个输出为 0111。如果把这些电路都做在一个集成片内，便得到集成化的 10 线 4 线编码器，它的逻辑符号如图 3.45（b）所示。左侧有 10 个输入端，带小圆圈表示要用低电平，右侧有 4 个输出端，从上到下按从低到高排列。使用时可以直接选用。

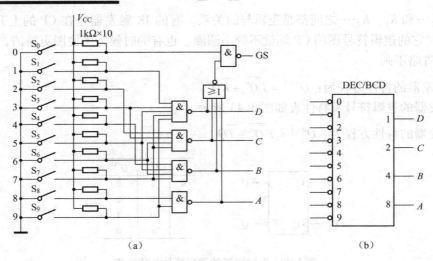

图 3.45 DEC/BCD 编码器电路图及逻辑符号

除此之外还有 4 线 − 2 线普通二进制编码器、优先编码器等。优先编码器允许同时输入两个以上的编码信号，编码器给所有的输入信号规定了优先顺序，当多个输入信号同时出现时，只对其中优先级最高的一个进行编码。74148 是一种常用的 8 线 −3 线优先编码器。其功能如表 3.4 所示，其中 $I_0 \sim I_7$ 为编码输入端，低电平有效。$A_0 \sim A_2$ 为编码输出端，也为低电平有效，即反码输出。其他功能：

表 3.4 74148 优先编码器真值表

	输			入					输		出		
EI	I_0	I_1	I_2	I_3	I_4	I_5	I_6	I_7	A_2	A_1	A_0	GS	EO
1	×	×	×	×	×	×	×	×	1	1	1	1	1
0	1	1	1	1	1	1	1	1	1	1	1	1	0
0	×	×	×	×	×	×	×	0	0	0	0	0	1
0	×	×	×	×	×	×	0	1	0	0	1	0	1
0	×	×	×	×	×	0	1	1	0	1	0	0	1
0	×	×	×	×	0	1	1	1	0	1	1	0	1
0	×	×	×	0	1	1	1	1	1	0	0	0	1
0	×	×	0	1	1	1	1	1	1	0	1	0	1
0	×	0	1	1	1	1	1	1	1	1	0	0	1
0	0	1	1	1	1	1	1	1	1	1	1	0	1

（1）EI 为使能输入端，低电平有效。

（2）优先顺序为 $I_7 \rightarrow I_0$，即 I_7 的优先级最高，然后是 I_6、I_5、…、I_0。

（3）GS 为编码器的工作标志，低电平有效。

（4）EO 为使能输出端，高电平有效。

4. 译码器

反过来能把二进制数码还原成数字、字母的电路就称为译码器，它也是由门电路组成的，现在也有集成化产品供选用。

假设译码器有 n 个输入信号和 N 个输出信号，如果 $N=2^n$，就称为全译码器，常见的全译码器有 2 线 –4 线译码器、3 线 –8 线译码器、4 线 –16 线译码器等。如果 $N<2^n$，称为部分译码器，如二 – 十进制译码器（也称 4 线 –10 线译码器）等。2 线 –4 线译码器的功能如表 3.5 所示。

表 3.5 2 线 –4 线译码器功能表

输　　　　入			输　　　　出			
EI	A	B	Y_0	Y_1	Y_2	Y_3
1	×	×	1	1	1	1
0	0	0	0	1	1	1
0	0	1	1	0	1	1
0	1	0	1	1	0	1
0	1	1	1	1	1	0

用门电路实现 2 线 –4 线译码器的逻辑电路如图 3.46 所示。

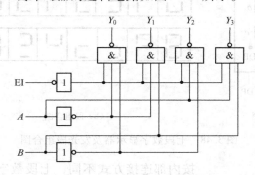

图 3.46 2 线 –4 线译码器逻辑图

74138 是一种典型的二进制译码器，其逻辑图和引脚图如图 3.47 所示。它有 3 个输入端 A_2、A_1、A_0，8 个输出端 $Y_0 \sim Y_7$，所以常称为 3 线 –8 线译码器，属于全译码器。输出为低电平有效，G_1、G_{2A} 和 G_{2B} 为使能输入端。

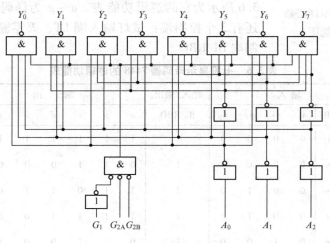

图 3.47 74138 集成译码器逻辑图

在数字系统中，常常需要将数字、字母、符号等直观地显示出来，供人们读取或监视系统的工作情况。能够显示数字、字母或符号的器件称为数字显示器。在数字电路中，数字量都是以一定的代码形式出现的，所以这些数字量要先经过译码，才能送到数字显示器去显示。这种能把数字量翻译成数字显示器所能识别的信号的译码器称为数字显示译码器。常用的数字显示器有多种类型。按显示方式分，有字形重叠式、点阵式、分段式等。按发光物质分，有半导体显示器，又称发光二极管（LED）显示器、荧光显示器、液晶显示器、气体放电管显示器等。目前应用最广泛的是由发光二极管构成的七段数字显示器。

七段数字显示器就是将七个发光二极管（加小数点为八个）按一定的方式排列起来，如图 3.48 所示。七段 a、b、c、d、e、f、g（小数点 DP）各对应一个发光二极管，利用不同发光段的组合，显示不同的阿拉伯数字。

（a）显示器　　　　　　　　　　（b）段组合图

图 3.48　七段数字显示器及发光段组合图

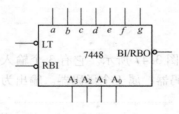

图 3.49　七段显示译码器
7448 引脚功能图

按内部连接方式不同，七段数字显示器分为共阴极和共阳极两种。

七段显示译码器 7448 是一种与共阴极数字显示器配合使用的集成译码器，它的功能是将输入的 4 位二进制代码转换成显示器所需要的七个段信号 $a \sim g$，如图 3.49 所示。如表 3.6 所示为它的逻辑功能表。$a \sim g$ 为译码输出端。另外，它还有 3 个控制端：试灯输入端 LT、灭零输入端 RBI、特殊控制端 BI/RBO。

表 3.6　七段显示译码器 7448 的逻辑功能表

功能（输入）	输入						输入/输出	输出							显示字形
	LT	RBI	A_3	A_2	A_1	A_0	BI/RBO	a	b	c	d	e	f	g	
0	1	1	0	0	0	0	1	1	1	1	1	1	1	0	
1	1	×	0	0	0	1	1	0	1	1	0	0	0	0	
2	1	×	0	0	1	0	1	1	1	0	1	1	0	1	
3	1	×	0	0	1	1	1	1	1	1	1	0	0	1	
4	1	×	0	1	0	0	1	0	1	1	0	0	1	1	

续表

功能 (输入)	输入						输入/输出	输出							显示字形
	LT	RBI	A_3	A_2	A_1	A_0	BI/RBO	a	b	c	d	e	f	g	
5	1	×	0	1	0	1	1	1	0	1	1	0	1	1	
6	1	×	0	1	1	0	1	0	0	1	1	1	1	1	
7	1	×	0	1	1	1	1	1	1	1	0	0	0	0	
8	1	×	1	0	0	0	1	1	1	1	1	1	1	1	
9	1	×	1	0	0	1	1	1	1	1	0	0	1	1	
10	1	×	1	0	1	0	1	0	0	0	1	1	0	1	
11	1	×	1	0	1	1	1	0	0	1	1	0	0	1	
12	1	×	1	1	0	0	1	0	1	0	0	0	1	1	
13	1	×	1	1	0	1	1	1	0	0	1	0	1	1	
14	1	×	1	1	1	0	1	0	0	0	1	1	1	1	
15	1	×	1	1	1	1	1	0	0	0	0	0	0	0	
灭灯	×	×	×	×	×	×	0	0	0	0	0	0	0	0	
灭零	1	0	0	0	0	0	0	0	0	0	0	0	0	0	
试灯	0	×	×	×	×	×	1	1	1	1	1	1	1	1	

做输出端使用时，受控于 RBI。当 RBI = 0，输入为 0 的二进制码 0000 时，RBO = 0，用以指示该片正处于灭零状态。因此，RBO 又称为灭零输出端。将 BI/RBO 和 RBI 配合使用，可以实现多位数显示时的"无效 0 消隐"功能。

5. 数据选择器

数据选择器——根据地址选择码从多路输入数据中选择一路，送到输出。它的作用与图 3.50 所示的单刀多掷开关相似。

常用的数据选择器有 4 选 1、8 选 1、16 选 1 等多种类型。74151 是一种典型集成 8 选 1 数据选择器，其逻辑图和引脚图如图 3.51 所示。它有 8 个数据输入端 $D_0 \sim D_7$，3 个地址输入端 A_2、A_1、A_0，2 个互补的输出端 Y 和 $\overline{Y}$，1 个使能输入端 G，使能端 G 仍为低电平有效。74151 的功能表如表 3.7 所示。

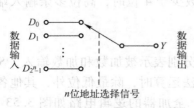

图 3.50 数据选择器示意图

图 3.51 74151 逻辑功能示意图

表 3.7　74151 的功能表

输　　入				输　　出	
$\overline{ST}$	A_2	A_1	A_0	Y	$\overline{Y}$
1	×	×	×	0	1
0	0	0	0	D_0	$\overline{D_0}$
0	0	0	1	D_1	$\overline{D_1}$
0	0	1	0	D_2	$\overline{D_2}$
0	0	1	1	D_3	$\overline{D_3}$
0	1	0	0	D_4	$\overline{D_4}$
0	1	0	1	D_5	$\overline{D_5}$
0	1	1	0	D_6	$\overline{D_6}$
0	1	1	1	D_7	$\overline{D_7}$

6. 数值比较器

数值比较器——对两个位数相同的二进制整数进行数值比较并判定其大小关系。1 位数值比较器的功能是比较两个 1 位二进制数 A 和 B 的大小，比较结果有三种情况：$A > B$、$A < B$、$A = B$。1 位数值比较器只能对两个 1 位二进制数进行比较。而实用的比较器一般是多位的，而且考虑低位的比较结果。2 位数值比较器的真值表如表 3.8 所示。其中 A_1、B_1、A_0、B_0 为数值输入端，$I_{A>B}$、$I_{A<B}$、$I_{A=B}$ 为级联输入端，是为了实现 2 位以上数码比较时，输入低位片比较结果而设置的。$F_{A>B}$、$F_{A<B}$、$F_{A=B}$ 为本位片三种不同比较结果输出端。

表 3.8　2 位数值比较器的真值表

数 值 输 入				级 联 输 入			输　　出		
A_1	B_1	A_0	B_0	$I_{A>B}$	$I_{A<B}$	$I_{A=B}$	$F_{A>B}$	$F_{A<B}$	$F_{A=B}$
$A_1 > B_1$		×	×	×	×	×	1	0	0
$A_1 < B_1$		×	×	×	×	×	0	1	0
$A_1 = B_1$		$A_0 > B_0$		×	×	×	1	0	0
$A_1 = B_1$		$A_0 < B_0$		×	×	×	0	1	0
$A_1 = B_1$		$A_0 = B_0$		1	0	0	1	0	0
$A_1 = B_1$		$A_0 = B_0$		0	1	0	0	1	0
$A_1 = B_1$		$A_0 = B_0$		0	0	1	0	0	1

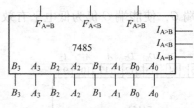

图 3.52　集成数值比较器 7485

7485 是典型的集成 4 位二进制数比较器，如图 3.52 所示。一片 7485 可以对两个 4 位二进制数进行比较，此时级联输入端 $I_{A>B}$、$I_{A<B}$、$I_{A=B}$ 应分别接 0、0、1。当参与比较的二进制数少于 4 位时，高位多余输入端可同时接 0 或 1。

7. 加法器

半加器可实现两个一位数的加法运算，A 和 B 分别表示被加数和加数输入，S 为本位和输出，C 为向相邻高位的进位输出。在多位数加法运算时，除最低位外，其他各位都需要考虑低位送来的进位。全加器就具有这种功能，全加器的逻辑电路如图 3.53（a）所示，图 3.53（b）所示为全加器的代表符号。要进行多位数相加，最简单的方法是将多个全加器进行级联，称之为串行进位加法器。74283 是一种典型的快速进位的集成加法器。

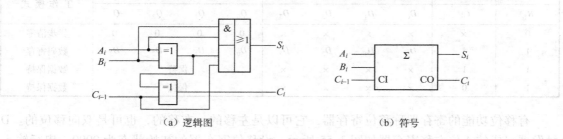

（a）逻辑图　　　　（b）符号

图 3.53　全加器

8. 寄存器和移位寄存器

数码寄存器——存储二进制数码的时序电路组件，它具有接收和寄存二进制数码的逻辑功能。前面介绍的各种集成触发器，就是一种可以存储一位二进制数的寄存器，用 n 个触发器就可以存储 n 位二进制数。

如图 3.54（a）所示是由 D 触发器组成的 4 位集成寄存器 74LSl75 的逻辑电路图，其引脚图如图 3.54（b）所示。其中，R_D 是异步清零控制端。$D_0 \sim D_3$ 是并行数据输入端，CP 为时钟脉冲端，$Q_0 \sim Q_3$ 是并行数据输出端，$\overline{Q_0} \sim \overline{Q_3}$ 是反码数据输出端。该电路的数码接收过程为：将需要存储的四位二进制数码送到数据输入端 $D_0 \sim D_3$，在 CP 端送一个时钟脉冲，脉冲上升沿作用后，四位数码并行地出现在四个触发器 Q 端。74LS175 的功能如表 3.9 所示。

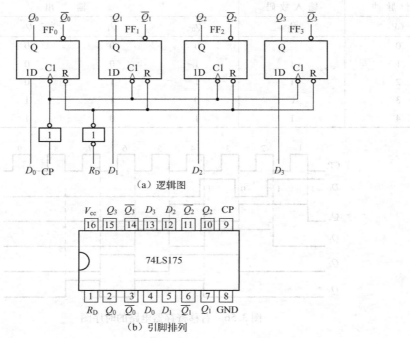

（a）逻辑图

（b）引脚排列

图 3.54　4 位集成寄存器 74LSl75

表 3.9　74LS175 的功能表

清零	时钟	输　　入				输　　出				工作模式
R_D	CP	D_0	D_1	D_2	D_3	Q_0	Q_1	Q_2	Q_3	
0	×	×	×	×	×	0	0	0	0	异步清零
1	↑	D_0	D_1	D_2	D_3	D_0	D_1	D_2	D_3	数码寄存
1	1	×	×	×	×	保持				数据保持
1	0	×	×	×	×	保持				数据保持

有移位功能的寄存器称移位寄存器，它可以是左移的、右移的，也可是双向移位的。D 触发器组成的 4 位右移寄存器如图 3.55 所示。设移位寄存器的初始状态为 0000，串行输入数码 $D_1=1101$，从高位到低位依次输入。在 4 个移位脉冲作用后，输入的 4 位串行数码 1101 全部存入了寄存器中。电路的状态表如表 3.10 所示，时序图如图 3.56 所示。

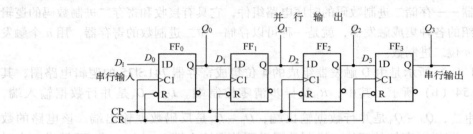

图 3.55　D 触发器组成的 4 位右移寄存器

表 3.10　右移寄存器的状态表

移位脉冲	输入数码	输　　出			
CP	D_1	Q_0	Q_1	Q_2	Q_3
0		0	0	0	0
1	1	1	0	0	0
2	1	1	1	0	0
3	0	0	1	1	0
4	1	1	0	1	1

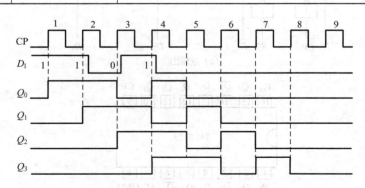

图 3.56　右移寄存器电路的时序图

移位寄存器中的数码可由 Q_3、Q_2、Q_1 和 Q_0 并行输出，也可从 Q_3 串行输出。串行输出时，要继续输入 4 个移位脉冲，才能将寄存器中存放的 4 位数码 1101 依次输出。图 3.56 中第 5 到第 8 个 CP 脉冲及所对应的 Q_3、Q_2、Q_1、Q_0 波形，就是将 4 位数码 1101 串行输出的过程。因此，移位寄存器具有串行输入—并行输出和串行输入—串行输出两种工作方式。

74194 是由四个触发器组成的功能很强的四位移位寄存器，如图 3.57 所示。其功能表如表 3.11 所示。

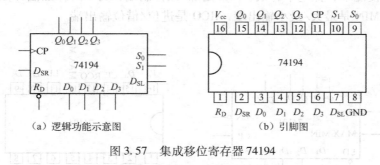

（a）逻辑功能示意图　　　　　（b）引脚图

图 3.57　集成移位寄存器 74194

表 3.11　74194 的功能表

输　　　　入										输　　　出				工 作 模 式
清零	控制		串行输入		时钟	并行输入				输出				
R_D	S_1	S_0	D_{SL}	D_{SR}	CP	D_0	D_1	D_2	D_3	Q_0	Q_1	Q_2	Q_3	
0	×	×	×	×	×	×	×	×	×	0	0	0	0	异步清零
1	0	0	×	×	×	×	×	×	×	Q_0^n	Q_1^n	Q_2^n	Q_3^n	保　持
1	0	1	×	1	↑	×	×	×	×	1	Q_0^n	Q_1^n	Q_2^n	右移，D_{SR} 为串行输入，Q_3 为
1	0	1	×	0	↑	×	×	×	×	0	Q_0^n	Q_1^n	Q_2^n	串行输出
1	1	0	1	×	↑	×	×	×	×	Q_1^n	Q_2^n	Q_3^n	1	左移，D_{SL} 为串行输入，Q_0 为
1	1	0	0	×	↑	×	×	×	×	Q_1^n	Q_2^n	Q_3^n	0	串行输出
1	1	1	×	×	↑	D_0	D_1	D_2	D_3	D_0	D_1	D_2	D_3	并行置数

D_{SL} 和 D_{SR} 分别是左移和右移串行输入。D_0、D_1、D_2 和 D_3 是并行输入端。Q_0 和 Q_3 分别是左移和右移时的串行输出端，Q_0、Q_1、Q_2 和 Q_3 为并行输出端。

由表 3.11 可以看出 74194 具有如下功能。

（1）异步清零。当 $R_D = 0$ 时即刻清零，与其他输入状态及 CP 无关。

（2）S_1、S_0 是控制输入。当 $R_D = 1$ 时 74194 有如下 4 种工作方式。

① 当 $S_1 S_0 = 00$ 时，不论有无 CP 到来，各触发器状态不变，为保持工作状态。

② 当 $S_1 S_0 = 01$ 时，在 CP 的上升沿作用下，实现右移（上移）操作，流向是 $S_R \to Q_0 \to Q_1 \to Q_2 \to Q_3$。

③ 当 $S_1 S_0 = 10$ 时，在 CP 的上升沿作用下，实现左移（下移）操作，流向是 $S_L \to Q_3 \to Q_2 \to Q_1 \to Q_0$。

④ 当 $S_1 S_0 = 11$ 时，在 CP 的上升沿作用下，实现置数操作：$D_0 \to Q_0$，$D_1 \to Q_1$，$D_2 \to Q_2$，$D_3 \to Q_3$。

9. 计数器和分频器

能对脉冲进行计数的部件称计数器。计数器品种繁多，做累加计数的称为加法计数器，做递减计数的称为减法计数器；按触发器翻转来分又有同步计数器和异步计数器；按数制来分又有二进制计数器、十进制计数器和其他进位制的计数器等。

如图 3.58（a）所示是集成 4 位二进制同步可逆计数器 74191 的逻辑功能示意图，图 3.58（b）是其引脚排列图。其中 L_D 是异步预置数控制端，D_3、D_2、D_1、D_0 是预置数据输入端；EN 是使能端，低电平有效；$D/\overline{U}$ 是加/减控制端，为 0 时作加法计数，为 1 时做减法计数；MAX/MIN 是最大/最小输出端，RCO 是进位/借位输出端。

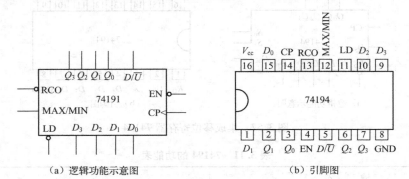

|（a）逻辑功能示意图|（b）引脚图|

图 3.58　74191 的逻辑功能示意图及引脚图

74191 逻辑功能如表 3.12 所示。

表 3.12　74191 的功能表

预置	使能	加/减控制	时钟	预置数据输入				输　　出				工 作 模 式
LD	EN	$D/\overline{U}$	CP	D_3	D_2	D_1	D_0	Q_3	Q_2	Q_1	Q_0	
0	×	×	×	d_3	d_2	d_1	d_0	d_3	d_2	d_1	d_0	异步置数
1	1	×	×	×	×	×	×	保　　持				数据保持
1	0	0	↑	×	×	×	×	加法计数				加法计数
1	0	1	↑	×	×	×	×	减法计数				减法计数

74191 具有以下功能。

（1）异步置数。当 $L_D = 0$ 时，不管其他输入端的状态如何，不论有无时钟脉冲 CP，并行输入端的数据 $d_3 d_2 d_1 d_0$ 被直接置入计数器的输出端，即 $Q_3 Q_2 Q_1 Q_0 = d_3 d_2 d_1 d_0$。由于该操作不受 CP 控制，所以称为异步置数。注意该计数器无清零端，需清零时可用预置数的方法置零。

（2）保持。当 $L_D = 1$ 且 EN = 1 时，则计数器保持原来的状态不变。

（3）计数。当 $L_D = 1$ 且 EN = 0 时，在 CP 端输入计数脉冲，计数器进行二进制计数。当 $D/\overline{U} = 0$ 时做加法计数；当 $D/\overline{U} = 1$ 时做减法计数。

另外，该电路还有最大/最小控制端 MAX/MIN 和进位/借位输出端 RCO。它们的逻辑表达式为：

$$\text{MAX/MIN} = (D/\overline{U}) \cdot Q_3 Q_2 Q_1 Q_0 + \overline{D/\overline{U}} \cdot \overline{Q_3 Q_2 Q_1 Q_0}$$

$$\text{RCO} = \overline{\overline{\text{EN}} \cdot \overline{\text{CP}} \cdot \text{MAX/MIN} \cdot}$$

即当加法计数，计到最大值 1111 时，MAX/MIN 端输出 1，如果此时 CP = 0，则 RCO = 0，发一个进位信号；当减法计数，计到最小值 0000 时，MAX/MIN 端也输出 1。如果此时 CP $=0$，则 RCO $=0$，发一个借位信号。N 进制计数器又称模 N 计数器，当 $N=2^n$ 时，就是前面讨论的 n 位二进制计数器；当 $N \neq 2^n$ 时，为非二进制计数器。非二进制计数器中最常用的是十进制计数器，8421BCD 码同步加法计数器 74160 的功能表如表 3.13 所示。各功能实现的具体情况参见 74160 的逻辑图（见图 3.59）。其中进位输出端 RCO 的逻辑表达式为：

$$RCO = ET \cdot Q_3 \cdot Q_0$$

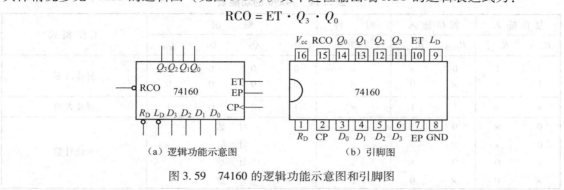

图 3.59　74160 的逻辑功能示意图和引脚图

表 3.13　74160 的功能表

清零	预置	使能		时钟	预置数据输入				输　出				工 作 模 式
R_D	L_D	EP	ET	CP	D_3	D_2	D_1	D_0	Q_3	Q_2	Q_1	Q_0	
0	×	×	×	×	×	×	×	×	0	0	0	0	异步清零
1	0	×	×	↑	d_3	d_2	d_1	d_0	d_3	d_2	d_1	d_0	同步置数
1	1	0	×	×	×	×	×	×	保　持				数据保持
1	1	×	0	×	×	×	×	×	保　持				数据保持
1	1	1	1	↑	×	×	×	×	十进制计数				加法计数

二 – 五 – 十进制异步加法计数器 74290 的逻辑图如图 3.60 所示。它包含一个独立的 1 位二进制计数器和一个独立的异步五进制计数器。二进制计数器的时钟输入端为 CP_1，输出端为 Q_0；五进制计数器的时钟输入端为 CP_2，输出端为 Q_1、Q_2、Q_3。如果将 Q_0 与 CP_2 相连，CP_1 做时钟脉冲输入端，$Q_0 \sim Q_3$ 做输出端，则为 8421BCD 码十进制计数器。

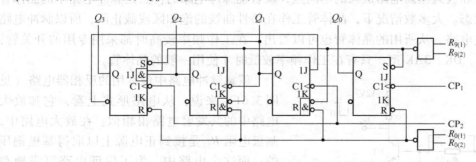

图 3.60　二 – 五 – 十进制异步加法计数器 74290

如表 3.14 所示是 74290 的功能表。74290 具有以下功能。

（1）异步清零。当复位输入端 $R_{0(1)} = R_{0(2)} = 1$，且置位输入 $R_{9(1)} \cdot R_{9(2)} = 0$ 时，不论有无时钟脉冲 CP，计数器输出将被直接置零。

（2）异步置数。当置位输入 $R_{9(1)} = R_{9(2)} = 1$ 时，无论其他输入端状态如何，计数器输出将被直接置 9（即 $Q_3Q_2Q_1Q_0 = 1001$）。

（3）计数。当 $R_{0(1)} \cdot R_{0(2)} = 0$，且 $R_{9(1)} \cdot R_{9(2)} = 0$ 时，在计数脉冲（下降沿）作用下，进行二－五－十进制加法计数。

表 3.14　74290 的功能表

复位输入		置位输入		时　钟	输　出				工作模式
$R_{0(1)}$	$R_{0(2)}$	$R_{9(1)}$	$R_{9(2)}$	CP	Q_3	Q_2	Q_1	Q_0	
1	1	0	×	×	0	0	0	0	异步清零
1	1	×	0	×	0	0	0	0	
×	×	1	1	×	1	0	0	1	异步置数
0	×	0	×	↓		计　数			加法计数
0	×	×	0	↓		计　数			
×	0	0	×	↓		计　数			
×	0	×	0	↓		计　数			

计数器的第一个触发器是每隔 2 个 CP 送出一个进位脉冲，所以每个触发器就是一个 2 分频的分频器，16 进制计数器就是一个 16 分频的分频器。

3.3.2　脉冲变换和整形电路

脉冲电路是专门用来产生电脉冲和对电脉冲进行放大、变换及整形的电路。家用电器中的定时器、报警器、电子开关、电子钟表、电子玩具以及电子医疗器具等，都要用到脉冲电路。

电脉冲有各式各样的形状，有矩形、三角形、锯齿形、钟形、阶梯形和尖顶形的，最具有代表性的是矩形脉冲。要说明一个矩形脉冲的特性可以用脉冲幅值 U_m、脉冲周期 T 或频率 f、脉冲前沿 t_r、脉冲后沿 t_f 和脉冲宽度 t_k 来表示。如果一个脉冲的宽度 $t_k = 1/2T$，它就是一个方波。

脉冲电路和放大振荡电路最大的不同点，或者说脉冲电路的特点是脉冲电路中的晶体管工作在开关状态。大多数情况下，晶体管工作在特性曲线的饱和区或截止区，所以脉冲电路有时也称开关电路。从所用的晶体管也可以看出，在工作频率较高时都采用专用的开关管，如 2AK、2CK、DK、3AK 型，只有在工作频率较低时才使用一般的晶体管。

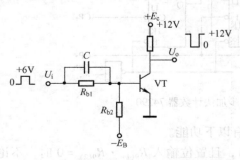

图 3.61　脉冲电路中最常用的反相器电路

就拿脉冲电路中最常用的反相器电路（见图 3.61）来说，从电路形式上看，它和放大电路中的共发射电路很相似。在放大电路中，基极电阻 R_{b2} 是接到正电源上以取得基极偏压的；而这个电路中，为了保证电路可靠地截止，R_{b2} 是接到一个负电源上的，而且 R_{b1} 和 R_{b2} 的数值是按晶体管能可靠地进入饱和区或截止区的要求计算出来的。不仅如此，为了使晶体管开关速度更快，在基极上还加有加速电

容 C，在脉冲前沿产生正向尖脉冲可使晶体管快速进入导通并饱和；在脉冲后沿产生负向尖脉冲使晶体管快速进入截止状态。除了射极输出器是个特例，脉冲电路中的晶体管都是工作在开关状态的，这是一个特点。

脉冲电路的另一个特点是一定有电容器（用电感较少）做关键元件，脉冲的产生、波形的变换都离不开电容器的充/放电。

脉冲有各种各样的用途，有对电路起开关作用的控制脉冲，有起协调全局作用的时钟脉冲，有做计数用的计数脉冲，有起触发启动作用的触发脉冲等。不管是什么脉冲，都是由脉冲信号发生器产生的，而且大多是短形脉冲或以矩形脉冲为原型变换成的。因为矩形脉冲含有丰富的谐波，所以脉冲信号发生器也称自激多谐振荡器，或者简称多谐振荡器。如果用门来比喻，多谐振荡器输出端时开、闭的状态可以把多谐振荡器比作宾馆的自动旋转门，它不需要人去推动，总是不停地开门和关门。

1. 集基耦合多谐振荡器

如图 3.62 所示是一个典型的分立元件集基耦合多谐振荡器。它由两个晶体管反相器经 RC 电路交叉耦合接成正反馈电路组成。两个电容器交替充/放电使两管交替导通和截止，使电路不停地从一个状态自动翻转到另一个状态，形成自激振荡。从 A 点或 B 点可得到输出脉冲。当 $R_{b1} = R_{b2} = R$，$C_{b1} = C_{b2} = C$ 时，输出是幅值接近 E 的方波，脉冲周期 $T = 1.4RC$。如果两边不对称，则输出是矩形脉冲。

2. RC 环形振荡器

如图 3.63 所示是常用的 RC 环形振荡器。它用奇数个门、首尾相连组成闭环形，环路中有 RC 延时电路。R_S 是保护电阻，R 和 C 是延时电路元件，它们的数值决定脉冲周期。输出脉冲周期 $T = 2.2RC$。如果把 R 换成电位器，就成为脉冲频率可调的多谐振荡器。因为这种电路简单可靠、使用方便、频率范围宽，可以从几赫变化到几兆赫，所以被广泛应用。

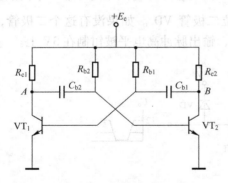

图 3.62　集基耦合多谐振荡器

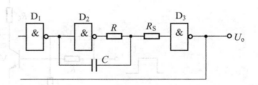

图 3.63　RC 环形振荡器

脉冲在工作中有时需要变换波形或幅值，如把矩形脉冲变成三角波或尖脉冲等，具有这种功能的电路就称变换电路。脉冲在传送中会造成失真，因此常常要对波形不好的脉冲进行修整，使它整旧如新，具有这种功能的电路就称整形电路。

3. 微分电路与积分电路

微分电路是脉冲电路中最常用的波形变换电路，它和放大电路中的 RC 耦合电路很相似，如图 3.64 所示。当电路时间常数 $\tau = RC \ll t_k$ 时，输入矩形脉冲，由于电容器充/放电极快，输出可得到一对尖脉冲。输入脉冲前沿则输出正向尖脉冲，输入脉冲后沿则输出负向尖脉冲。这种尖脉冲常被用作触发脉冲或计数脉冲。

把图 3.64 中的 R 和 C 互换，并使 $\tau = RC \gg t_k$，电路就成为积分电路，如图 3.65 所示。当输入矩形脉冲时，由于电容器充/放电很慢，输出得到的是一串幅值较低的近似三角形的脉冲波。

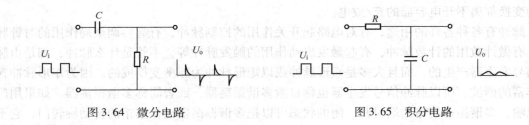

图 3.64　微分电路　　　　　　　　　　　图 3.65　积分电路

4. 限幅器

能限制脉冲幅值的电路称为限幅器或削波器。如图 3.66 所示是用二极管和电阻组成的上限幅电路。它能把输入的正向脉冲削掉。如果把二极管反接，就成为削掉负脉冲的下限幅电路。

用二极管或三极管等非线性器件可组成各种限幅器，或是变换波形（如把输入脉冲变成方波、梯形波、尖脉冲等），或是对脉冲整形（如把输入高低不平的脉冲系列削平成为整齐的脉冲系列等）。

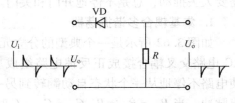

图 3.66　限幅电路

5. 钳位器

能把脉冲电压维持在某个数值上而使波形保持不变的电路称为钳位器。它也是整形电路的一种。例如，电视信号在传输过程中会造成失真，为了使脉冲波形恢复原样，接收机里就要用钳位电路把波形顶部钳制在某个固定电平上。

如图 3.67 所示反相器输出端上就有一个钳位二极管 VD。如果没有这个二极管，输出脉冲高电平应该是 12V，现在增加了钳位二极管，输出脉冲高电平被钳制在 3V 上。

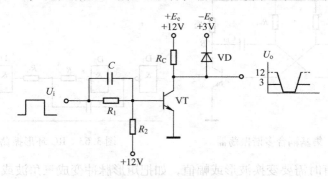

图 3.67　钳位电路

6. 有延时功能的单稳电路

无稳电路有 2 个暂稳态而没有稳态，双稳电路则有 2 个稳态而没有暂稳态。脉冲电路中常用的第 3 种电路称单稳电路，它有一个稳态和一个暂稳态。如果也用门来比喻，单稳电路可以看成一扇弹簧门，平时它总是关着的，关是它的稳态。当有人推它或拉它时门就打开，但由于弹力作用，门很快又自动关上，恢复到原来的状态。所以"开"是它的暂稳态。

单稳电路常被用作定时、延时控制以及整形等。

如图 3.68 所示是一个典型的集基耦合单稳电路。它也是由两级反相器交叉耦合而成的正反馈电路。它的一半和多谐振荡器相似，另一半和双稳电路相似，再加它也有一个微分触发电路，所以可以想象出它是半个无稳电路和半个双稳电路凑合成的，它应该有一个稳态和一个暂稳态。平时它总是一管（VT_1）饱和，另一管（VT_2）截止，这就是它的稳态。当输入一个触发脉冲后，电路便翻转到另一种状态，但这种状态只能维持较短的时间，很快它又恢复到原来的状态。电路暂稳态的时间是由延时元件 R 和 C 的数值决定的：$t = 0.7RC$。

用集成门电路也可组成单稳电路。如图 3.69 所示是微分型单稳电路，它用 2 个与非门交叉连接，门 1 输出到门 2 用微分电路耦合，门 2 输出到门 1 直接耦合，触发脉冲加到门 1 的另一个输入端 U_i。它的暂稳态时间即定时时间为：$t = (0.7 \sim 1.3)RC$。

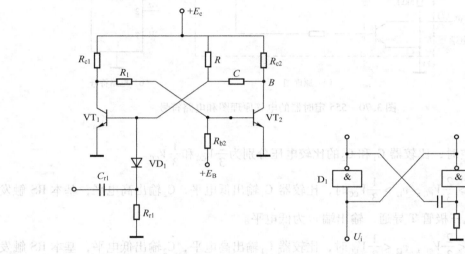

图 3.68　集基耦合单稳电路　　　图 3.69　集成化单稳电路

3.3.3　555 集成时基电路

555 定时器是一种多用途的单片中规模集成电路。该电路使用灵活、方便，只要外接少量的阻容元件就可以构成单稳、多谐和施密特触发器。因此在波形的产生与变换、测量与控制、家用电器和电子玩具等许多领域中都得到了广泛的应用。目前生产的定时器有双极型和 CMOS 两种类型，其型号分别有 NE555（或 5G555）和 C7555 等多种。通常，双极型产品型号最后的三位数码都是 555，CMOS 产品型号的最后四位数码都是 7555，它们的结构、工作原理及外部引脚排列基本相同。若一个芯片电路集成 2 个或 4 个模块，则分别命名为 556 和 558。

一般双极型定时器具有较大的驱动能力，而 CMOS 定时电路具有低功耗、输入阻抗高等优点。555 定时器工作的电源电压很宽，并可承受较大的负载电流。双极型定时器电源电压范围为 5 ~ 16V，最大负载电流可达 200mA；CMOS 定时器电源电压变化范围为 3 ~ 18V，最大负载电流在 4mA 以下。

如图 3.70 所示，555 定时器主要包括：三个阻值为 5kΩ 的电阻组成的分压器；两个电

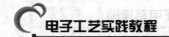

压比较器 C_1 和 C_2；基本 RS 触发器；放电三极管 T 及缓冲器 G 组成。

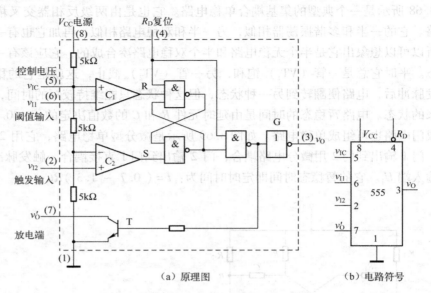

（a）原理图　　　　　　　　　（b）电路符号

图 3.70　555 定时器的电气原理图和电路符号

当 5 脚悬空时，比较器 C_1 和 C_2 的比较电压分别为 $\frac{2}{3}V_{CC}$ 和 $\frac{1}{3}V_{CC}$。

（1）当 $v_{I1} > \frac{2}{3}V_{CC}$，$v_{I2} > \frac{1}{3}V_{CC}$ 时，比较器 C_1 输出低电平，C_2 输出高电平，基本 RS 触发器被置 0，放电三极管 T 导通，输出端 v_O 为低电平。

（2）当 $v_{I1} < \frac{2}{3}V_{CC}$，$v_{I2} < \frac{1}{3}V_{CC}$ 时，比较器 C_1 输出高电平，C_2 输出低电平，基本 RS 触发器被置 1，放电三极管 T 截止，输出端 v_O 为高电平。

（3）当 $v_{I1} < \frac{2}{3}V_{CC}$，$v_{I2} > \frac{1}{3}V_{CC}$ 时，比较器 C_1 输出高电平，C_2 也输出高电平，基本 RS 触发器 $R=1$，$S=1$，触发器状态不变，电路也保持原状态不变。

如果在电压控制端（5 脚）施加一个外加电压（其值在 $0 \sim V_{CC}$ 之间），比较器的参考电压将发生变化，电路相应的阈值、触发电平也将随之变化，并进而影响电路的工作状态。555 定时器功能如表 3.15 所示。

表 3.15　555 定时器功能表

阈值输入（v_{I1}）	触发输入（v_{I2}）	复位（R_D）	输出（v_O）	放电管 T
×	×	0	0	导通
$< \frac{2}{3}V_{CC}$	$< \frac{1}{3}V_{CC}$	1	1	截止
$> \frac{2}{3}V_{CC}$	$> \frac{1}{3}V_{CC}$	1	0	导通
$< \frac{2}{3}V_{CC}$	$> \frac{1}{3}V_{CC}$	1	不变	不变

另外，R_D 为复位输入端，当 R_D 为低电平时，不管其他输入端的状态如何，输出 v_O 为低电平，即 R_D 的控制级别最高。正常工作时，一般应将其接高电平。

3.3.4 数字电路读图实例

数字逻辑电路的读图步骤和模拟电路是相同的，只是在进行电路分析时处处要用逻辑分析的方法。读图时要注意：先大致了解电路的用途和性能；找出输入端、输出端和关键部件，区分开各种信号并弄清信号的流向；逐级分析输出与输入的逻辑关系，了解各部分的逻辑功能；最后统观全局得出分析结果。

脉冲电路的读图要点如下。

（1）脉冲电路的特点是工作在开关状态，它的输入/输出都是脉冲，因此分析时要抓住关键，把主次电路区分开，先认定主电路的功能，再分析辅助电路的作用。

（2）从电路结构上抓关键找异同。前面介绍了集基耦合方式的三种基本单元电路，它们都由双管反相器构成正反馈电路，这是它们的相同点。但细分析起来它们还是各有特点的：无稳和双稳电路虽然都有对称形式，但无稳电路是用电容耦合，双稳是用电阻直接耦合（有时并联有加速电容，容量一般都很小）；而且双稳电路一般都有触发电路（双端或单端触发）；单稳电路就很好认，它是不对称的，兼有双稳和单稳的形式。这样一分析，三种电路就很好区别了。

（3）脉冲电路中，脉冲的生成、变换和整形都和电容器的充、放电有关，电路的时间常数即 R 和 C 的数值对确定电路的性质有极重要的意义，这一点尤为重要。

555 集成电路经多年的开发，实用电路多达几十种，几乎遍及各个技术领域。但从电路结构上分析，三类 555 电路的区别或者说它们的结构特点主要在输入端。因此，当拿到一张 555 电路图时，在大致了解电路的用途之后，先看一下电路是 CMOS 型还是双极型，再看复位端和控制电压端的接法，如果复位端是接高电平、控制电压端是接一个抗干扰电容的，就可以按以下的次序先从输入端开始进行分析。

（1）6、2 端分开。

① 7 端悬空不用的一定是双稳电路。若有两个输入的则是双限比较器；若只有一个输入的则是单端比较器。这类电路一般都是用作电子开关、控制和检测电路。

② 7、6 端短接并接有电阻电容、取 2 端做输入的一定是单稳电路。它的输入可以用开关人工启动，也可以用输入脉冲启动，甚至为了取得较好的启动效果，在输入端带有 RC 微分电路。这类电路一般用作定时延时控制和检测的用途。

（2）6、2 端短接。

① 输入没有电容的是施密特触发器电路。这类电路常用作电子开关、告警、检测和整形。

② 输入端有电阻电容而 7 端悬空的，这时要看电阻电容的接法。

• R 和 C 串联接在电源和地之间的是单稳电路，R 和 C 就是它的定时电阻和定时电容。

• R 在上 C 在下，R 的一端接在 V_O 端上的是直接反馈型无稳电路，这时 R 和 C 就是决定振荡频率的元件。

③ 7 端也接在输入端，成 "R_A – 7 – R_B – 6 、2—C" 的形式的就是最常用的无稳电路。

这时 R_A 和 R_B 及 C 就是决定振荡频率的元件。这类电路可以有很多种变型：如省去 R_A，把 7 端接在 V_0 端上；或者在 R_B 两端并联二极管 VD 以获得方波输出，或者用电阻和电位器组成 R_A 和 R_B，而且在 R_A 和 R_B 两端并联二极管以获得占空比可调的脉冲波等。这类电路是用途最广的，常用于脉冲振荡、音响告警、家电控制、电子玩具、医疗电器以及电源变换等。

（3）如果控制电压（V_c）端接有直流电压，则只是改变了上下两个阀值电压的数值，其他分析方法仍和上面的相同。

只要按上述步骤细心分析核对，一定能很快地识别 555 电路的类别和了解它的工作原理。下面的问题就比较好办了，例如，定时时间、振荡频率等都可以按给出的公式进行估算。

1. 秒信号发生器

为了提高电子钟表的精确度，普遍采用的方法是用晶体振荡器产生 32 768 Hz 的标准信号脉冲，经过 15 级 2 分频处理得到 1 Hz 的秒信号。因为晶体振荡器的准确度和稳定度很高，所以得到的秒脉冲信号也是精确可靠的。把它们做到一个集成片上便是电子手表专用集成电路产品，如图 3.71 所示。

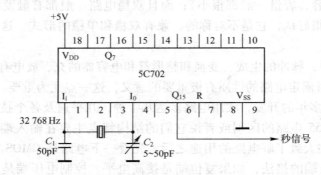

图 3.71　标准秒信号发生电路

2. 三路抢答器

如图 3.72 所示是智力竞赛用的三路抢答器电路。裁判按下开关 SA_4，触发器全部被置零，进入准备状态。这时 $Q_1 \sim Q_3$ 均为 1，抢答灯不亮；门 G_1 和门 G_2 输出为 0，门 G_3 和门 G_4 组成的音频振荡器不振荡，扬声器无声。

竞赛开始，假定 1 号台抢先按下 SA_1，触发器 C_1 翻转成 $Q_1 = 0$，$\overline{Q_1} = 1$。于是：①门 G_2 输出为 1，振荡器振荡，扬声器发声；②HL_1 灯点亮；③门 G_1 输出为 1，这时 2 号、3 号台再按开关也不起作用。裁判宣布竞赛结果后，再按一下开关 SA_4，电路又进入准备状态。

3. 彩灯追逐电路

如图 3.73 所示是 4 位移位寄存器控制的彩灯电路。开始时按下 SA，触发器 $C_1 \sim C_4$ 被置成 1000，彩灯 HL_1 被点亮。CP 脉冲来到后，寄存器移 1 位，触发器 $C_1 \sim C_4$ 成 0100，彩灯 HL_2 点亮。第 2 个 CP 脉冲点亮 HL_3，第 3 个点亮 HL_4，第 4 个 CP 又把触发器 $C_1 \sim C_4$ 置成 1000，又点亮 HL_1。如此循环往复，彩灯不停闪烁。只要增加触发器可使灯个数增加，改变 CP 的频率可变化速度。

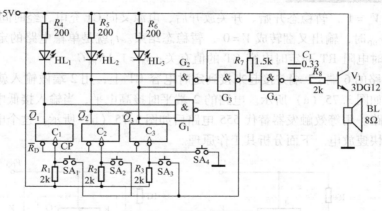

图 3.72　三路抢答器电路

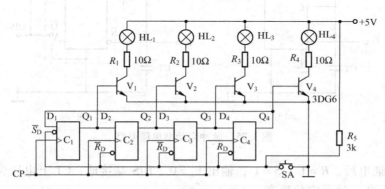

图 3.73　4 位移位寄存器控制的彩灯电路

4. 555 单稳电路

将 555 电路的 6 端、2 端并接起来接在 RC 定时电路上，在定时电容 CT 两端接按钮开关 SB，就成为人工启动型 555 单稳电路，如图 3.74（a）所示。用等效触发器替代 555，并略去与单稳工作无关的部分后如图 3.74（b）所示。下面分析其工作原理。

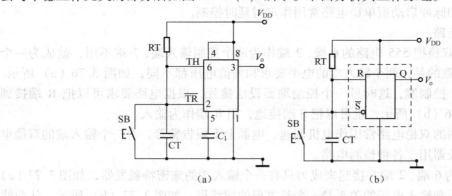

图 3.74　人工启动型单稳电路

① 稳态。接上电源后，电容 CT 很快充到 V_{DD}，从图 3.74（b）看到，触发器输入 $R=1$，$\overline{S}=1$，从功能表查到输出 $V_o=0$。

② 暂稳态。按下开关 SB，CT 上电荷很快放到零，相当于触发器输入 $R=0$，$\overline{S}=0$，输

出立即翻转成 $V_o = 1$ ，暂稳态开始。开关放开后，电源又向 CT 充电，经时间 t_d 后，CT 上电压升到 $> 2/3V_{DD}$ 时，输出又翻转成 $V = 0$ ，暂稳态结束。t_d 就是单稳电路的定时时间或延时时间，它和定时电阻 RT 和定时电容 CT 的值有关；$t_d = 1.1R_{RT}C_{CT}$。

把 555 电路的 6 端、7 端并接起来接到定时电容 CT 上，用 2 端做输入就成为脉冲启动型单稳电路，如图 3.75 （a）所示。电路的 2 端平时接高电平，当输入接低电平或输入负脉冲时才启动电路。用等效触发器替代 555 电路后如图 3.75 （b）所示。这个电路利用放电端使定时电容能快速放电。下面分析其工作原理。

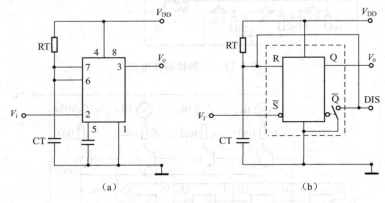

图 3.75　脉冲启动型单稳电路

① 稳态。通电后，$R = 1$ ，$\overline{S} = 1$ ，输出 $V_o = 0$ ，DIS 端接地，CT 上电压为 0 ，即 $R = 0$ ，输出仍保持 $V_o = 0$ ，这是它的稳态。

② 暂稳态。输入负脉冲后，输入 $\overline{S} = 0$ ，输出翻转成 $V_o = 1$ ，DIS 端开路，电源通过 RT 向 CT 充电，暂稳态开始。经过 t_d 后，CT 上电压升到 $> 2/3 V_{DD}$ ，这时负脉冲已经消失，输入又成为 $R = 1$ ，$\overline{S} = 1$ ，输出又翻转成 $V_o = 0$ ，暂稳态结束。这时内部放电开关接通，DIS 端接地，CT 上电荷很快放到零，为下一次定时控制作准备。电路的定时时间 $t_d = 1.1R_{RT}C_{CT}$。

人工启动型和脉冲启动型单稳电路常用作定时延时控制。

5. 555 双稳电路

RS 触发器型双稳把 555 电路的 6 端、2 端作为两个控制输入端，7 端不用，就成为一个 RS 触发器。要注意的是，两个输入端的电平要求和阈值电压都不同，如图 3.76 （a）所示。有时可能只有一个控制端，这时另一个控制端要设法接死，根据电路要求可以把 R 端接到电源端，如图 3.76 （b）所示，也可以把 S 端接地，用 R 端作为输入。

有两个输入端的双稳电路常用作电机调速、电源上下限告警等，有一个输入端的双稳电路常作为单端比较器用于各种检测电路。

把 555 电路的 6 端、2 端并接起来成为只有一个输入端的施密特触发器，如图 3.77 （a）所示，其输出电压和输入电压的关系是一个长方形的回线形，如图 3.77 （b）所示。从曲线看到，当输入 $V_i = 0$ 时输出 $V_o = 1$ 。当输入电压从 0 上升时，要升到 $> 2/3 V_{DD}$ 以后，V_o 才翻转成 0 。而当输入电压从最高值下降时，要降到 $< 1/3 V_{DD}$ 以后，V_o 才翻转成 1 。所以输出电压和输入电压之间是一个回线形曲线。由于它的输入有两个不同的阈值电压，所以这种电路被用作电子开关，各种控制电路，波形变换和整形。

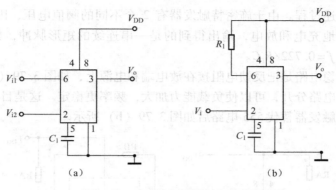

图 3.76　RS 触发器型双稳电路

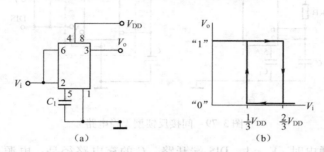

图 3.77　施密特触发器型双稳电路

6. 555 无稳电路

无稳电路即多谐振荡器，有 2 个暂稳态，它不需要外触发就能自动从一种暂稳态翻转到另一种暂稳态，它的输出是一串矩形脉冲，所以它又称为自激多谐振荡器或脉冲振荡器。555 的无稳电路有多种，这里介绍常用的 3 种。

利用 555 施密特触发器的回滞特性，在它的输入端接电容 C，再在输出 V_o 与输入之间接一个反馈电阻 R_f，就能组成直接反馈型多谐振荡器，如图 3.78（a）所示。用等效触发器替代 555 电路后如图 3.78（b）所示。

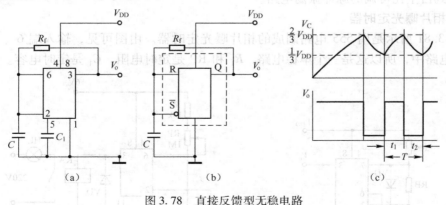

图 3.78　直接反馈型无稳电路

其振荡工作原理是：刚接通电源时，C 上电压为零，输出 $V_o = 1$。通电后电源经内部电阻、V_o 端、R_f 向 C 充电，当 C 上电压升到 $> 2/3\ V_{DD}$ 时，触发器翻转 $V_o = 0$，于是 C 上电荷通过 R_f 和 V_o 放电入地。当 C 上电压降到 $< 1/3\ V_{DD}$ 时，触发器又翻转成 $V_o = 1$。电源又向 C

充电，不断重复上述过程。由于施密特触发器有 2 个不同的阀值电压，因此 C 就在这 2 个阀值电压之间交替地充电和放电，输出得到的是一串连续的矩形脉冲，如图 3.78（c）所示。脉冲频率约为 $f = 0.722/R_fC$。

间接反馈型无稳电路是把反馈电阻接在放电端和电源上，如图 3.79（a）所示，这样做使振荡电路和输出电路分开，可以使负载能力加大，频率更稳定。这是目前使用最多的 555 振荡电路。用等效触发器替代 555 电路后如图 3.79（b）所示。

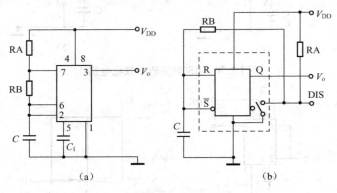

图 3.79　间接反馈型无稳电路

这个电路在刚通电时，$V_o = 1$，DIS 端开路，C 的充电路径是：电源→RA→DIS→RB→C，当 C 上电压上升到 $>2/3\ V_{DD}$ 时，$V_o = 1$，DIS 端接地，C 放电，C 放电的路径是：C→RB→DIS→ 地。可以看到充电和放电时间常数不等，输出不是方波。$t_1 = 0.693 (R_{RA} + R_{RB}) C$，$t_2 = 0.693 R_{RB} C$，脉冲频率 $f = 1.443/(R_{RA} + 2R) C$。

以图 3.79（a）所示电路为基础在 RB 两端并联一个二极管 VD 组成方波振荡电路，如图 3.80 所示。当 $R_{RA} = R_{RB}$ 时，C 的充放电时间常数相等，输出就得到方波。方波的频率为 $f = 0.722/R_{RA}C (R_{RA} = R_{RB})$。

在这个电路的基础上，在 RA 和 RB 回路内增加电位器以及采用串联或并联二极管的方法可以得到占空比可调的脉冲振荡电路。

7.7 相片曝光定时器

如图 3.81 所示是用 555 电路制成的相片曝光定时器。由图可见，输入端 6、2 并接在 RC 串联电路中，所以这是一个单稳电路，R_1 和 RP 是定时电阻，C_1 是定时电容。

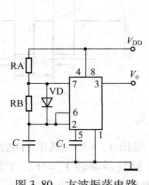

图 3.80　方波振荡电路

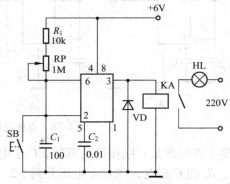

图 3.81　相片曝光定时器

电路在通电后，C_1 上电压被充到 6V，输出 $V_o = 0$，继电器 KA 不吸动，常开接点是打开的，曝光灯 HL 不亮。这是它的稳态。

按下 SB 后，C_1 快速放电到零，输出 $V_o = 1$，继电器 KA 吸动，点亮曝光灯 HL，暂稳态开始。SB 放开后电源向 C_1 充电，当 C_1 上电压升到 4V 时，暂稳态结束，定时时间到，电路恢复到稳态。输出翻转成 $V_o = 0$，继电器 KA 释放，曝光灯熄灭。电路定时时间是可调的，为 1s ~ 2min。

8. 光电告警电路

如图 3.82 所示是 555 光电告警电路。它使用 556 双时基集成电路，有两个独立的 555 电路。前一个接成施密特触发器，后一个是间接反馈型无稳电路。图中引脚号码是 556 的引脚号码。

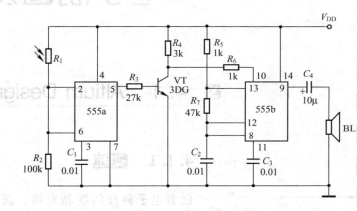

图 3.82 光电告警电路

R_1 是光敏电阻，无光照时阻值为几欧至几十兆欧，所以 555a 的输入相当于 $R = 0$、$S = 0$，输出 $V_o = 1$，三极管 VT 导通，VT 的集电极电压只有 0.3V，加在 555b 的复位端（MR），使 555b 处于复位状态，即无振荡输出。

当 R_1 受光照后，阻值突然下降到只有几欧至几十千欧，于是 555a 的输入电压升到上阀值电压以上，输出翻转成 $V_o = 0$，VT 截止，VT 集电极电压升高，555b 被解除复位状态而振荡，于是扬声器 BL 发声告警。555b 的振荡频率大约是 1 kHz。

如果把整个装置放入公文包内，那么当打开公文包时，这个装置会发声告警而成为防盗告警装置。

第 **4** 章
电子制图及制板

4.1　Altium Designer 制图

4.1.1　概述

随着电子科技的蓬勃发展，新型元器件层出不穷，电子电路变得越来越复杂，电路的设计制图工作无法单纯依靠手工来完成，电子电路计算机辅助设计已经成为必然趋势，越来越多的设计人员使用快捷、高效的 CAD 设计软件来进行辅助电路原理图、印制电路板图的设计，打印各种报表。像 Cadence、PowerPCB 以及 Protel 等电子电路辅助设计软件应运而生。其中 Protel 在国内使用最为广泛，本节介绍如何使用 Altium Designer Release 10（Protel 新版本）完成电路设计，实现电子制图。

用 Altium Designer Release 10 绘制印制电路板图流程如图 4.1 所示。

4.1.2　原理图设计绘制

原理图设计绘制流程如图 4.2 所示。本节以"两级放大电路"（见图 4.3）为例来介绍具体的电路原理图设计绘制过程。

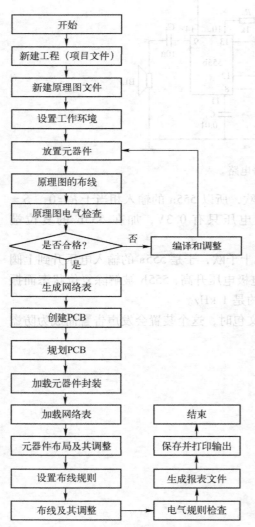

图 4.1　印制电路板图绘制流程

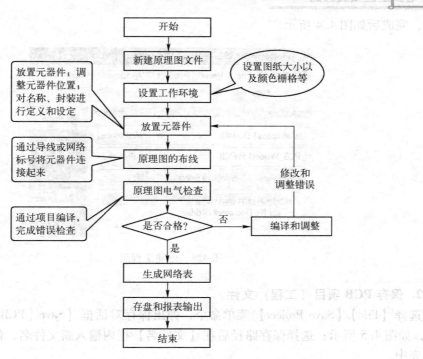

图 4.2　原理图设计绘制流程

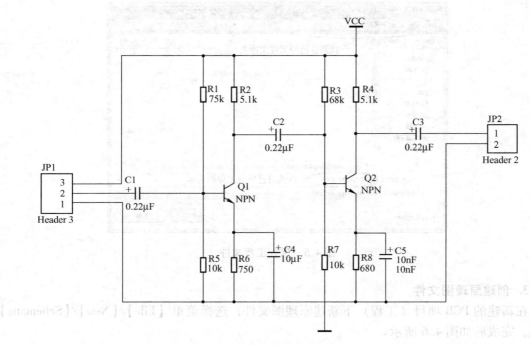

图 4.3　两级放大电路

1. 创建 PCB 工程（项目文件）

启动 Altium Designer/Protel DXP 后，选择菜单【File】/【New】/【Project】/【PCB Project】

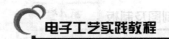

命令，完成后如图4.4所示。

图4.4　创建工程后

2. 保存 PCB 项目（工程）文件

选择【File】/【Save Project】菜单命令，弹出保存对话框【Save［PCB_Project1. PrjPCB］AS】，如图4.5所示；选择保存路径后在【文件名】栏内输入新文件名，保存到自己建立的文件夹中。

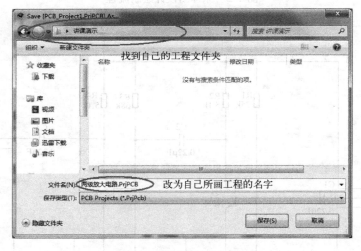

图4.5　保存工程文件

3. 创建原理图文件

在新建的 PCB 项目（工程）下新建原理图文件，选择菜单【File】/【New】/【Schematic】命令，完成后如图4.6所示。

4. 保存原理图文件

选择【File】/【Save】菜单命令，弹出保存对话框【Save［Sheet1. SchDoc］AS】，如图4.7所示；选择保存路径后在【文件名】栏内输入新文件名，保存到自己建立的文件夹中。

图 4.6　新建原理图

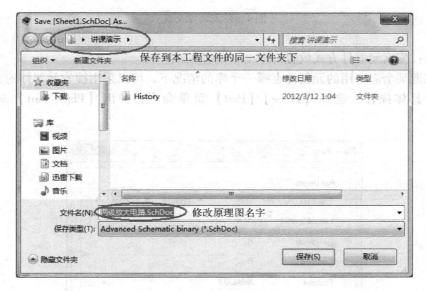

图 4.7　保存原理图文件

5. 设置工作环境

选择【Design】/【Document Options】菜单命令，在系统弹出的【Document Options】中进行设置。

建议初学者保持默认值，暂时不需要设置，等到一定水平后再进行设置。

6. 放置元器件

在放置元器件之前需要加载所需要的库（系统库或自己建立的库）。

方法一：安装库文件的方式放置。

如果知道自己所需要的元器件在哪一个库，则只要直接将该库加载，具体加载方法如下。

选择【Design】/【Add/Remove library】菜单命令，弹出【Available Library】对话框，如图 4.8 所示，单击安装找到库文件即可。

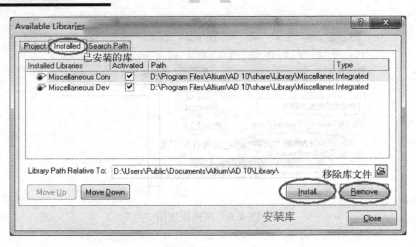

图 4.8　安装库文件

方法二：搜索元器件方式放置。

在不知道某个需要用的元器件在哪一个库的情况下，可以采用搜索元器件的方式进行元器件放置。具体操作：选择【Place】/【Part】菜单命令，弹出【Place Part】对话框，如图 4.9 所示。

图 4.9　放置元器件

接着单击【Choose】按钮，弹出【Browse Librarys】对话框，如图 4.10 所示，单击【Find】按钮进行查找。

单击【Find】按钮后弹出【Librarys Search】对话框，如图 4.11 所示。

设置完成后单击【Search】按钮，弹出如图 4.12 所示的对话框。

选中所需的元器件后单击【OK】按钮，如图 4.13 所示。

此时元器件就粘到了鼠标上，如 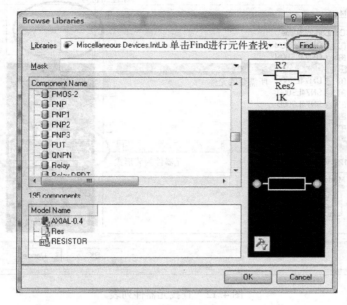 ，单击鼠标左键即可放置元器件。

图 4.10　浏览元器件

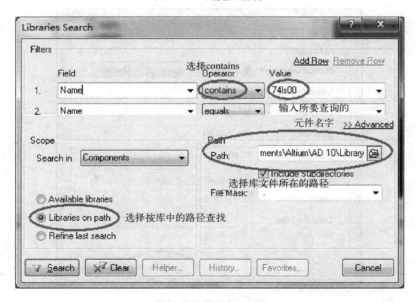

图 4.11　查找元器件

方法三：自己建立元器件库。

具体建库步骤参见 4.1.3 节原理图库的建立，添加元器件同方法一，不再赘述。

注意：在放置好元器件后需要对元器件的位置、名字、封装、序号等进行修改和定义（除元器件位之外其他修改也可以放到布线以后再进行）。

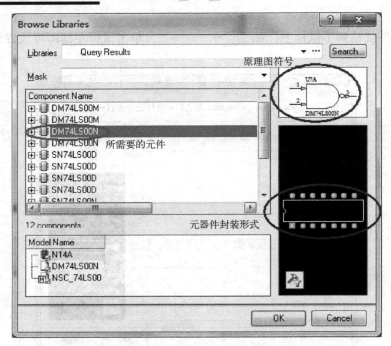

图 4.12　查找元器件列表

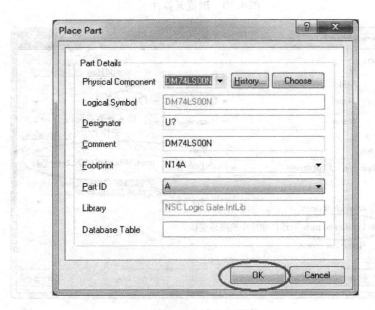

图 4.13　放置元器件

元器件属性修改方法如下。

在元器件上双击鼠标左键，弹出【Properties for Schematic Component in Sheet ［原理图文件名］】对话框，属性修改如图 4.14 所示。

封装修改过程如图 4.15 所示。

图 4.14　元器件属性

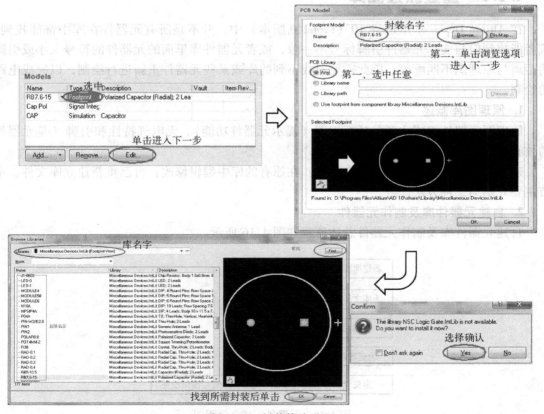

图 4.15　封装修改过程

7. 原理图布线

在放好元器件位置后即可对原理图进行布线操作。

选择【Place】/【Wire】工具菜单，此时将带十字形的光标放到元器件引脚位置单击鼠标左键，即可进行连线（拉线过程不应一直按住鼠标左键不放），将导线拉到另一个引脚上单击鼠标左键，即放完一根导线，放置完导线单击右键或单击【Esc】键结束放置。

选择【Place】菜单命令，其操作和【Wire】类似。具体功能读者自己查阅（【Place】内的工具基本上都要求会用）。

8. 原理图电气规则检查

选择【Project】/【Compile PCB Project［工程名］】，若无错误提示，即通过电气规则检查，若有错误，则需找到错误位置进行修改调整（电气检查规则建议初学者不要更改，待熟练后再更改）。

9. 生成网络表

通过编译后，即可进行网络表生成。

选择【Design】/【Netlist for Project】/【Protel】菜单命令。

10. 保存输出

选择【File】/【Save】（或者【Save As】）菜单命令。

4.1.3 建立原理图库

在 Altium Designer Release 10（Protel 新版本）中，并不是所有元器件在库中都能找到，或者能找到但与实际元器件引脚标号不一致，或者元器件库里面的元器件的符号大小或引脚的距离与原理图不匹配等，因此需要对找不到的库或某些元器件重新进行绘制，以完成电路的绘制。

1. 原理图库概述

原理图元器件组成主要包括标识图（提示元器件功能）、无电气特性和引脚（是元器件的核心）、有电气特性。

建立新原理图元器件的方法有两种：在原有的库中编辑修改；自己重新建立库文件。本节主要介绍第二种方法。

2. 自建元器件库及制作元器件

自建元器件库及制作元器件总体流程如图 4.16 所示。

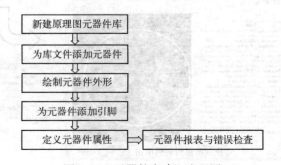

图 4.16　元器件库建立流程图

具体操作步骤如下。

(1) 新建原理图元器件库

新建: 选择【File】/【New】/【library】/【Schematic】菜单命令,完成后如图4.17所示。

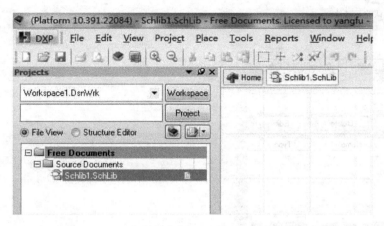

图 4.17 新建原理图库

保存: 选择【File】/【Save】菜单命令,弹出【Save［Schlib1.SchLib］As】对话框,选择保存路径,如图4.18所示。

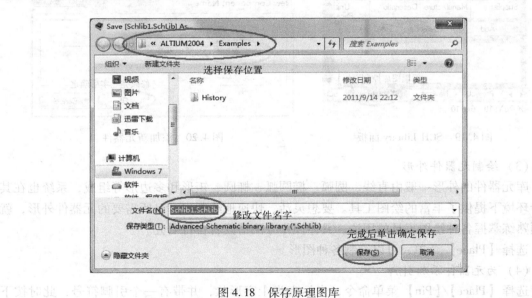

图 4.18 保存原理图库

(2) 为库文件添加元器件

打开【SCH Library】面板,如图4.19所示。此时可以在右边的工作区进行元器件绘制;建立第二个以上元器件时,选择【Tools】/【New Component】菜单命令,弹出对话框,如图4.20所示,确定后即可在右边的工作区内绘制元器件。

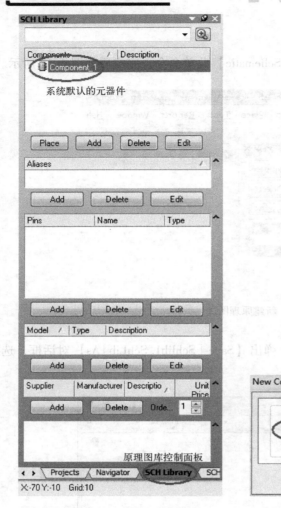

图 4. 19　SCH Library 面板　　　　　图 4. 20　添加新元器件

（3）绘制元器件外形

库元器件的外形一般由直线、圆弧、椭圆弧、椭圆、矩形和多边形等组成，系统也在其设计环境下提供了丰富的绘图工具。要想灵活、快速地绘制出自己所需的元器件外形，就必须熟练掌握各种绘图工具的用法。具体操作方法请读者自行研究。

选择【Place】菜单，可以绘制各种图形。

（4）为元器件添加引脚

选择【Place】/【Pin】菜单命令，光标变为十字形状，并带有一个引脚符号，此时按下【Tab】键，弹出如图 4. 21 所示的元器件【Pin Properties】对话框，可以修改引脚参数，移动光标，使引脚符号上远离光标的一端（即非电气热点端）与元器件外形的边线对齐，然后单击【OK】按钮，即可放置一个引脚。

（5）定义元器件属性

绘制好元器件后，还需要描述元器件的整体特性，如默认标识、描述、PCB 封装等。

打开库文件面板，在元器件栏选中某个元器件，然后单击【Edit】按钮，或者直接双击某个元器件，即可打开【Library Component Properties】对话框，利用此对话框可以为元器件定义各种属性，如图4.22所示。

图 4.21　元器件引脚属性对话框

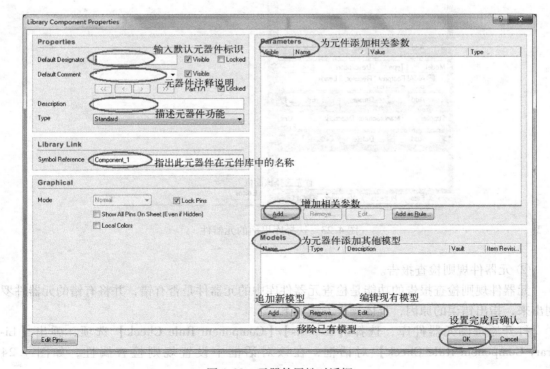

图 4.22　元器件属性对话框

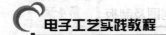
电子工艺实践教程

(6) 元器件报表与错误检查

元器件报表中列出了当前元器件库中选中的某个元器件的详细信息，如元器件名称、子部件个数、元器件组名称，以及元器件各引脚的详细信息等。

① 元器件报表生成方法如下。

打开原理图元器件库，在【SCH Library】面板上选中需要生成元器件报表的元器件，如图4.23所示，选择【Reports】/【Component】选项。

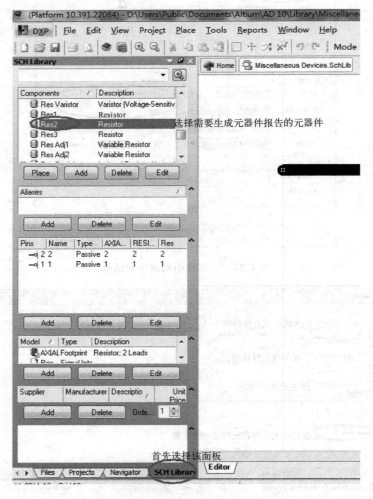

图4.23 选择库里面的元器件

② 元器件规则检查报告。

元器件规则检查报告的功能是检查元器件库中的元器件是否有错，并将有错的元器件罗列出来，指出错误的原因，具体操作方法如下。

打开原理图元器件库，选择【Reports】/【Component Rule Check】选项，弹出【Library Component Rule Check】对话框，在该对话框中设置规则检查属性，如图4.24所示。

图 4.24　设计规则检查

设置完成后单击【OK】按钮，生成元器件规则检查报告，如图 4.25 所示，到此，元器件库操作完毕。

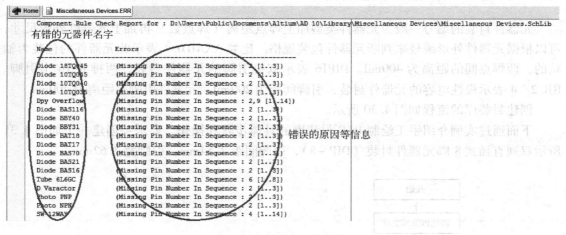

图 4.25　元器件规则检查报告

4.1.4　创建 PCB 元器件封装

由于新元器件和特殊元器件的出现，导致某些元器件在 Altium Designer Release 10（Protel DXP）集成库中没有办法找到，因此就需要手工创建元器件的封装。

元器件封装只是元器件的外观和焊点的位置，纯粹的元器件封装只是空间的概念，因此不同的元器件可以共用一个封装，不同元器件也可以有不同的元器件封装，所以在画印制电路板时，不仅需要知道元器件的名称，还要知道元器件的封装。

元器件封装大体可以分为两大类：双列直插式（DIP）元器件封装和表面贴式（STM）元器件封装。双列直插式元器件实物图和封装图如图 4.26 和图 4.27 所示。

表面粘贴式元器件实物图和封装图如图 4.28 和图 4.29 所示。

图 4.26 双列直插式元器件实物图

图 4.27 双列直插式元器件封装图

图 4.28 表面粘贴式元器件实物图

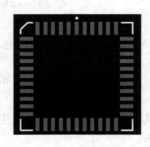

图 4.29 表面粘贴式元器件封装图

元器件封装的编号一般为元器件类型加上焊点距离（焊点数）再加上元器件外形尺寸，可以根据元器件外形编号来判断元器件包装规格。比如 AXAIL0.4 表示此元器件的包装为轴状的，两焊点间的距离为 400mil。DIP16 表示双排引脚的元器件封装，两排共 16 个引脚。RB.2/.4 表示极性电容的元器件封装，引脚间距为 200mil，元器件引脚间距离为 400mil。

创建封装库的流程如图 4.30 所示。

下面通过实例介绍手工绘制 PCB 封装库的具体步骤和操作。要求：创建一个如图 4.31 所示双列直插式 8 脚元器件封装（DIP-8），引脚间距 2.54mm，引脚宽 7.62mm。

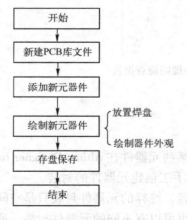

图 4.30 创建封装库的大体流程图

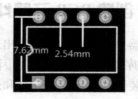

图 4.31 DIP-8 封装

（1）新建 PCB 元器件库

执行菜单命令【File】/【New】/【Library】/【PCB Library】，打开 PCB 元器件封装库编辑器，如图 4.32 所示。执行菜单命令【Flie】/【Save As】，将新建立的库命名为 MyLib.PcbLib，如图 4.33 所示。

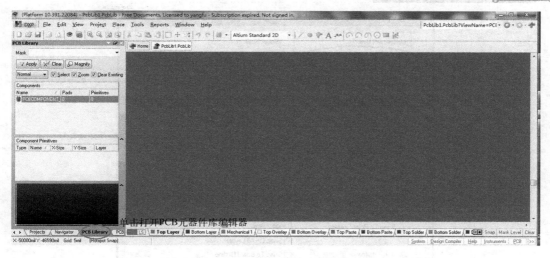

图 4.32 PCB 元器件封装库编辑器

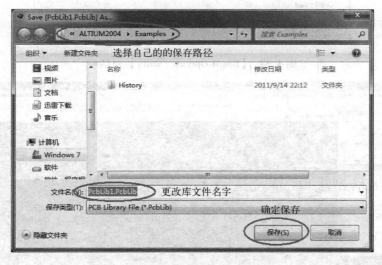

图 4.33 保存 PCB 库

（2）设置图纸参数

执行菜单命令【Tools】/【Library Opinions】，弹出【Board Opinions［mil］】对话框，如图 4.34 所示。

建议初学者不要设置该参数，保持默认选项即可。

如果不习惯默认单位 mil，可用快捷方式转换单位（mil—mm），按下键盘上的【Q】键即可转换。

（3）添加新元器件

在新建的库文件中，选择【PCB Library】标签，双击【Component】列表中的【PCB-Component_1】，弹出【PCB Library Component】对话框，如图 4.35 所示，在【Name】处输入要建立元器件封装的名称，如图 4.36 所示；在【Height】处输入元器件的实际高度后单击【OK】按钮。

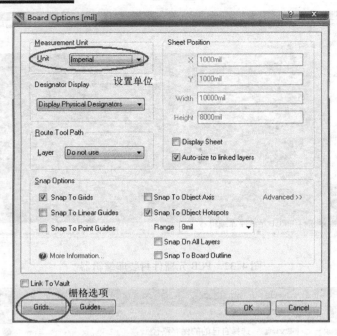

图 4.34 【Board Options［mill］】对话框

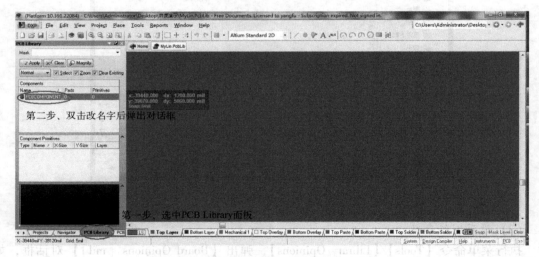

图 4.35 选择【PCB Library】标签

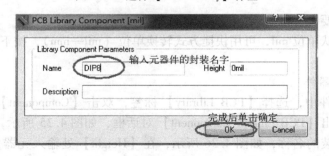

图 4.36 设置元器件封装属性

如果该库中已经存在元器件，则执行菜单命令【Tools】/【New Black Component】，如图4.37 所示。接着选择【PCB Library】标签，双击【Component】列表中的【PCBComponent_1】，弹出【PCB Library Component】对话框，在【Name】处输入要建立元器件封装的名称；在【Height】处输入元器件的实际高度。

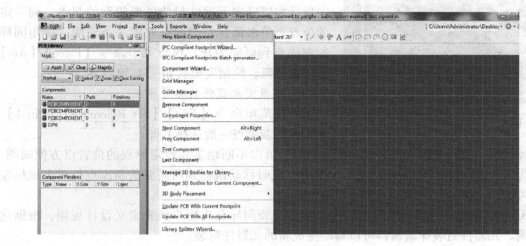

图 4.37　新建元器件

（4）放置焊盘

执行菜单命令【Place】/【Pad】（或者单击绘图工具栏的◎按钮），此时光标会变成十字形状，且光标的中间会有一个焊盘，移动到合适的位置（一般将 1 号焊盘放置在原点［0，0］上），单击鼠标左键将其定位，过程如图 4.38 所示。

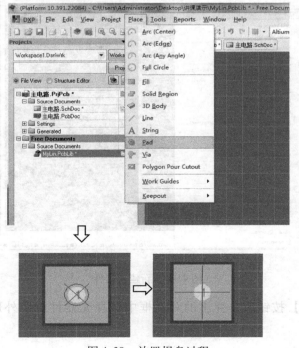

图 4.38　放置焊盘过程

图 4.39　绘制完成后的元器件

（5）绘制元器件外形

通过工作层面切换到顶层丝印层，（即【TOP－Overlay】层），执行菜单命令【Place】/【Line】，此时光标会变为十字形状，移动鼠标指针到合适的位置，单击鼠标左键确定元器件封装外形轮廓的起点，到一定的位置再单击鼠标左键即可放置一条轮廓，使用同样的方法直到画完为止。执行菜单命令【Place】/【Arc】可放置圆弧，绘制完成后如图 4.39 所示。

（6）设定元器件的参考原点

执行菜单命令【Edit】/【Set Reference】/【Pin 1】，元器件的参考点一般选择 1 脚。

操作提示在绘制焊盘或者元器件外形时，可以不断地重新设定原点的位置以方便画图。操作为【Edit】/【Set Reference】/【Location】，此时移动鼠标到所需要的新原点处单击鼠标左键即可。

Altium Designer Release 10 提供的元器件封装向导允许用户预先定义设计规则，根据这些规则，元器件封装库编辑器可以自动生成新的元器件封装。

下面介绍利用向导创建直插式元器件封装。

（1）在 PCB 元器件库编辑器编辑状态下，执行菜单命令【Tools】/【Component Wizard】，如图 4.40 所示，弹出【Component Wizard】界面，进入元器件库封装向导，如图 4.41 所示。

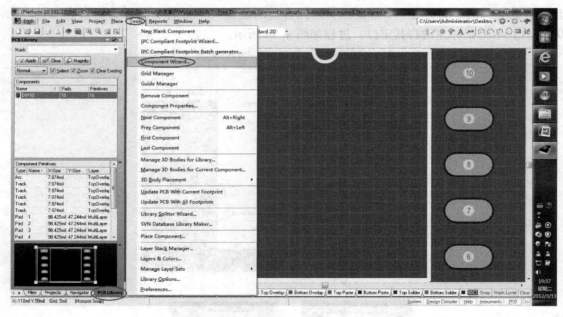

图 4.40　新建元器件

（2）单击【Next】按钮，在弹出的对话框中选择元器件封装外形和单位，如图 4.42 所示。

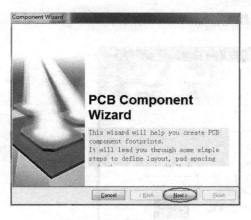
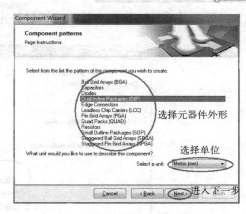

图 4.41 新建元器件向导　　　　　　图 4.42 选择元器件外形和单位

（3）单击【Next】按钮，设置焊盘尺寸，如图 4.43 所示。

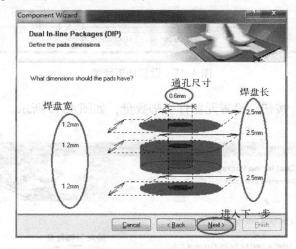

图 4.43 设置焊盘尺寸

（4）单击【Next】按钮，设置焊盘位置，如图 4.44 所示。

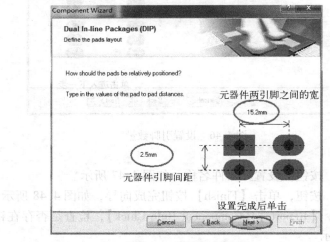

图 4.44 设置焊盘位置

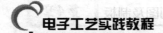

（5）单击【Next】按钮，设置元器件外形线宽，如图 4.45 所示。

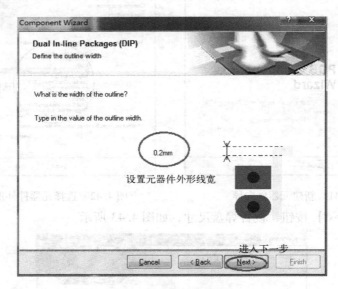

图 4.45　设置外形线宽

（6）单击【Next】按钮，设置元器件引脚数量，如图 4.46 所示。

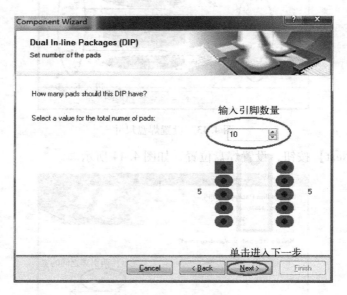

图 4.46　设置引脚数量

（7）单击【Next】按钮，设置元器件名称，如图 4.47 所示。

（8）单击【Next】按钮，单击【Finish】按钮完成向导，如图 4.48 所示。

（9）选择菜单命令【Reports】/【Component Rule Chick】，检查是否存在错误。绘制完成后的封装如图 4.49 所示。

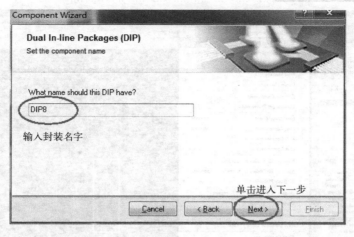

图 4.47　设置元器件名称

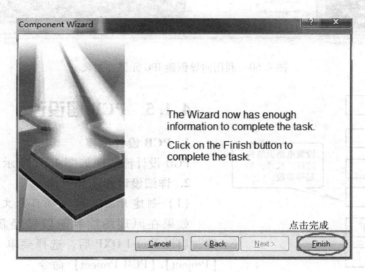

图 4.48　结束向导

接着运行元器件设计规则检查，选择菜单命令【Reports】/【Component Rule Chick】，检查是否存在错误。

在 PCB 元器件库编辑器编辑状态下，执行菜单命令【Tools】/【IPC Component Footprint Wizard】，如图 4.50 所示，弹出【IPC Component Footprint Wizard】界面，进入元器件库封装向导，就能够创建表面贴片式（IPC）元器件封装。

下面的过程大体同利用向导创建直插式元器件封装过程，不再赘述。

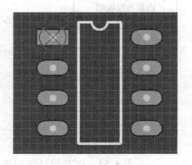

图 4.49　绘制完成的封装

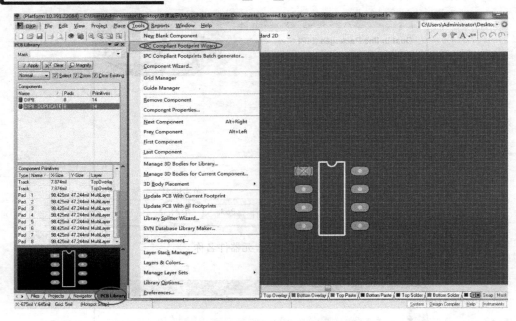

图 4.50　利用向导创建 IPC 元器件封装

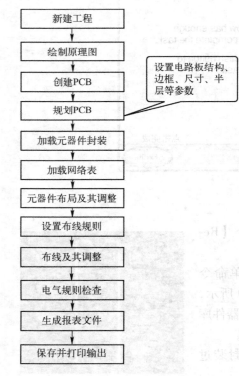

图 4.51　PCB 设计流程图

设置电路板结构、边框、尺寸、半层等参数

4.1.5　PCB 图设计

1. PCB 设计流程

PCB 设计流程图如图 4.51 所示。

2. 详细设计步骤和操作

（1）创建 PCB 工程（项目）文件

如果在原理图绘制阶段已经新建，则无须新建。启动 Protel DXP 后，选择菜单【File】/【New】/【Project】/【PCB Project】命令。

（2）保存 PCB 工程（项目）文件

选择【File】/【Save Project】菜单命令，弹出【Save［PCB_Project1.PrjPCB］AS】对话框；选择保存路径后在【文件名】栏内输入新文件名保存到自己建立的文件夹中。

（3）绘制原理图

整个原理图绘制过程参见原理图设计部分。

（4）创建 PCB 文件文档

方法一：利用 PCB 向导设计一个带有 PC - 104 16 位总线的 PCB。

① 在 PCB 编辑器窗口左侧的工作面板上单击左下角的【Files】标签，打开【Files】菜单。单击【Files】面板中的【New from template】标题栏下的【PCB Board Wizard】选项，如图 4.52 所示，启动 PCB 文件生成向导，弹出

PCB 向导界面，如图 4.53 所示。

图 4.52 【File】面板标签

图 4.53 新建 PCB 向导

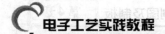

② 单击【Next】按钮，在弹出的对话框中设置 PCB 采用的单位，如图 4.54 所示。

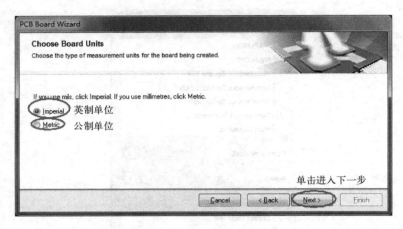

图 4.54　选择单位

③ 单击【Next】按钮，在弹出的对话框中根据需要选择元器件外形，如图 4.55 所示。

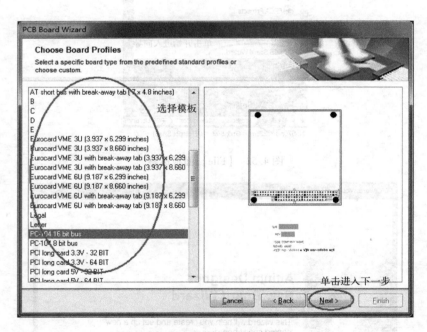

图 4.55　选择元器件外形

④ 单击【Next】按钮，在弹出的对话框中设置 PCB 层数，如图 4.56 所示。

⑤ 单击【Next】按钮，在弹出的对话框中设置 PCB 过孔方式，如图 4.57 所示。

⑥ 单击【Next】按钮，在弹出的对话框中选择 PCB 上安装的主要元器件，如图 4.58 所示。

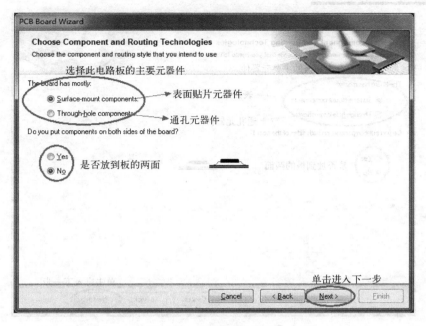

图 4.56　设置 PCB 板层

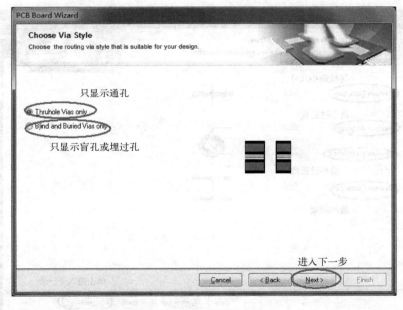

图 4.57　选择过孔方式

⑦ 单击【Next】按钮，在弹出的对话框中设置过孔尺寸，如图4.59所示。

⑧ 单击【Next】按钮，完成 PCB 向导设置，如图4.60所示。

⑨ 单击【Finish】按钮，结束设计向导。

⑩ 选择菜单命令【File】/【Save】，保存到工程目录下面。

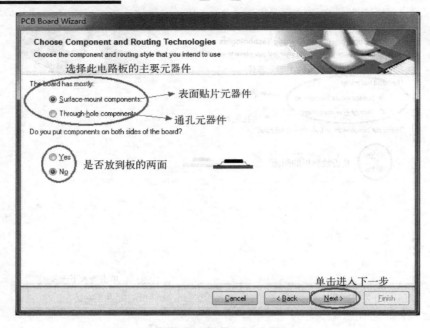

图 4.58　选择此电路板主要元器件

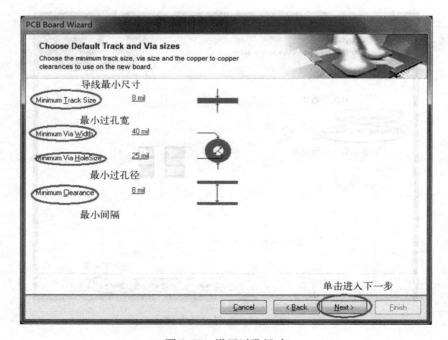

图 4.59　设置过孔尺寸

方法二：使用菜单命令创建。

① 通过原理图部分介绍的方法先创建好工程文件。

② 在创建好的工程文件中创建 PCB：选择【File】／【New】／【PCB】菜单命令。

图 4.60　结束向导

保存 PCB 文件：选择【File】/【Save AS】菜单命令。

（5）规划 PCB

① 板层设置。

执行【Design】/【Layer Stack Manager】菜单命令，在弹出的对话框中进行设置，如图 4.61 所示。

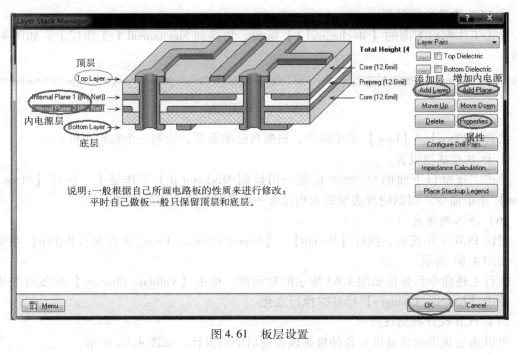

图 4.61　板层设置

② 工作面板的颜色和属性。

执行【Design】/【Board Layer & Colors】菜单命令，在弹出的对话框中进行设置，如图 4.62 所示。

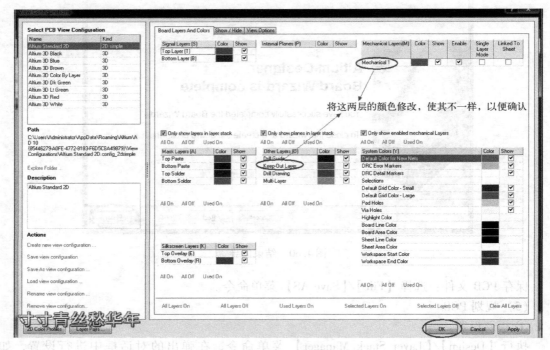

将这两层的颜色修改，使其不一样，以便确认

图 4.62　板层颜色设置

③ PCB 物理边框设置。

单击工作窗口下面的【Mechanical 1】标签，切换到 Mechanical 1 工作层上，如图 4.63 所示。

图 4.63　切换工作层

选择【Place】/【Line】菜单命令，根据自己的需要，绘制一个物理边框。

④ PCB 布线框设置。

单击工作窗口下面的 ■ Keep-Out Layer 标签，切换到 Mechanical 1 工作层上，执行【Place】/【Line】菜单命令。根据物理边框的大小设置一个紧靠物理边框的电气边界。

（6）导入网络表

激活 PCB 工作面板，执行【Design】/【Import Changes From［文件名］. PrjPcb】菜单命令，如图 4.64 所示。

执行上述命令后弹出如图 4.65 所示的对话框，单击【Validate Changes】标签时变化生效，单击【Execute Changes】标签时执行变化。

（7）PCB 设计规则设计

可以通过规则编辑器设置各种规则以方便后面的设计，如图 4.66 所示。

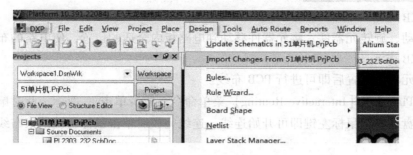

图4.64　导入网络表

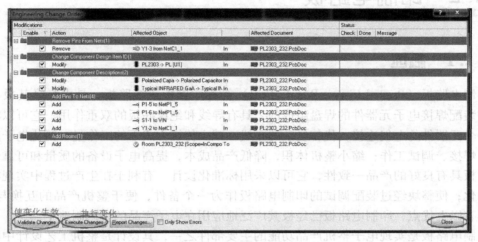

图4.65　导入网络表选项

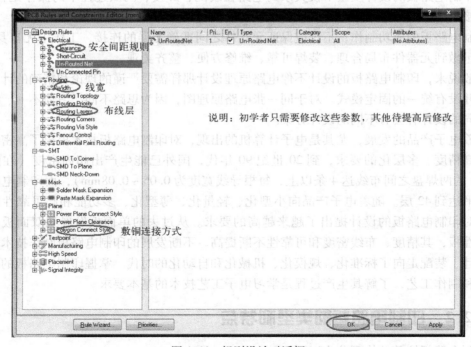

图4.66　规则设计对话框

（8）PCB 布局

通过移动、旋转元器件，将元器件移动到电路板内合适的位置，使电路的布局最合理。

（9）PCB 布线

调整好元器件位置后即可进行 PCB 布线。

执行【Place】/【Interactive Routing】菜单命令，或者单击 图标，此时鼠标指针为十字形，在单盘处单击鼠标左键即可开始连线。连线完成后单击鼠标右键结束布线。

4.2 印制电路板

4.2.1 概述

印制电路板（Printed Circuit Board，PCB）简称印制板或线路板，是由绝缘基板、连接导线和装配焊接电子元器件的焊盘组成的，具有导线和绝缘底板的双重作用。它可以实现电路中各个元器件的电气连接，代替复杂的布线，减少传统方式下的工作量，简化电子产品的装配、焊接、调试工作；缩小整机体积，降低产品成本，提高电子设备的质量和可靠性；印制电路板具有良好的产品一致性，它可以采用标准化设计，有利于在生产过程中实现机械化和自动化；使整块经过装配调试的印制电路板作为一个备件，便于整机产品的互换与维修。由于具有以上优点，印制电路板已经极其广泛地应用在电子产品的生产制造中。

印制电路板是实现电子整机产品功能的主要部件之一，其设计是整机工艺设计中的重要一环。印制电路板的设计质量不仅关系到电路在装配、焊接、调试过程中的操作是否方便，而且直接影响整机的技术指标和使用、维修性能。

印制电路板的成功制作，不仅应保证元器件之间准确无误的连接，工作中无自身干扰，还要尽量做到元器件布局合理、装焊可靠、维修方便、整齐美观。

一般说来，印制电路板的设计不像电路原理设计那样需要严谨的理论和精确的计算，布局排版并没有统一的固定模式。对于同一张电路原理图，因为思路不同、习惯不一、技巧各异，不同的设计者会有不同的设计方案。

随着电子产品的发展，尤其是电子计算机的出现，对印制电路板技术提出了高密度、高可靠、高精度、多层化的要求，到 20 世纪 90 年代，国外已能生产出超高密度（在间隔为 2.54mm 的两焊盘之间布线达 4 条以上，每根导线宽度为 0.05~0.08mm），而印制电路板的生产水平达到 42 层。随着电子产品向小型化、轻量化、薄型化、多功能和高可靠性的方向发展，对印制电路板的设计提出了越来越高的要求。从过去的单面板发展到双面板、多层板、挠性板，其精度、布线密度和可靠性不断提高。不断发展的印制电路板制作技术使电子产品设计、装配走向了标准化、规模化、机械化和自动化的时代。掌握印制电路板的基本设计方法和制作工艺，了解其生产过程是学习电子工艺技术的基本要求。

4.2.2 印制电路板的类型和特点

印制电路板按其结构可分为以下 5 种。

1. 单面印制电路板

单面印制电路板是在厚度为 0.2 ~ 5.0mm 的绝缘基板上一面覆有铜箔，另一面没有覆铜，通过印制和腐蚀的方法，在铜箔上形成印制电路，无覆铜一面放置元器件，因其只能在单面布线，所以比双面印制电路板和多层印制电路板的设计难度大。它适用于一般要求的电子设备，如收音机、电视机等。

单面印制电路板如图 4.67 所示。

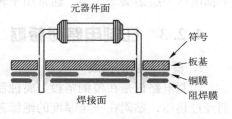

图 4.67　单面印制电路板

2. 双面印制电路板

在绝缘基板（0.2 ~ 5.0mm）的两面均覆有铜箔，可在两面制成印制电路，它两面都可以布线，需要用金属化孔连通。它适用于一般要求的电子设备，如电子计算机、电子仪器、仪表等。由于双面印制电路的布线密度较高，所以能减小设备的体积。

双面印制电路板如图 4.68 所示。

3. 多层印制电路板

在绝缘基板上制成三层以上印制电路的印制电路板称为多层印制电路板。它由几层较薄的单面板或双层面板黏合而成，其厚度一般为 1.2 ~ 2.5mm。目前应用较多的多层印制电路板为 4 ~ 6 层板。为了把夹在绝缘基板中间的电路引出，多层印制电路板上安装元器件的孔需要金属化，即在小孔内表面涂敷金属层，使之与夹在绝缘基板中间的印制电路接通。它的特点是：与集成电路块配合使用，可以减小产品的体积与质量；可以增设屏蔽层，以提高电路的电气性能；电路连线方便，布线密度高，提高了板面的利用率。

四层印制电路板如图 4.69 所示。

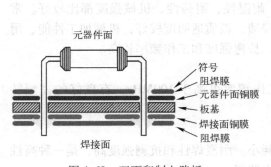

图 4.68　双面印制电路板

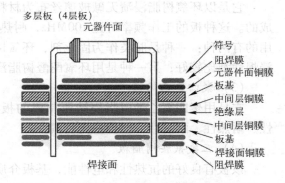

图 4.69　四层印制电路板

4. 软印制电路板

软印制电路板也称挠性印制电路板，基材是软的层状塑料或其他质软膜性材料，如聚酯或聚亚胺的绝缘材料，其厚度为 0.25 ~ 1mm。此类印制电路板除了质量轻、体积小、可靠性高以外，最突出的特点是具有挠性，能折叠、弯曲、卷绕。它也有单层、双层及多层之分，被广泛用于计算机、笔记本电脑、照相机、摄像机、通信、仪表等电子设备上。

5. 平面印制电路板

平面印制电路板的印制导线嵌入绝缘基板，与基板表面平齐。在一般情况下，印制导线

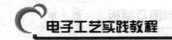

上都电镀一层耐磨金属层，通常用于转换开关、电子计算机的键盘等。

4.2.3 印制电路板板材

1. 覆铜箔板的构成

印制电路板是在覆铜箔板上腐蚀制作出来的。覆铜箔板就是把一定厚度的铜箔通过黏合剂经过热压，贴附在一定厚度的绝缘基板上。基板不同，厚度不同，黏合剂不同，生产出的覆铜箔板性能不同。覆铜箔板的基板是由高分子合成树脂和增强材料制成的绝缘层压板。合成树脂的种类较多，常用的有酚醛树脂、环氧树脂、聚四氟乙烯等。这些树脂材料的性能决定了基板的物理性质、介电损耗、表面电阻率等。增强材料一般有纸质和布质两种，它决定了基板的机械性能，如浸焊性、抗弯强度等。

铜箔是覆铜板的关键材料，必须有较高的导电率和良好的可焊性。铜箔质量直接影响铜板的质量，要求铜箔不得有划痕、沙眼和皱折，铜纯度不低于99.8%，厚度均匀误差不大于±5%。铜箔厚度选用标准系列为18、25、35、50、70、105。目前较普遍采用的是35和50的铜箔。

2. 常用覆铜箔板的种类

覆铜箔板根据材料的不同可分为4种。

（1）酚醛纸质层压板（又称纸铜箔板）

它由纸浸以酚醛树脂，在一面或两面敷以电解铜箔，经热压而成。这种板的缺点是机械强度低、易吸水及耐高温较差，但优点是价格便宜。一般用于低频和普通民用产品中，如收音机等。

（2）环氧玻璃布层压板

它是以环氧树脂浸渍无碱玻璃丝布为材料，经热压制成板并在其单面或双面敷上铜箔而成的。这种板的工作频率可达100MHz，耐热性、耐湿性、耐药性、机械强度都比较好。常用的有两种：一种是胺类作为固化剂，环氧树脂浸渍，板质透明度较好，机械加工性能、耐浸焊性都比较好；另一种是用环氧酚醛树脂浸渍，拉弯强度和工作频率较高。

（3）聚四氟乙烯板

它是用聚四氟乙烯树脂烧结压制成的板。工作频率可高于100MHz，有良好的高频特性、耐热性、耐湿性，但价格比较贵。

（4）三氯氰胺树脂板

该板有良好的抗热性和电性能，基板介质损耗小，耐浸焊性和抗剥强度高，是一种高性能的板，适用于特殊电子仪器和军工产品的印制电路板。

3. 覆铜箔板的选用

覆铜箔板的选用主要是根据产品的技术要求、工作环境和工作频率，同时兼顾经济性来决定的，其基本原则大体如下。

（1）根据产品的技术要求

产品的工作电压的高低，决定了印制电路板的绝缘强度。机械强度的要求是由板材的材质和厚度决定的。不同的材质其性能差异较大。设计者选用覆铜板时在对产品技术分析的基础上合理选用。一味选用档次较高的材质，不但不经济，也是一种资源的浪费。如产品工作电压高，选用绝缘性能较好的环氧玻璃布层压板就可满足要求。一般军工产品、矿用产品就属于这一类。一般民用产品如收音机、录音机、VCD等工作电压低，绝缘要求一般，可选用酚醛纸质层压板。

（2）根据产品的工作环境要求选用

在特种环境条件下工作的电子产品，如高温、高湿、高寒条件下的产品，整机要求防潮处理等，这类产品的印制电路板就要选用环氧玻璃布层压板，或更高档次的板材，如宇航、遥控遥测、舰用设备、武器设备等。

（3）根据产品的工作频率选用

电子电路的工作频率不同，印制电路板的介质损耗也不同。工作在 30～100MHz 的设备，可选用环氧玻璃布层压板。工作在 100MHz 以上的电路，各种电气性能要求相对较高，可选用聚四氟乙烯铜箔板。

（4）根据整机给定的结构尺寸选用

产品进入印制电路板设计阶段，整机的结构尺寸已基本确定，安装及固定形式也应给定。设计人员明确了印制电路板的结构形状是矩形，还是圆形或不规则几何图形。板面尺寸的大小等一系列问题要综合全面考虑。印制电路板的标称厚度有 0.2mm、0.3mm、0.5mm、0.8mm、1.5mm、1.6mm、2.4mm、3.2mm、6.4mm 等多种。若印制电路板尺寸较大，有大体积的电解电容、较重的变压器、高压包等元器件装入，板材要选用厚一些的，以加强机械强度，以免翘曲。如果印制电路板是立式插入，且尺寸不大，又无太重的元器件，板子可选薄些。如印制电路板对外通过插座连接时，必须注意插座槽的间隙一般为 1.5mm，若板材过厚则插不进去，过薄则容易造成接触不良。印制电路板厚度的确定还和面积及形状有直接关系，选择不当，产品进行例行实验时，在冲击、振动和运输试验时，印制电路板容易损坏，整机性能的质量难以保证。

（5）根据性能价格比选用

设计档次较高产品的印制电路板时，一般对覆铜板的价格考虑较少，或不予考虑。因为产品的技术指标要求很高，产品价格十分昂贵，经济效益是不言而喻的。对设计一般民用产品时，在确保产品质量的前提下，尽量采用价格较低的材料。如袖珍收音机的电路板尺寸小，整机工作环境好，市场价格低廉，选用酚醛纸质板就可以了，没有必要选用环氧玻璃布层压板一类的板材。一般这类产品的经济效益极低，利润是靠批量、靠改进工艺材料挤出来的。再如微型电子计算机等产品，产品印制电路板元器件密度大，印制线条窄，印制电路板成本占整机成本的比例小，印制电路板的选用应以保证技术指标为主，由于产品效益可观，设计时没有必要一定选用低价位的覆铜板。

总之，印制电路板的选材是一个很重要的工作，选材恰当，既能保证整机质量，又不浪费成本，选材不当，要么白白增加成本，要么牺牲整机性能，因小失大，造成更大的浪费。特别在设计批量很大的印制电路板时，性能价格比是一个很实际而又很重要的问题。

4.2.4 印制电路板对外连接方式的选择

印制电路板只是整机的一个组成部分，必然在印制电路板之间、印制电路板与板外元器件、印制电路板与设备面板之间，都需要电气连接。当然，这些连接引线的总数要尽量少，并根据整机结构选择连接方式，总的原则应该使连接可靠，安装、调试、维修方便，成本低廉。

1. 导线连接

这是一种操作简单、价格低廉且可靠性较高的连接方式，不需要任何接插件，只要用导线将印制电路板上的对外连接点与板外的元器件或其他部件直接焊牢即可。例如，收音机中的喇叭、电池盒等。这种方式的优点是成本低、可靠性高，可以避免因接触不良而造成的故障，缺点是维修不够方便。这种方式一般适用于对外引线较少的场合，如收录机、电视机、小型仪器等。采用导线焊接方式应该注意如下几点。

（1）电路板的对外焊点尽可能引到整板的边缘，并按照统一尺寸排列，以利于焊接与维修，如图 4.70 所示。

（2）为提高导线连接的机械强度，避免因导线受到拉扯将焊盘或印制线条拽掉，应该在印制电路板上焊点的附近钻孔，让导线从印制电路板的焊接面穿过通孔，在从元器件面插入焊盘孔进行焊接，如图 4.71 所示。

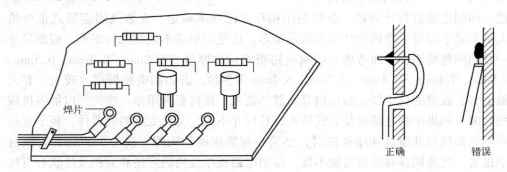

图 4.70　焊接式对外引线　　　　　图 4.71　印制电路板对外引线焊接方式

（3）将导线排列或捆扎整齐，通过线卡或其他紧固件将线与板固定，避免导线因移动而折断，如图 4.72 所示。

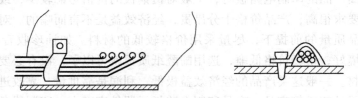

图 4.72　引线与电路板固定

2. 插接件连接

在比较复杂的电子仪器设备中，为了安装调试方便，经常采用接插件连接方式。如计算机扩展槽与功能板的连接等。在一台大型设备中，常常有十几块甚至几十块印制电路板。当整机发生故障时，维修人员不必检查到元器件级（即检查导致故障的原因，追根溯源直至具体的元器件，这项工作需要一定的检验并花费相当多的时间），只要判断是哪一块板不正常即可立即对其进行更换，以便在最短的时间内排除故障，缩短停机时间，这对于提高设备的利用率十分有效。典型的有印制电路板插座和常用插接件，有很多种插接件可以用于印制电路板的对外连接。如插针式接插件、带状电缆接插件已经得到广泛应用。这种连接方式的优点是可保证批量产品的质量，调试、维修方便。缺点是因为接触点多，所以可靠性比较差。

◤ 4.3　印制电路板制板

4.3.1　印制电路板的排版布局

印制电路板设计的主要内容是排版设计。把电子元器件在一定的制板面积上合理地布局排版是设计印制电路板的第一步。排版设计，不单纯是按照电路原理把元器件通过印制线条简单地连接起来。为使整机能够稳定、可靠地工作，要对元器件及其连接在印制电路板上进行合理的排版布局。如果排版布局不合理，就有可能出现各种干扰，使合理的原理方案不能实现，或使整机技术指标下降。这里介绍印制电路板整体布局的几个一般原则。

1. 印制电路板的抗干扰设计原则

干扰现象在整机调试和工作中经常出现，产生的原因是多方面的，除外界因素造成干扰外，印制电路板布局布线不合理，元器件安装位置不当，屏蔽设计不完备等都可能造成干扰。

（1）地线布置与干扰

原理图中的地线表示零电位。在整个印制电路板电路中的各接地点相对电位差也应是零。印制电路板电路上各接地点并不能保证电位差绝对是零。在较大的印制电路板上，地线处理不好，不同的地点有百分之几伏的电位差是完全可能的，这极小的电位差信号经放大电路放大，可能形成影响整机电路正常工作的干扰信号。我们身边的许多电子产品都是由多种多级放大器、振荡器等单元电路构成的。如图 4.73 所示是一般收音机的接地连接，图中的 O 点是真正的地点，A、B、C、D 各点是各级电路的接地点。假设设计它的印制电路板地线时，OA、AB、BC、CD 各段均采用长 10mm、宽 1.5mm、铜箔厚度 0.05mm 的印制导线，则各段导线电阻 $R = 0.026\Omega$，这是一个极小的电阻。但地线若按照框图类似设置，后果是干扰严重，甚至不能工作。假定该收音机的高端高频信号为 30MHz，AO 间的感抗高达 16Ω，如此大的电感将大大减少 AO 间的电流，造成高频干扰。还有 465 kHz 的中频干扰依次叠加在 CB、BA、AO 等段的地线上，致使低放、功放都不能正常工作。这是地线不合理设计的例子。

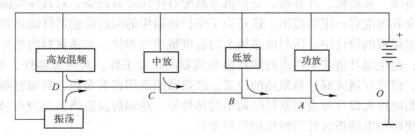

图 4.73　收音机的接地

为克服地线干扰，应尽量避免不同回路电流同时流经某一段共用地线，特别是高频和大电流回路中。印制电路板上的各单元电路的地点应集中一点，称之为一点接地。这样可避免交流信号的乱窜。解决的方法是并联分路接地和大面积覆盖式接地。

① 并联分路式接地。

在设计印制电路板时，各单元电路分别通过各自的地线与总地点相连。总地点是 O 电位处，形成汇流之势。这样可减少分支电流的交叉乱流，避免了不应有的电信号在地线上叠加形成的地线干扰。

② 大面积覆盖接地。

在高频电路印制电路板的设计中，尽量扩大印制电路板上地线的面积，可以有效地减少地线产生的感抗，有效地削弱地线产生的高频信号的感应干扰信号。地线面积越大，对电磁场的屏蔽功能越好。

（2）电磁场干扰与抑制

印制电路板的采用使元器件的安装变得紧凑有序，连线密集是其优点之一。布局不规范，走线不合理也会造成元器件之间、导线之间的寄生电容和寄生电感。同时也很容易接收和产生电磁波的干扰。如何克服和避免这些问题，在印制电路板设计时应予以考虑。

① 元器件间的电磁干扰。

电子器件中的扬声器、电磁铁、继电器线包、永磁式仪表等含有永磁场和恒定磁场或脉动磁场。变压器、继电器会产生交变磁场，这些器件工作时不仅对周围器件产生电磁干扰，对印制电路板的导线也会产生影响。在设计印制电路板时可视不同情况区别对待。有的可加大空间距离，远离强磁场减少干扰；有的可调整器件间的相互位置，改变磁力线的方向；有的可对干扰源进行磁屏蔽；增加地线、加装屏蔽罩等措施都是行之有效的。

② 印制电路板导线间的电磁辐射干扰。

平行印制导线与空间平行导线一样，它们之间可以等视为相互耦合的电容和电感器件。其中一根导线有电流通过时，其他导线也会产生感应信号，感应信号的大小与原信号的大小及频率有关，与线间距离有关。原信号为干扰源，干扰对弱信号的影响极大，在印制电路板布线时，弱信号的导线应尽可能的短，避免与其他强信号线的平行走向和靠近。不同回路的信号线避免平行走向。双面板正反两面的线条应垂直。有时信号线密集，很难避免与强信号线平行走向，为抑制干扰，弱信号线采用屏蔽线，屏蔽层要良好接地。

（3）热干扰及其抑制

电子产品，特别是长期连续工作的产品，热干扰是不可避免的问题。电子设备，如示波器、大功率电源、发射机、计算机、交换机等都配有排风降温设备，对其环境温度要求较严格，要求温度和湿度有一定的范围。这是为了保护机器中的温度敏感器件能正常工作。

在印制电路板的设计中，印制电路板上的温度敏感性器件，如锗材料的半导体器件要进行特殊考虑，避免温升造成工作点的漂移影响机器的正常工作。对热源器件，如大功率管、大功率电阻，设置在通风好、易散热的位置。散热器的选用留有余地，热敏感器件远离发热器件等。印制电路板设计师应对整机结构中的热传导、热辐射及散热设施的布局及走向都要加以考虑，使印制电路板设计与整机构思相吻合。

2. 按照信号流走向的布局原则

对整机电路的布局原则：把整个电路按照功能划分成若干个电路单元，按照电信号的流向，逐个依次安排各个功能电路单元在板上的位置，使布局便于信号流通，并使信号流尽可能保持一致的方向。在多数情况下，信号流向安排成从左到右（左输入、右输出）或从上到下（上输入、下输出）。与输入、输出端直接相连的元器件应当放在靠近输入、输出接插件或连接器的地方。以每个功能电路的核心元器件为中心，围绕它来进行布局。例如，一般是以三极管或集成电路等半导体器件作为核心元器件，根据它们各电极的位置，布设其他元器件。

3. 操作性能对元器件位置的要求

（1）对于电位器、可变电容器或可调电感线圈等调节元器件的布局，要考虑整机结构的安排。如果是机外调节，其位置要与调节旋钮在机箱面板上的位置相适应，如果是机内调节，则应放在印制电路板上能够方便调节的地方。

（2）为了保证调试、维修的安全，特别要注意带高电压的元器件尽量布置在操作时人手不易触及的地方。

4. 增加机械强度的考虑

（1）要注意整个电路板的重心平衡与稳定。对于那些又大又重、发热量较多的元器件（如电源变压器、大电解电容器和带散热片的大功率晶体管等），一般不要直接安装固定在印制电路板上。应当把它们固定在机箱底板上，使整机的重心靠下，容易稳定。否则，这些大型元器件不仅要大量占据印制电路板上的有效面积和空间，而且在固定它们时，往往可能使印制电路板弯曲变形，导致其他元器件受到机械损伤，还会引起对外连接的接插件接触不良。质量在15g以上的大型元器件，如果必须安装在电路板上，不能只靠焊盘焊接固定，应当采用支架或卡子等辅助固定措施。

（2）当印制电路板的板面尺寸大于200mm×150mm时，考虑到电路板所承受重力和振动产生的机械应力，应采用机械边框对它加固，以免变形。在板上留出固定支架、定位螺钉和连接插座所用的位置。

4.3.2　一般元器件的布局原则

在印制电路板的排版设计中，元器件布设是至关重要的，它决定了板面的整齐美观程度和印制导线的长短与数量，对整机的可靠性也有一定的影响。布设元器件应该遵循如下几条原则。

（1）元器件在整个板面布局排列应均匀、整齐、美观。

（2）板面布局要合理，周边应留有空间，以方便安装。位于印制电路板边上的元器件，距离印制电路板的边缘应至少大于2mm。

（3）一般元器件应布设在印制电路板的一面，并且每个元器件的引出脚要单独占用一个焊盘。

（4）元器件的布设不能上下交叉。相邻的两个元器件之间，要保持一定间距。间距不得过小，避免相互碰接。如果相邻元器件的电位差较高，则应当保持安全距离。

（5）元器件的安装高度要尽量低，以提高其稳定性和抗振性。

（6）根据印制电路板在整机中的安装位置及状态确定元器件的轴线方向，以提高元器件在电路板上的稳定性。

（7）元器件两端焊盘的跨距应稍大于元器件体的轴向尺寸，引脚引线不要从根部弯折，应留有一定距离（至少2mm），以免损坏元器件。

（8）对称电路应注意元器件的对称性，尽可能使其分布参数一致。

4.3.3 布线设计

印制导线的宽度主要由铜箔与绝缘基板之间的黏附强度和流过导体的电流强度来决定。

1. 印制导线的宽度

一般情况下，印制导线应尽可能宽一些，这有利于承受电流和方便制造。表 4.1 为 0.05mm 厚的导线宽度与允许的载流量、电阻的关系。

表 4.1　印制导线设计参考数据

线宽（mm）	0.5	1.0	1.5	2.0
允许载流量（A）	0.8	1.0	1.3	1.9
R（Ω/m）	0.7	0.41	0.31	0.25

在决定印制导线宽度时，除需要考虑载流量外，还应注意它在电路板上的剥离强度以及与连接焊盘的协调性，线宽 $b = (1/3 \sim 2/3)D$，D 为焊盘的直径。一般的导线宽度为 $0.3 \sim 2.0$mm 之间，建议优先采用 0.5mm、1.0mm、1.5mm 和 2.0mm，其中 0.5mm 主要用于小型设备。

印制导线具有电阻，通过电流时将产生热量和电压降。印制导线的电阻在一般情况下不予考虑，但当作为公共地线时，为避免地线电位差而引起寄生要适当考虑。

印制电路板的电源线和接地线的载流量较大，因此，设计时要适当加宽，一般取 $1.5 \sim 2.0$mm。当要求印制导线的电阻和电感小时，可采用较宽的信号线；当要求分布电容小时，可采用较窄的信号线。

2. 印制导线的间距

一般情况下，建议导线间距等于导线宽度，但不小于 1mm，否则浸焊就有困难。对于小型设备，最小导线间距不小于 0.4mm。导线间距与焊接工艺有关，采用浸焊或波峰焊时，间距要大一些，手工焊间距可小一些。

在高压电路中，相邻导线间存在着高电位梯度，必须考虑其影响。印制导线间的击穿将导致基板表面炭化、腐蚀或破裂。在高频电路中，导线间距离将影响分布电容的大小，从而影响电路的损耗和稳定性。因此，导线间距的选择要根据基板材料、工作环境、分布电容大小等因素来确定。最小导线间距还同印制电路板的加工方法有关，选择时要综合考虑。

3. 布线原则

印制导线的形状除要考虑机械因素、电气因素外，还要考虑美观大方，所以在设计印制导线的图形时，应遵循以下原则。

（1）同一印制电路板的导线宽度（除电源线和地线外）最好一致。

（2）印制导线应走向平直，不应有急剧的弯曲和出现尖角，所有弯曲与过渡部分均用圆弧连接。

（3）印制导线应尽可能避免有分支，若必须有分支，分支处应圆滑。

（4）印制导线应避免长距离平行，对双面布设的印制线不能平行，应交叉布设。

（5）如果印制电路板面需要有大面积的铜箔，如电路中的接地部分，则整个区域应镂空成栅状，这样在浸焊时能迅速加热，并保证涂锡均匀。此外还能防止板受热变形，防止铜箔翘起和剥落。

（6）当导线宽度超过3mm时，最好在导线中间开槽成两根并联线。

（7）印制导线由于自身可能承受附加的机械应力，以及局部高电压引起的放电现象，因此，尽可能避免出现尖角或锐角拐弯，一般优先采用和避免采用的印制导线形状如图4.74所示。

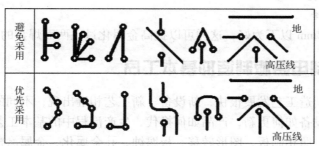

图4.74　印制导线的形状

4.3.4　焊盘与过孔设计

元器件在印制电路板上的固定是靠引线焊接在焊盘上实现的。过孔的作用是连接不同层面的电气连线。

（1）焊盘的尺寸

焊盘的尺寸与引线孔、最小孔环宽度等因素有关。为保证焊盘与基板连接的可靠性，应尽量增大焊盘的尺寸，但同时还要考虑布线密度。

引线孔钻在焊盘的中心，孔径应比所焊接元器件引线的直径略大一些。元器件引线孔的直径优先采用0.5mm、0.8mm和1.2mm。焊盘圆环宽度在0.5～1.0mm的范围内选用。一般双列直插式集成电路的焊盘直径尺寸为1.5～1.6mm，相邻的焊盘之间可穿过0.3～0.4mm宽的印制导线。一般焊盘的环宽不小于0.3mm，焊盘直径不小于1.3mm。实际焊盘的大小选用表4.2推荐的参数。

表4.2　引线孔径与相应焊盘

焊盘直径（mm）	2	2.5	3.0	3.5	4.0
引线孔径（mm）	0.5	0.8/1.0	1.2	1.5	2.0

（2）焊盘的形状

根据不同的要求选择不同形状的焊盘。常见的焊盘形状有圆形、方形、椭圆形、岛形和异形等，如图4.75所示。

图4.75　常见焊盘形状

圆形焊盘：外径一般为2～3倍孔径，孔径大于引线0.2～0.3mm。

岛形焊盘：焊盘与焊盘间的连线合为一体，犹如水上小岛，故称岛形焊盘。常用于元器件的不规则排列中，其有利于元器件密集固定，并可大量减少印制导线的长度和数量，因此，它多用在高频电路中。

其他形式的焊盘都是为了使印制导线从相邻焊盘间经过而将圆形焊盘变形，使用时要根据实际情况灵活运用。

（3）过孔的选择

孔径尽量为 0.2mm 以下为好，这样可以提高金属化过孔两面焊盘的连接质量。

4.3.5　印制电路板制造的基本工序

印制电路板的制造工艺发展很快，新设备、新工艺相继出现，不同的印制电路板工艺也有所不同，但不管设备如何更新，产品如何换代，生产流程中的基本工艺环节是相同的。黑白图的绘制与校验、照相制板、图形转移、板腐蚀、孔金属化、金属涂敷及喷涂助焊剂、阻焊剂等环节都是必不可少的。

1. 底图的绘制与校验

底图也称黑白图，它是照相制板的依据。制作一块标准的印制电路板，一般需要绘制三种不同的照相底图。

（1）制作导电图形的底图。

（2）制作印制电路板表面阻焊层的底图。

（3）制作标志印制电路板上所安装元器件的位置及名称等文字符号的底图。

对于结构简单、元器件数量较少的印制电路板，或者元器件有规律排列的印制电路板，文字符号底图和导电图形底图可合并，一起蚀刻在印制电路板上。

黑白图的校验按原理图等各种要求进行，必须满足如下要求。

（1）底图尺寸一般应与布线草图相同。对于高精度和高密度的印制电路板底图，可适当扩大比例，以保证精度要求，比例在 1:1，2:1，4:1 中选用。

（2）焊盘大小、位置、间距、插头尺寸、印制导线宽度、元器件安装尺寸等均应按草图所标尺寸绘制。

（3）板面清洁，焊盘、导线应光滑，无毛刺。

（4）焊盘之间、导线之间、焊盘与导线之间的最小距离不应小于草图中注明的安全距离。

绘制照相底图的方法如下。

（1）手工绘图：用墨汁在白铜板纸上绘制照相底图。优点是方法简单、绘制灵活；缺点是导线宽度不均匀、图形位置偏大、效率低。常用于新产品研制或小批量试制。

（2）贴图：利用专制的图形符号和胶带，在贴图纸或聚酯薄膜上，依据布线草图贴出印制电路板的照相底图。贴图需要在透射式灯光台上进行，并用专用的贴图材料。贴图法速度快、修改灵活、线条连续、轮廓清晰光滑、易于保证质量，尤其是印制导线贴制比绘制更为方便，故应用较广。

2. 照相制板

照相制板就是用照相机从底图上摄取生产使用的掩膜板。目前印制电路板生产的照相大多采用分色照相。其过程是：用准备好的底图照相，板面尺寸通过调整相机焦距，直到准确达到印制电路板的尺寸。其过程与我们普通照相过程大体相同，经过软片剪裁→曝光→显影→定影→水洗→干燥→修版，即可做成。照相底片的好坏主要决定于底图黑白反差的程度和尺寸的精确度。制作双面板的相版应保证正反面两次照相的焦距一致，才能达到两面图形的吻合。

3. 图形转移

图形转移就是把相片上的印制电路图形转移到覆铜板上，从而在铜箔表面形成耐酸性的保护层。具体有如下几种方法。

（1）丝网漏印法

丝网漏印法是一种古老的工艺，它是在丝网上黏附一层漆膜或胶膜，然后按技术要求将印制电路图制成镂空图形，漏印时只要将覆铜板在底图上定位，将印制料倒在固定丝网的框内，用橡皮板刮压印料，使丝网与覆铜板直接接触，即可在覆铜板上形成由印料组成的图形，漏印后需要烘干、修版。优点是操作简单、生产效率高、质量稳定、成本低廉；缺点是精度较差，要求操作者技术熟练。目前广泛应用于印制电路板的制造之中。

（2）直接感光法

直接感光法是光化学法之一，其步骤为覆铜板表面处理→上胶→曝光→显影→固膜→修版。

① 表面处理：用有机溶剂去除铜箔表面的有机污物，如油脂等；用酸去掉其氧化层。通过表面处理后，可使铜箔表面与胶牢固结合。

② 上胶：在覆铜板表面涂上一层可以感光的材料，如感光胶等。

③ 曝光：也称晒版，将照相底板置于上胶后的覆铜板上，光线通过相版，使感光胶发生化学反应，引起胶薄理化性能的变化。

④ 显影：曝光后的板浸入显影液中，未感光部分溶解、脱落，感光部分留下。显影后，再将板浸入染色溶液中，将感光部分染色，显示出印制电路板图形，以便于检查线路是否完整。

⑤ 固膜：显影后的感光胶并不牢固，易脱落，故要进行固化，即将染色后的板浸入固膜液中，停留一定时间后，捞出水洗并烘干，然后再置于烘箱中烘固，使感光膜得到进一步强化。

⑥ 修版：固膜后的板应在蚀刻前进行修版，以便将粘连部分、毛刺、断线部分、砂眼等修正，补修材料必须耐腐蚀。

（3）光敏干膜法

光敏干膜法也是光化学法之一，但感光材料不再是液体感光胶，而是由聚酯薄膜、感光胶膜、聚乙烯薄膜三层材料组成的薄膜。其步骤为覆铜板表面处理→贴膜→曝光→显影。

① 表面处理：清除表面油污，使干膜牢固贴于板上。

② 贴膜：揭去聚乙烯薄膜，把胶膜贴在覆铜板上。

③ 曝光：将相版按定位孔位置准确地置于贴膜后的覆铜板上进行曝光，曝光时应控制电源的强弱、时间、温度。

④ 显影：曝光后，显影前揭去聚酯薄膜，再浸入显影液中。显影后去除表面残胶。显影时也要控制好显影液的浓度、温度及时间。

4. 腐蚀

蚀刻在生产线上也称烂板，它是利用化学方法去除板上不需要的铜箔，留下组成图形的焊盘、印制导线及符号等。

（1）常用蚀刻液的种类

常用蚀刻液有酸性氯化铜、碱性氯化铜和三氯化铁等。

① 酸性氯化铜蚀刻液是以氯化铜和盐酸为主要成分的蚀刻液，呈酸性，对人的皮肤和衣服都有强腐蚀性。其优点是成本低、易再生，在连续再生情况下，具有恒定的刻蚀温度，回收铜容易和污染小，主要用于单面板、孔掩蔽的双面板以及多层板内层的蚀刻。

② 碱性氯化铜蚀刻液是以氯化铜、氯化铵、氢氧化铵、碳酸铵为主要成分的蚀刻液。它具有蚀刻速度快、不腐蚀锡铅合金等优点。广泛用于电镀锡铅合金的双面板和多层板的蚀刻加工。

③ 三氯化铁蚀刻液是将固体的三氯化铁用水溶解而形成。具有蚀刻速度快、质量好、溶铜量大、溶液稳定、价格低廉等优点，但再生和回收困难、不易清洗、易产生沉淀。一般用于实验室中少量印制电路板的加工。

腐蚀铜箔的三氯化铁的浓度一般为 28% ~ 42%，其中浓度为 34% ~ 38% 时，腐蚀效果最好。

（2）常用的蚀刻方式

印制电路板常用的蚀刻方式有浸入式、泡沫式、喷淋式、泼溅式等四种。

① 浸入式：将印制电路板浸入蚀刻液中，用排笔轻轻刷扫即可。本方法简单易行，但效率低、侧腐严重，常用于数量少的手工操作。

② 泡沫式：以压缩空气为动力，将蚀刻液吹成泡沫，对印制电路板进行腐蚀。其特点是工效高、质量好，适用于批量生产。

③ 喷淋式：用塑料泵将蚀刻液送到喷头，喷成雾状微粒，并以高速喷淋到覆铜板上，板由传送带运送，可进行连续蚀刻。此方法是蚀刻方式中较为先进的技术。

④ 泼溅式：利用离心力作用，将蚀刻液泼溅到印制电路板上，达到蚀刻的目的。该方法生产效率高，但仅适用于单面板。

（3）腐蚀后的清洗法

腐蚀后的清洗目前有流水冲洗法和中和清洗法两种。

① 流水冲洗法：把腐蚀后的板子立即放在流水中冲洗 30 min。若有条件，可采用冷水—热水—冷水—热水，这样的循环冲洗过程。

② 中和清洗法：把腐蚀后的板子用流水冲洗一下后，放入 82℃、10% 的草酸溶液中处理，拿出来后用热水冲洗，最后再用冷水冲洗。也可用 10% 的盐酸处理 2 min，水洗后用碳酸钠中和，最后再用流水彻底冲洗。

5. 金属化孔

金属化孔是利用化学镀技术，即氧化 - 还原反应，把铜沉积在两面导线或焊盘的孔壁上，使原来非金属化的孔壁金属化。金属化后的孔称为金属化孔。这是解决双面板两面的导线或焊盘连通的必要措施。

首先在孔壁上沉积一层催化剂金属（如钯），作为化学镀铜沉淀的结晶核心。然后浸入化学镀铜溶液中，化学镀铜可使印制电路板表面和孔壁上产生一层很薄的铜，这层铜不仅薄，而且附着力差，一擦即掉，故只能起到导电作用。化学镀铜后进行电镀铜，使孔壁的铜层加厚，并附着牢固。

金属化孔的方法有很多，常用的有板面电镀法、图形电镀法、反镀漆膜法、堵孔法、漆膜法等。

6. 金属涂敷

金属涂覆是为了提高印制电路的导电性、可焊性、耐磨性、装饰性，延长印制电路板的使用寿命，提高电气的可靠性，而在印制电路板的铜箔上涂敷一层金属膜。

金属涂覆的方法常用的有电镀法和化学镀法两种。

① 电镀法：镀层致密、牢固、厚度均匀可控，但设备复杂，成本较高，多用于要求高的印制电路板和镀层，如插头部分镀金等。

② 化学镀法：设备简单、操作方便、成本低，但镀层厚度有限、牢固性差，只适用于改善可焊性的表面涂覆，如板面镀银等。

金属涂覆材料一般为金、银、锡、铅锡合金等。

银层易发生硫化而变黑，降低了可焊性和外观质量。

热熔后的铅锡合金印制电路板具有可焊性好、抗腐蚀性强、长时间放置不变色等优点。同时，热熔后铅锡合金与铜箔之间能获得一层铜锡合金过渡界面，大大增强了界面结合的可靠性。

7. 涂助焊剂与阻焊剂

印制电路板经表面金属涂覆后，根据不同需要可进行助焊和阻焊处理。

在镀银表面喷涂助焊剂（如酒精、松香水），既可保护银层不氧化，又可提高银层可焊性。

在高密度铅锡合金板上，为了使板面得到保护，并确保焊接的准确性，可在板面上加阻焊剂（膜），使焊盘裸露，其他部位均在阻焊层下。阻焊印料分热固化型和光固化型两种，色泽为深绿或浅绿色。

4.3.6 印制电路板的简易制作

印制电路板有专门的自动制作工序和设备，但耗时长、成本高，为缩短制作周期，尽快实现自己的灵感，降低实验调试费用，有时也是表面贴装元器件的需要，设计初期需要手工制作简易电路板来进行产品定型试验。

1. 简易方法制作印制电路板的一般过程

简易方法制作印制电路板的制作过程如下。

（1）选取板材。根据电路的电气功能和使用的环境条件选取合适的印制电路板材质。

（2）下料。按实际设计尺寸剪裁覆铜板，并用平板锉刀或砂布将四周打磨平整、光滑，去除毛刺。

（3）清洁板面。将准备加工的覆铜板的铜箔面先用水磨砂纸打磨几下，然后加水用布将板面擦亮，最后用干布擦干净。

（4）图形转移（拓图）。用印制电路板转印机或复写纸将已设计好的印制电路板图形转印到覆铜板上。

（5）贴图。用带有单面胶的广告纸或透明胶带覆盖铜箔面，用刻刀去除拓图后留在铜箔面的图形以外的广告纸或透明胶带，注意留下导线的宽度和焊盘的大小。

（6）腐蚀。将前面处理好的印制电路板放入盛有腐蚀液的容器中，并来回晃动。为了加快腐蚀速度，可提高腐蚀液的浓度并加温，但温度不应超过50℃，否则会破坏覆盖膜使其脱落。待板面上没用的铜箔全部腐蚀掉后，立即将印制电路板从腐蚀液中取出。

（7）清水冲洗。

（8）除去保护层。

（9）修板。将腐蚀好的印制电路板再一次与原图对照，用刻刀修整导电条的边缘和焊盘，使导电条边缘平滑无毛刺，焊点圆润。

（10）钻孔。按图纸所标元器件引线位置钻孔，孔必须钻正。孔一定要钻在焊盘的中心且垂直板面。钻孔时，一定要使钻出的孔光洁、无毛刺。

（11）助焊剂。将钻好孔的印制电路板放入 5% ~ 10% 稀硫酸溶液中浸泡 3 ~ 5 min，进行表面处理。取出后用清水冲洗，然后将铜箔表面擦至光洁明亮为止。最后将印制电路板烘烤至烫手时即可喷涂或刷涂助焊剂。待焊剂干燥后，就可得到所需要的印制电路板。涂助焊剂的目的是容易焊接、保证导电性能、保护铜箔、防止产生铜锈。

2. 采用机械雕刻制单板工艺过程

（1）先将印制电路板裁切成所需要的大小。

（2）用雕刻机按照设计好的电路图进行打孔。

（3）采用沉铜及电镀系统将打好孔的印制电路板的孔壁上镀上铜。

（4）对电镀完过孔的印制电路板进行雕刻，生成线路。

（5）对生成的印制电路板涂敷阻焊绿油。

（6）将阻焊绿油进行处理，分离出焊盘。

（7）对于已经雕刻完成的印制电路板进行 OSP 处理，可以使印制电路板更利于焊接。

3. 采用化学蚀刻批量制板工艺过程

（1）先将印制电路板裁切成所需要的大小。

（2）用雕刻机按照设计好的电路图进行打孔。

（3）采用沉铜及电镀系统将打好孔的印制电路板的孔壁上镀上铜。

（4）对电镀完过孔的印制电路板涂敷湿膜。

（5）将湿膜烘干。

（6）对湿膜进行曝光显影，形成线路。

（7）对生成的线路进行电镀铅锡。

（8）退膜，并进行蚀刻生成电路。

（9）对生成的印制电路板涂敷阻焊绿油。

（10）将阻焊绿油进行处理，分离出焊盘。

（11）对于已经完成的印制电路板进行 OSP 处理，可以使印制电路板更利于焊接。

4.3.7 多层印制电路板制作简介

多层印制电路板是由交替的导电图形层及绝缘材料层压黏合而成的一块印制电路板。导电图形的层数在两层以上，层间电气互连是通过金属化孔实现的。多层印制电路板一般用环氧玻璃布层压板，是印制电路板中的高科技产品，其生产技术是印制电路板工业中最有影响和最具生命力的技术，它广泛使用于军用电子设备中。

多层板的制造工艺是在双面板的工艺基础上发展起来的。它的一般工艺流程都是先将内层板的图形蚀刻好，经黑化处理后，按预定的设计加入半固化片进行叠层，上下表面各放一张铜箔（也可用薄覆铜板，但成本较高），送进压机经加热加压后，得到已制备好内层图形的一块"双面覆铜板"，然后按预先设计的定位系统，进行数控钻孔。数控钻孔可自动控制钻头与板间的恒定距离和钻孔深度，因此可钻盲孔。对多层印制电路板而言，其关键工艺主要有以下两步。

1. 内层成像和黑化处理

由于集成电路的互连布线密度空前提高，用单面、双面电路板都难以实现，而用多层电路板则可以把电源线、接地线以及部分互连线放在内层板上，由电镀通孔完成各层间的相互连接。为了使内层板上的铜和半固化片有足够的结合强度，必须对铜进行氧化处理。由于处理后大多生成黑色的氧化铜，所以也称黑化处理。如果氧化后主要生成红棕色的氧化亚铜，则称作棕化处理。

2. 定位和层压

多层板的布线密度高，而且有内层电路，故层压时必须保证各层钻孔位置均对准。其定位方法有销钉定位和无销钉定位两种。

无销钉层压定位是现在较普遍采用的定位方法，特别是四层板的生产几乎都采用它。该方法中的层压模板不必有定位孔，工艺简单、设备投资少、材料利用率较高、成本低。以四层板为例，操作时在制好图形的内层板上先钻出孔，层压前用耐高温胶带将其封住，层压后，在胶带处有明显的凸起迹象，洗去胶带上的铜箔和固化的黏结片，剥去胶带，露出孔做钻孔。这种方法不但可做 4 层板，也可做 6 ~ 10 层板。

4.4　STC89C51 单片机最小系统制图制板

4.4.1　任务分析

STC89C51 单片机最小系统原理如图 4.76 所示。此系统包含了线性稳压及其保护电路、振荡电路、复位电路、发光二极管指示电路、单片机 P0 口上拉电路以及 4 个 10 针插座。其中插座将单片机各信号引出，可以扩展各种应用电路。

由于制作条件限制，本项目要求制作大小为 60mm×80mm 的单面电路板，电源、地线宽1mm，其他线宽 0.6mm，间距 0.6mm。绘图时 U1 的原理图和封装需要自己绘制、上拉电阻原理图需要自己绘制、电解电容封装也需要自己绘制。电路所用元器件及封装见表 4.3。

需要自制元器件封装的元器件封装如图 4.77 至图 4.83 所示。

表 4.3　元器件及封装列表

Comment	Designator	Footprint	Libraty Name
Cap Pol1	C1	Cap. 5/. 9	Miscellaneous Devices. IntLib
Cap	C2，C4，C5，C7，C8	RAD − 0. 2	Miscellaneous Devices. IntLib
Cap Pol1	C3	Cap. 4/. 7	Miscellaneous Devices. IntLib
Cap Pol1	C6	Cap. 2/. 5	Miscellaneous Devices. IntLib
1N4007	D1	DO − 41	Miscellaneous Devices. IntLib
LED1	D2	led − 3	Miscellaneous Devices. IntLib

Comment	Designator	Footprint	Libraty Name
Header 2	P1	HDR1X2	Miscellaneous Connectors. IntLib
Header 8	P2，P3，P4，P5	HDR1X8	Miscellaneous Connectors. IntLib
Res2	R1，R1	AXIAL－0.4	Miscellaneous Devices. IntLib
10k	RP1	HDR1X9	Mylib. SchLib
SW－DPDT	S1	DPDT－6	Miscellaneous Devices. IntLib
SW DIP－2	S2	SWITCH	Miscellaneous Devices. IntLib
L78M05CP	U1	ISOWATT220AB	ST Power Mgt Voltage Regulator. IntLib
STC89C51	U2	DIP40	Mylib. SchLib
XTAL	Y1	Xtal	Miscellaneous Devices. IntLib

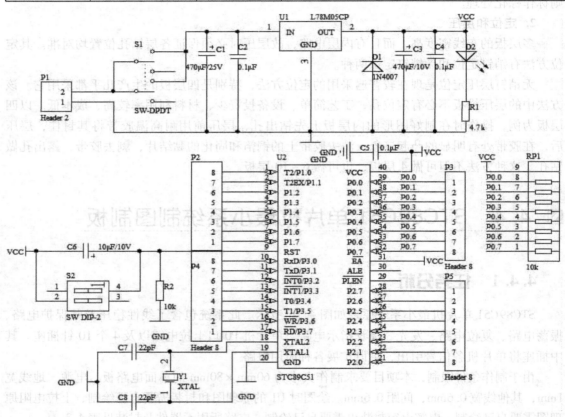

图4.76　STC89C51单片机最小系统原理图

图4.77　单片机插座

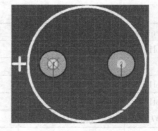

图4.78　电容C1

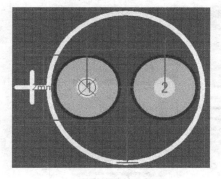

图 4.79 电容 C3

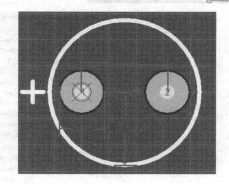

图 4.80 电容 C6

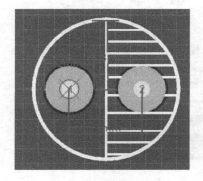

图 4.81 LED 灯 D2

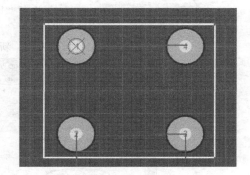

图 4.82 微动开关 S2

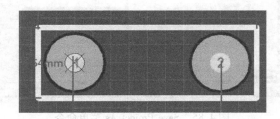

图 4.83 晶振 Y1

4.4.2 任务实施

1. 新建项目

（1）在计算机磁盘中建立一个名为"单片机"的文件夹。

（2）打开 Altium Designer Release 10，新建一个名为空项目。具体操作如下：双击图标启动软件，选择菜单命令【File】／【New】／【Project】／【PCB Project】，如图 4.84 所示。

（3）保存工程文件到第（1）步新建的文件夹中，将其工程命名为"单片机最小系统"。具体操作如下：选择菜单命令【File】／【Save Project As】，如图 4.85 所示。在弹出的对话框中找到第（1）步中新建的文件夹，将文件名改为"单片机最小系统"，如图 4.86 所示。

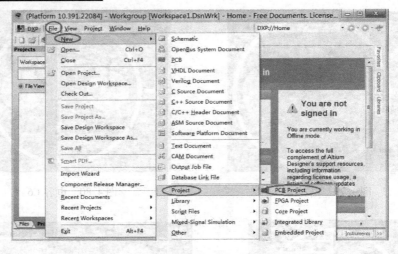

图 4.84　新建工程

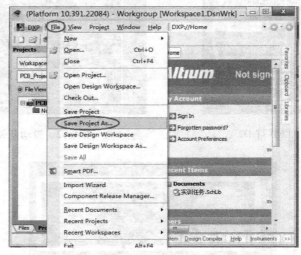

图 4.85　Save Project As 菜单命令

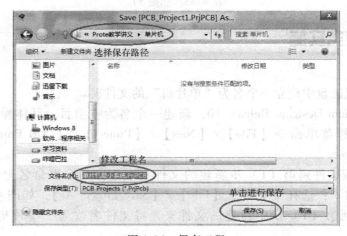

图 4.86　保存工程

2. 新建原理图文件

（1）执行菜单命令【File】/【New】/【Schematic】；在上述建立的工程项目中新建电路原理图文件，如图4.87所示。

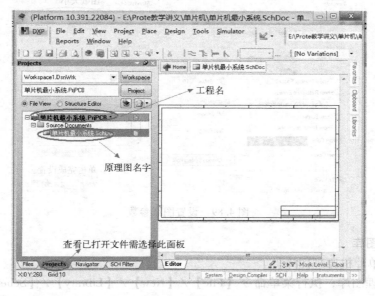

图4.87　新建原理图

（2）执行菜单命令【File】/【Save As】，在弹出的对话框中选择文件保存路径，输入原理图文件名字"单片机最小系统"，保存到"单片机"的文件夹中。保存完成后如图4.88所示。

图4.88　保存完成后的工程和原理图

3. 设置图纸参数

（1）执行菜单命令【Design】/【Document Opinion】，在打开的对话框中把图纸大小设

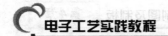

置为 A4，其他使用系统默认值，如图 4.89 所示。

图 4.89　设置图纸参数

4. 制作理图库

（1）制作单片机原理图库。

① 新建原理图库，执行菜单命令【File】／【New】／【Library】／【Schematic Library】。

② 保存原理图库，执行菜单命令【File】／【Save As】，保存到"单片机"的文件夹里面，将库名字修改为 Mylib. SchLib。

③ 单击面板标签 SCH Library，打开元器件库编辑面板，如图 4.90 所示。

④ 执行菜单命令【Tools】／【New Component】，在弹出的 "New Component Name" 对话框输入可以唯一标识元器件的名称 STC89C51，如图 4.91 所示，单击【OK】按钮确定该名称。

图 4.90　"SCH Library" 面板　　　　　图 4.91　元器件命名对话框

⑤ 绘制外框，执行菜单命令【Place】/【Rectangle】，将光标移动到 (0, 0) 点，单击鼠标左键确定左上角点，拖动光标至 (90, -210) 单击鼠标左键确定右下角点，如图 4.92 所示。

⑥ 放置引脚，执行菜单命令【Place】/【Pin】，在矩形外形边上依次放置 40 个引脚，当引脚处于活动状态时单击空格键可以调整引脚方向，放置好引脚如图 4.93 所示。

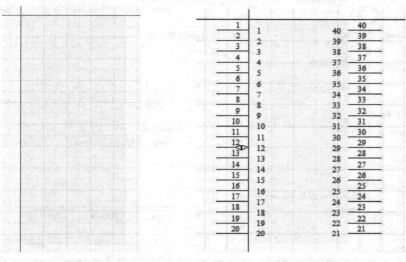

图 4.92　绘制好的矩形外框　　　　　　图 4.93　引脚放置后的单片机

⑦ 编辑引脚属性，根据 STC8C51 芯片的引脚资料，对引脚的名称、编号、电气类型等进行修改。VCC、GND 电气类型为 Power，单片机 I/O 口电气类型为 I/O，其他可以保持默认值。双击后，引脚属性对话框如图 4.94 所示。

⑧ 依次对所有引脚进行修改，修改完成后的单片机芯片如图 4.95 所示。

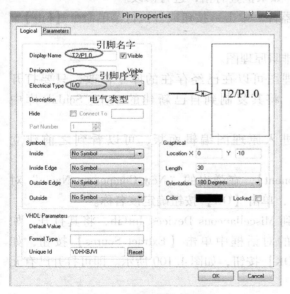

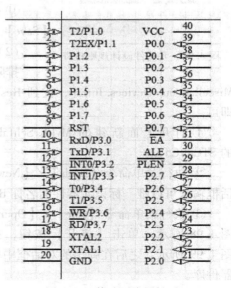

图 4.94　引脚属性对话框　　　　　　图 4.95　修改引脚属性后

⑨ 设置元器件属性。在 SCH Library 面板中，选中新绘制的元器件 STC89C51，单击 Edit 按钮或者双击新绘制的元器件名字，对元器件的默认标识注释进行修改，如图 4.96 所示。

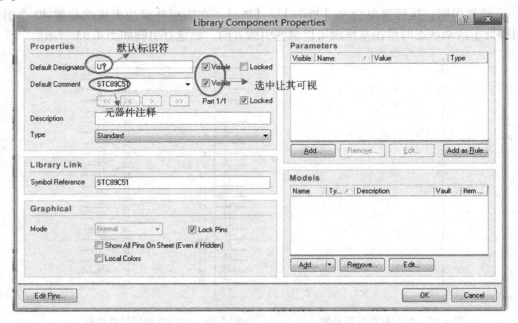

图 4.96　元器件属性修改对话框

图 4.97　元器件设计规则检查

⑩ 运行元器件设计规则检查。执行菜单命令【Reports】/【Component Rule Chick】，弹出如图 4.97 所示的对话框，单击【OK】按钮查看检查结果。如果检查没有错，即可进入下一步。如果检查有错，进行修改。

⑪ 保存元器件。单击 █ 按钮或者执行菜单命令【File】/【Save】即可。

（2）绘制排阻原理图。

排阻的原理图可以在已经存在的库中修改，只要打开 Miscellaneous Devices. IntLib，找到 Res Pack4，将其复制到自己新建的 Mylib. SchLib 库中即可。

① 打开上面新建的 Mylib. SchLib 库，进入原理图编辑面板，可以看到之前建立的 STC89C51。

② 执行菜单命令【Tools】/【New Component】，在弹出的"New Component Name"对话框输入可以唯一标识元器件的名称 Res Pack，单击【OK】按钮确定该名称。

③ 执行菜单命令【File】/【Open】，找到 Miscellaneous Devices. IntLib，将其打开，如图 4.98 所示。单击【打开】按钮，在弹出的对话框中单击【Extract Soures】按钮，如图 4.99 所示。之后在弹出的对话框中单击【OK】按钮，如图 4.100 所示。即可打开已有元器件库。

④ 双击 Projects 面板下的 Miscellaneous Devices. SchLib，如图 4.101 所示，单击 SCH library 面板，如图 4.102 所示。找到 Res Pack4，如图 4.103 所示。

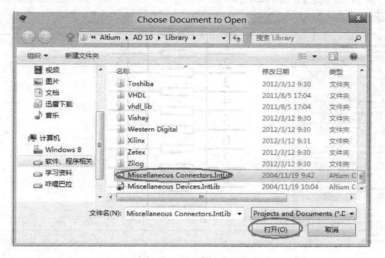

图 4.98　打开原理图库

图 4.99　抽取源

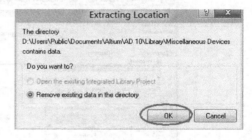

图 4.100　抽取源目录

图 4.101　"Projects" 面板

图 4.102　"SCH Library" 面板

⑤ 将 Res Pack4 全选，复制到 Mylib. SchLib 的 Res Pack 工作区，如图 4.104 所示。

⑥ 将 10～16 引脚删除，调整第 9 引脚的位置和外形，完成后如图 4.105 所示。

⑦ 修改元器件属性，在 "SCH Library" 面板中，选中新绘制的元器件 Res Pack，单击【Edit】按钮或双击新绘制的元器件名字，对元器件的默认标识注释进行修改，如图 4.106 所示。

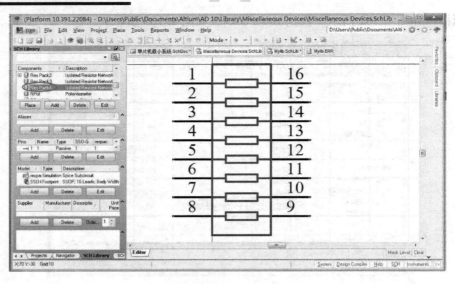

图 4. 103　Res Pack4

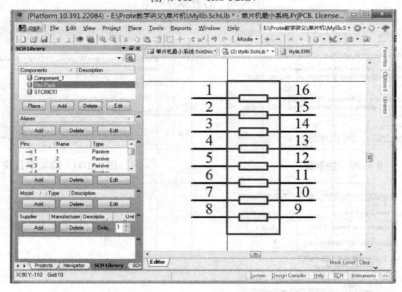

图 4.104　复制后的排阻

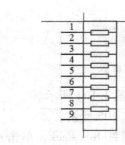

图 4.105　修改后的排阻

⑧ 运行元器件设计规则检查。执行菜单命令【Reports】/【Component Rule Chick】，弹出如图 4.97 所示的对话框，单击【OK】按钮查看检查结果。如果检查没有错，即可进入下一步。如果检查有错，进行修改。

⑨ 保存元器件。单击 ■ 按钮或者执行菜单命令【File】/【Save】即可。

5. 放置元器件

（1）放置自己绘制的单片机。执行菜单命令【Place】/【Part】，在弹出的 "Place Part" 对话框中单击【Choose】按钮，如图 4.107 所示。在 "Browse Librarys"

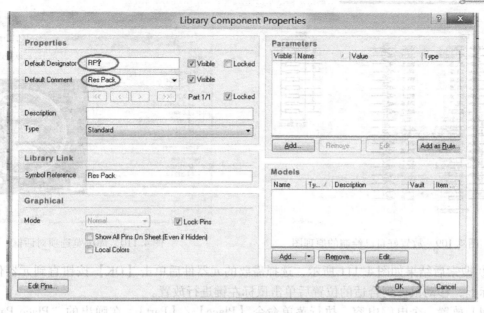

图 4.106　修改元器件属性

对话框中找到刚才绘制的 Mylib. SchLib 库（注意，库需要加载到工程里面才能找到），如图 4.108 所示，找到需要放置的元器件，依次单击【OK】按钮，此时元器件会悬浮于光标上，移动到合适的位置单击鼠标左键即可放置，单击右键或按【Esc】键结束放置。

（2）以第（1）步同样的方法放置自己绘制的排阻到原理图工作区，放置好后如图 4.109 所示。

（3）放置稳压电源芯片 L78M05CP，该芯片可直接在元器件库里面调用，但不知道在哪一个库，此时需要采用搜索元器件的方法来放置该芯片。

① 执行菜单命令【Place】／【Part】，在弹出的 "Place Part" 对话框中单击【Choose】按钮，如图 4.107 所示。在 "Browse Librarys" 对话框中单击【Find】按钮，如图 4.110 所示。

图 4.107　"Place Part" 对话框

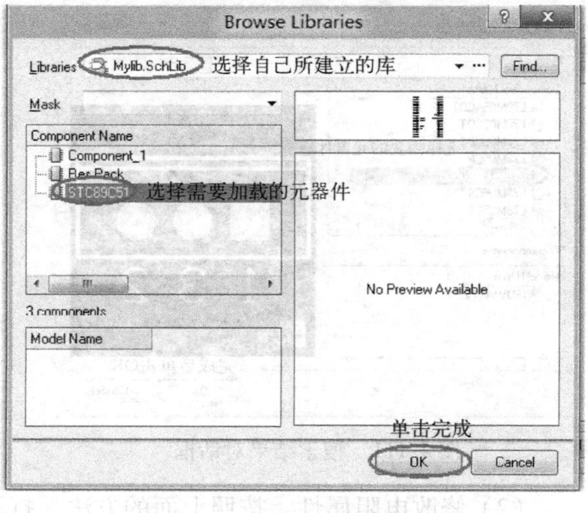

图 4.108　库浏览选项对话框

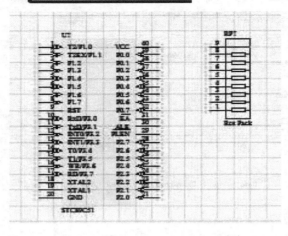

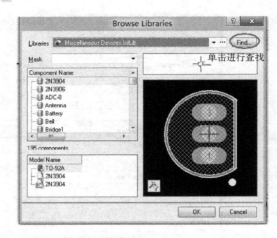

图 4.109 放置好自己绘制的原理图 　　　　　　图 4.110 库浏览选项对话框

② 搜索后结果如图 4.111 所示，选择需要的元器件后单击【OK】按钮直到元器件悬浮于光标上，移动鼠标到合适的位置后单击鼠标左键进行放置。

（4）放置一个电解电容，执行菜单命令【Place】／【Part】，在弹出的"Place Part"对话框中单击【Choose】按钮，如图 4.107 所示。在"Browse Librarys"对话框中找到 Miscellaneous Device. IntLib，如图 4.112 所示，找到需要放置的元器件，依次单击【OK】按钮，此时元器件会悬浮于光标上，移动到合适的位置单击鼠标左键即可放置，单击右键或按【Esc】键结束放置。

（5）依次按照第（4）步的方法进行其他元器件的放置。放置完成后如图 4.113 所示。

6. 修改元器件属性

（1）修改单片机属性。双击 STC89C51（或选中后单击鼠标右键，在弹出的对话框中选择 Properties），弹出元器件属性对话框，如图 4.114 所示，在其中进行修改，修改序号、注释、参数等。

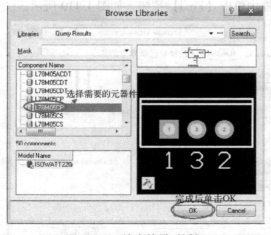

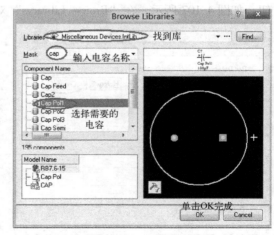

图 4.111 搜索结果对话框 　　　　　　　图 4.112 浏览元器件对话框

（2）修改电阻属性，按照上面的方法，打开元器件属性对话框，在对话框中进行修改，修改完成后如图 4.115 所示。

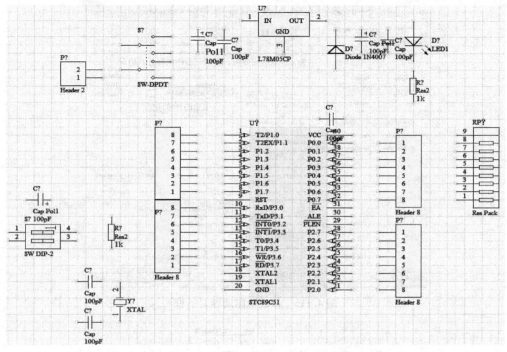

图 4.113　放置元器件完成后的原理图

图 4.114　元器件属性对话框

（3）按照如上方法，对所有元器件进行修改，修改后如图 4.116 所示。

7. 进行原理图布线

（1）导线绘制。

① 执行菜单命令【Place】/【Wire】（或单击 Wring 工具栏的 ≈ 图标），光标变成"十"字形状。

图 4.115　修改电阻属性对话框

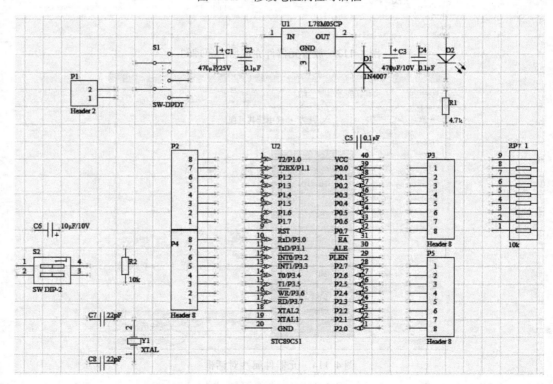

图 4.116　修改完元器件属性后的原理图

② 将光标移动到图纸的适当位置，单击鼠标左键，确定导线起点。沿着需要绘制导线的方向移动鼠标，到合适的位置再次单击鼠标左键，完成两点间的连线，单击鼠标右键，结束此条导线的放置。此时光标任处于绘制导线状态，可以继续绘制，若双击鼠标右键，则退出绘制导线状态。

③ 依次进行上面的操作，完成导线绘制，完成后如图4.117所示。

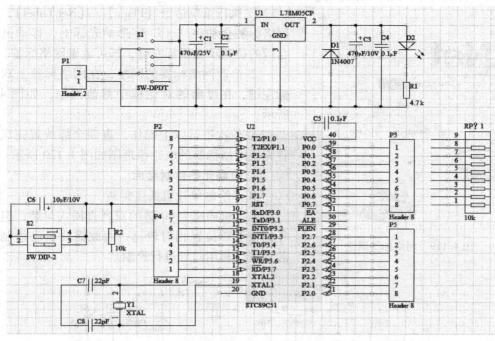

图4.117　绘制好导线的原理图

（2）放置电源和接地。

① 放置电源和接地，单击工具栏的 ^{VCC} 图标或者 图标，电源或接地图标会粘在"十"字光标上，移动到合适的位置单击鼠标左键即可。放置完成后如图4.118所示。

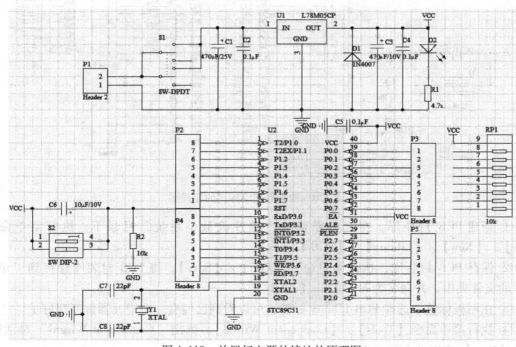

图4.118　放置好电源的接地的原理图

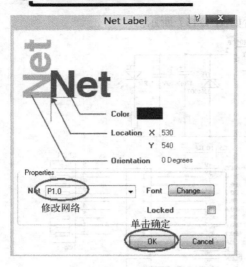

图 4.119　网络标签属性

（3）放置网络标签。

① 执行菜单命令【Place】/【Net Label】，此时网络标签会粘在"十"字形的光标上，移动鼠标到合适的位置单击鼠标左键，即可放置网络标签。

② 修改网络标签的网络，在网络标签上双击鼠标左键，在弹出的对话框中修改网络，如图 4.119 所示。

③ 依次进行以上操作，直到全部放置完成。放置完成网络标签的电路原理图如图 4.120 所示。

8. 绘制元器件封装库

（1）绘制单片机插座封装。

单片机插座为 40 脚的双列直插式封装，但由于外框较引脚位置相对较远，因此需要自己绘制，该芯片可以利用向导进行绘制。

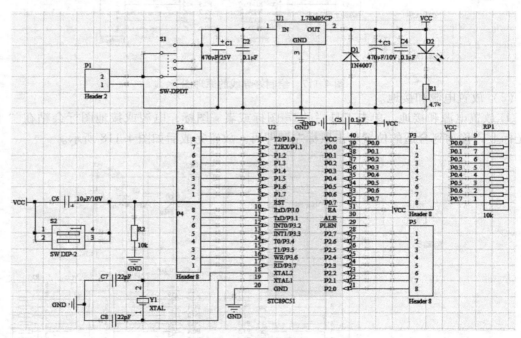

图 4.120　放置好网络标签的原理图

① 新建 PCB 封住库。在之前新建的"单片机最小系统"目录下，执行菜单命令【File】/【New】/【Library】/【PCB Library】。

② 保存 PCB 封装库，执行菜单命令【Flie】/【Save】，将 PCB 封装库保存到"单片机"的文件夹中，并命名为 MyPcbLib. PcbLib。

③ 在面板标签中选择 PCB Library 标签，可以看到已经有一个空元器件新建好了。

④ 执行菜单命令【Tools】/【Component Wizard】，弹出"Component Wizard"对话框，单击【Next】按钮进入下一步。

⑤ 在"Component Patterns"对话框中选择元器件外形为 DIP，单位为 mm，如图 4.121 所示。完成后单击【Next】按钮进入下一步。

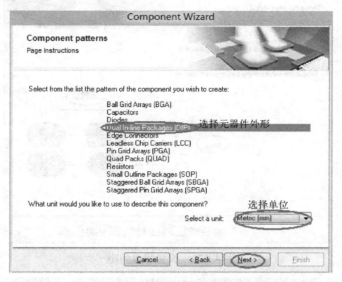

图 4.121　选择元器件外形

⑥ 在"Dual In－Line Packages（DIP）Define the pads dimensions"对话框中输入焊盘尺寸，在这里，将焊盘孔径设置为 0.6mm，外径为 2mm 的圆形焊盘，如图 4.122 所示。

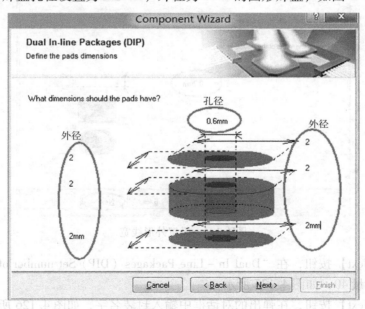

图 4.122　设置焊盘大小

⑦ 单击【Next】按钮，在"Dual In－Line Packages（DIP）Define the pads layout"对话框中输入焊盘间距，如图 4.123 所示。

⑧ 单击【Next】按钮，在"Dual In－Line Packages（DIP）Define the outline width"对话框中输入外形线宽，如图 4.124 所示。

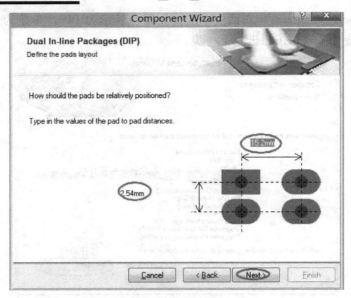

图 4. 123　设置焊盘间距

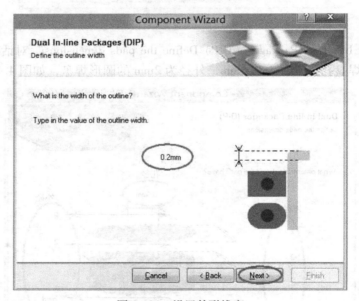

图 4. 124　设置外形线宽

⑨ 单击【Next】按钮，在 "Dual In – Line Packages（DIP）Set number of the pads" 对话框中输入焊盘数量 40，如图 4. 125 所示。

⑩ 单击【Next】按钮，在弹出的对话框中输入封装名字，如图 4. 126 所示。

⑪ 依次单击【Next】按钮，到最后一步单击【Finish】按钮，即可完成向导。完成后如图 4. 127 所示。

⑫ 对单片机插座的外形进行修改。实际测量得到插座长为 66mm，宽为 22. 5mm。左右边缘距离焊盘 4mm，上边缘距离焊盘 10. 5mm，下边缘距离焊盘 7mm。根据此尺寸，进行修改。双击外形左边缘，在弹出的属性对话框中修改参数，如图 4. 128 所示。

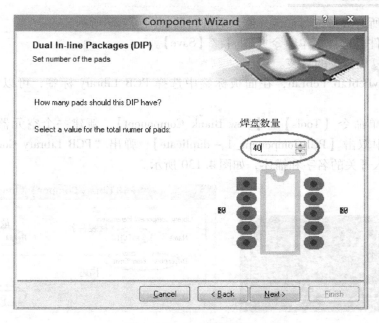

图 4. 125　输入焊盘数量

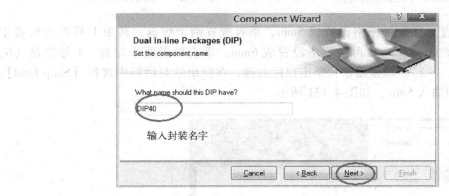

图 4. 126　设置封装名称

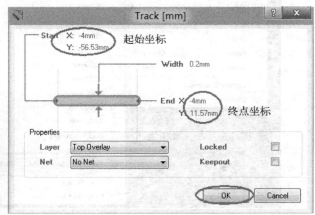

图 4. 127　完成向导后的单片机封装　　　　　图 4. 128　线条属性对话框

⑬ 依次对所有外形进行修改，修改后的封装如图 4.129 所示。

⑭ 保存文件。选择菜单命令【File】/【Save】。

（2）绘制复位开关的封装。

① 打开 MyPcbLib.PcbLib，在面板标签中选择 PCB Library 标签，可以看到刚刚建立的 DIP40。

② 执行菜单命令【Tools】/【New Blank Component】，新建一个空元器件。在 "PCB Library" 标签中双击【PCBComponent_1 - duplicate】，弹出 "PCB Library Component" 对话框。在里面输入开关的名字和描述，如图 4.130 所示。

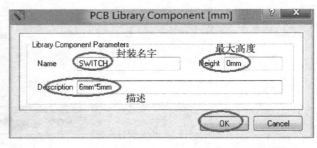

图 4.129 修改完成的单片机插座封装图　　　　图 4.130 修改封装名称

③ 设置栅格点，首先将栅格设置成 5mm，垂直放置两个焊盘，其中 1 号焊盘放置于（0，0），2 号焊盘（0，-5）。再将栅格设置成 6mm，垂直放置两个焊盘，3 号焊盘（6，0），4 号焊盘（6，-5）。设置栅格：单击鼠标右键，在弹出的对话框中选择【Snap Grid】。在弹出的对话框中输入 5mm，如图 4.131 所示。

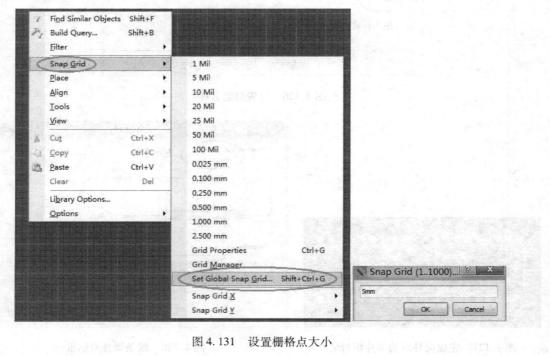

图 4.131 设置栅格点大小

④ 放置好焊盘后。在 Top Overlay 层上绘制外框，如图 4.132 所示。

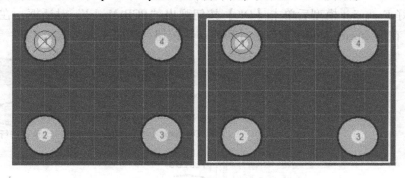

图 4.132　设置好焊盘和丝印

（3）绘制电容的封装。

按照上面的两种方法完成电解电容封装和 LED 封装的绘制。

9. 加载元器件封装库

在加载元器件封装之前，务必确保自建的封装库在工程目录下面。

（1）加载单片机封装。

① 在原理图界面选中单片机，双击鼠标左键，此时会弹出元器件属性对话框，如图 4.133 所示。单击 Models 选项框的【Add】按钮添加封装模型。在弹出的对话框中选择

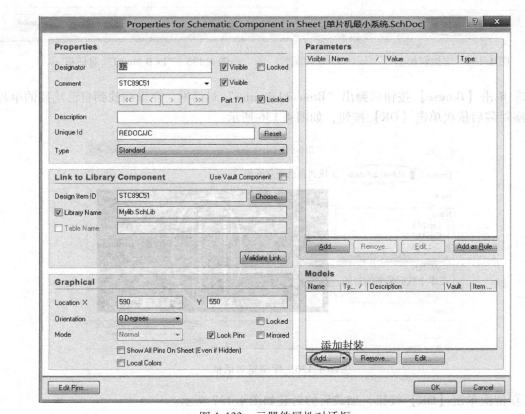

图 4.133　元器件属性对话框

Footprint，如图 4.134 所示。

② 选择好 Footprint 模型后单击【OK】按钮弹出 "PCB Model" 对话框，在 PCB Library 中选择 Any，在 Footprint Model 中单击【Browse】按钮，如图 4.135 所示。

图 4.134 增加新模型   图 4.135 "PCB Model" 对话框

③ 单击【Browse】按钮后弹出 "Browse Libraries" 对话框，在里面找到自己绘制的单片机插座封装后依次单击【OK】按钮，如图 4.136 所示。

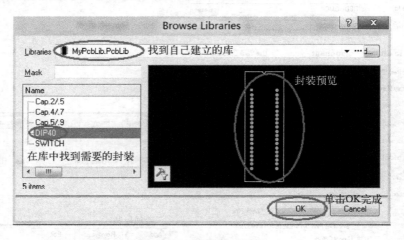

图 4.136 库浏览对话框

④ 依次单击【OK】按钮，加载后的封装如图 4.137 所示。

（2）加载电解电容封装。

按照上面的方法分别给电解电容 C1、C3、C6 添加自己绘制的封装。

（3）修改 C2 的封装。

根据表 4.3 的要求将所有元器件的封装进行修改。

① 将光标放在 C2 上面，双击鼠标左键，弹出元器件属性对话框，在 Models 选项中选中已有封装 RAD – 0.3，单击【Edit】按钮，如图 4.138 所示。

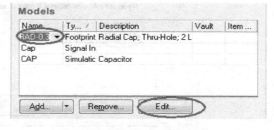

图 4.137　加载好封装后的单片机插座　　　　　　图 4.138　修改元器件属性

② 单击【Edit】按钮后弹出的 PCB Model 选项中选择 Any，在 FootPrint Models 中输入封装名字 RAD – 0.2（或单击【Browse】按钮进行浏览），如图 4.139 所示。

（4）修改其 C2 的封装。

按照如上方法修改其他所有元器件。

10．新建 PCB 文件

要求：建立一块 60mm × 80mm 的电路板。

① 选择面板标签的 File 标签栏，单击 New from template 栏中的 PCB Board Wizard 选项，如图 4.140 所示。

图 4.139　修改电容封装　　　　　　图 4.140　File 面板标签

② 在弹出的"PCB Board Wizard"对话框中单击【Next】按钮进入下一步。

③ 在弹出的"Choose Board Units"对话框中选择使用的单位，如图4.141所示。

图 4.141　选择使用的单位

④ 单击【Next】按钮进入下一步，选择模板，在这里我们选择 Custom，自己定义板子大小，如图4.142所示。

图 4.142　选择板子自定义选项

⑤ 单击【Next】按钮，在弹出的"Choose Board Details"对话框中输入板子大小和形状，如图4.143所示。

⑥ 单击【Next】按钮，弹出"Choose Board Corner Cut"对话框，在此不需要设置。

⑦ 单击【Next】按钮，弹出"Choose Board Inner Cut"对话框，在此不需要设置。

⑧ 单击【Next】按钮，弹出"Choose Board Layers"对话框，在此不需要设置。

⑨ 单击【Next】按钮，弹出"Choose Via Style"对话框，选择 Thruhole Via Only，如图4.144所示。

⑩ 单击【Next】按钮，选择大多数元器件的性质，如图4.145所示。

⑪ 单击【Next】按钮，设置默认线宽和过孔尺寸，如图4.146所示。

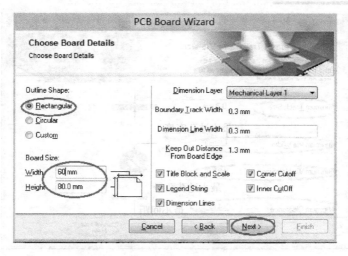

图 4.143　设置电路板形状大小

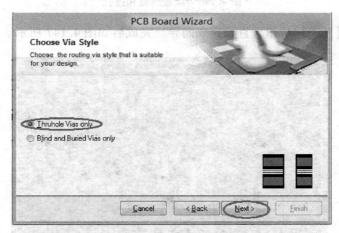

图 4.144　设置过孔形式

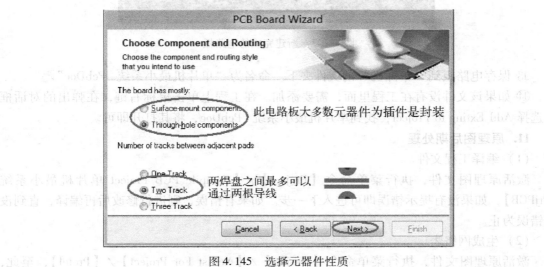

此电路板大多数元器件为插件是封装

两焊盘之间最多可以
通过两根导线

图 4.145　选择元器件性质

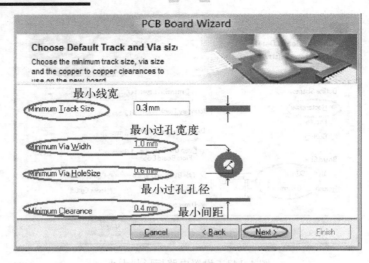

图 4.146　设置线宽和过孔

⑫ 依次单击【Next】按钮，直到完成向导。完成后如图 4.147 所示。

图 4.147　新建完成的电路板

⑬ 保存电路板到"单片机"的文件夹下。命名为"单片机最小系统 . PcbDoc"。

⑭ 如果该文件没有在工程里面，需要添加。在工程上单击鼠标右键，在弹出的对话框中选择 Add Exting to Project，找到单片机最小系统 . PcbDoc，将其打开即可。

11. 原理图后期处理

（1）编译工程文件。

激活原理图文件，执行菜单命令【Project】/【Compile PCB Project 单片机最小系统 . PrjPCB】，如果没有提示错误即可进入下一步。如果有错误，则进行修改后再编译，直到没有错误为止。

（2）生成网络表。

激活原理图文件，执行菜单命令【Design】/【Netlist For Project】/【Protel】，至此，

Project 面板标签中应存在如图 4. 148 所示的文件。

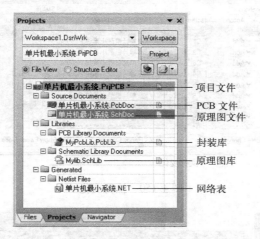

图 4. 148　完整的工程文件

（3）导入网络表到 PCB。

① 激活 PCB 文件，执行菜单命令【Design】／【Import Changes From 单片机最小系统 . PrjPCB】。

② 在弹出的"Engineering Change Order"对话框中检查可用变化，如图 4. 149 所示。

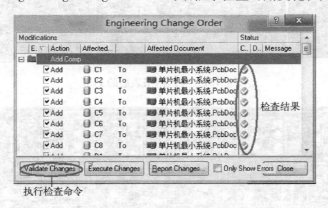

图 4. 149　检查变化

③ 在图 4. 148 中如果有错误，则返回原理图进行修改；如果没有错误，则执行变化，如图 4. 150 所示。

④ 在"Engineering Change Order"对话框中单击【Close】按钮。此时元器件已经加载到 PCB 文件中了，如图 4. 151 所示。

12. 元器件布局

（1）选中红色元器件盒，在键盘上按下【Delete】键，将其删除。

（2）选中某个元器件，按住鼠标左键拖动到 PCB 板合适的位置后放开鼠标左键（在拖动过程中按下空格键可以旋转位置）。

（3）元器件布局后的 PCB 如图 4. 152 所示。

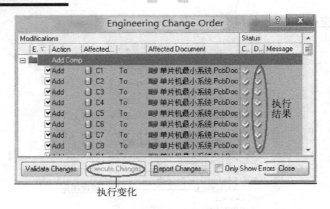

图 4. 150　执行变化

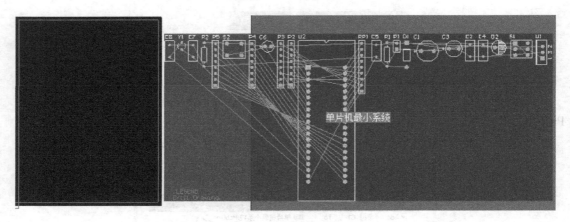

图 4. 151　导入网络表后的 PCB

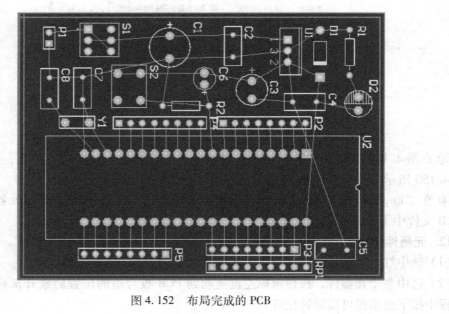

图 4. 152　布局完成的 PCB

13. 进行布线规则设置

（1）执行菜单命令【Design】/【Rules】，在弹出的规则编辑对话框，在上面逐一进行设置。

（2）进行间距设置，如图4.153所示。

图4.153　导线间距设置

（3）导线线宽设置，先设定所有线宽，将其最大值设置为1mm，最小值设置为0.3mm，优先值为0.6mm，如图4.154所示。

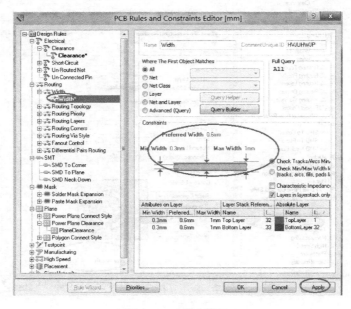

图4.154　线宽设置

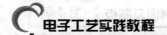

（4）电源线宽设置，在 Width 上单击鼠标右键，在弹出的对话框中选择 New Rule，在新建的 Width_1 中进行设置，如图 4.155 所示。

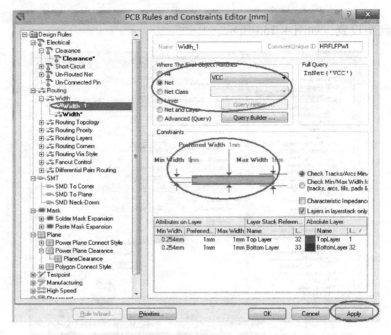

图 4.155　电源线宽设定

（5）设置敷铜间隙，如图 4.156 所示。

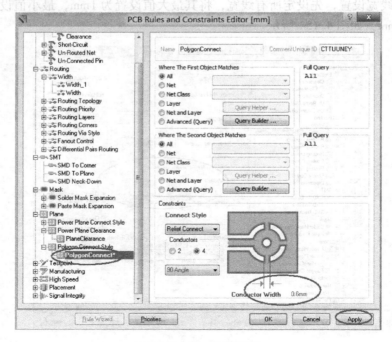

图 4.156　设置敷铜间隙

（6）其他规则保持默认值即可。

14. PCB 布线

（1）激活 PCB 文件，切换到 Bottom Layer，执行菜单命令【Place】/【Interactive Routing】或单击图标。将鼠标移动到焊盘位置，此时光标会呈现多边形，如图 4.157 所示，单击鼠标左键开始画线（此时按下【Tab】键可以修改导线属性），到该网络的另一个焊盘时光标会变成多边形，此时再单击鼠标完成该条导线的放置。单击一次鼠标右键或按【Esc】键结束该条导线放置，单击两次鼠标右键结束导线放置状态。

（2）放置好一条导线后如图 4.158 所示。以同样的方法放好除 GND 以外的所有导线。

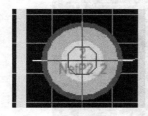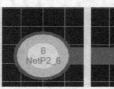

图 4.157　布线　　　　　　　　　　图 4.158　放置好一条导线

（3）放置安装孔。要求孔径 2mm，焊盘大小 3mm。执行菜单命令【Place】/【Pad】，此时焊盘会粘在鼠标上，按下【Tab】键进行修改属性和大小，如图 4.159 所示。

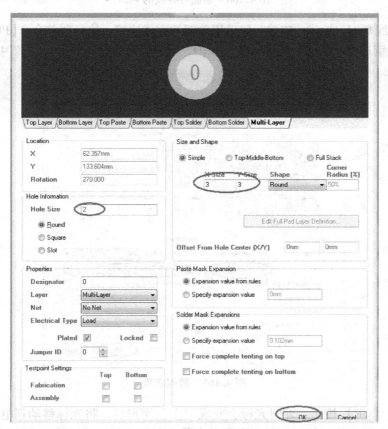

图 4.159　设置安装孔属性

（4）放置好导线的 PCB 如图 4.160 所示。

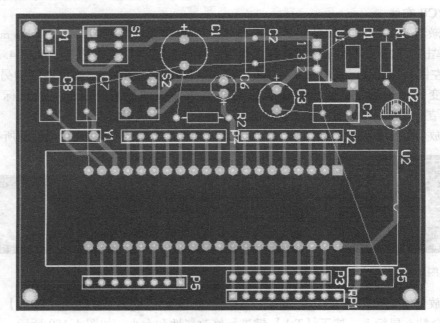

图 4.160　绘制好导线的 PCB

（5）对地线敷铜。地线的连接一般采用敷铜的方式连接。执行菜单命令【Place】/【Polygon Pour】，弹出敷铜选项对话框，设置网络为 GND，敷铜层为 Bottom Loyal，如图 4.161 所示。

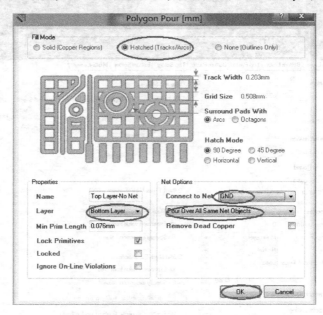

图 4.161　敷铜选项

（6）单击【OK】按钮，此时光标会变成"十"字形状，将光标移动到电气约束线的一个角单击鼠标左键，移动鼠标到另一个角后在单击鼠标左键。直到在电路板上画成一个框，然后单击鼠标右键结束敷铜。放置好敷铜后的 PCB 如图 4.162 所示。

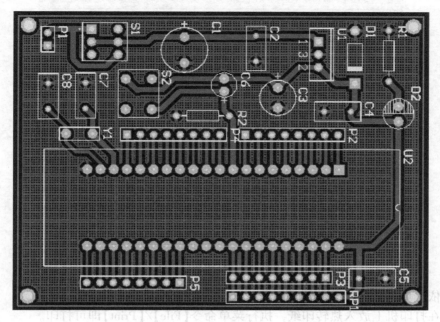

图 4.162　放置好敷铜后的 PCB

至此，已经完成了整个电路板的绘制。更多操作请参考其他资料。

15. 打印设置

为了制作电路板，还需要对 PCB 进行打印。

（1）执行菜单命令【File】/【Page Setup】，在弹出的对话框中设置，如图 4.163 所示。

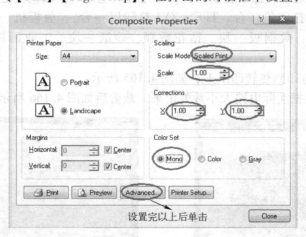

图 4.163　打印设置

（2）单击【Advanced】按钮，进入"PCB Printout Properties"对话框，将 Top Overlay、Top Layer 删除。选中需要删除的层，单击鼠标右键，在弹出的对话框中选择 Delete，单击【Yes】按钮即可删除。如果需要插入某个层，只要在空白的地方单击鼠标右键，选择 Insert Layer，在弹出的对话框中找到需要插入的层即可。设置完成后如图 4.164 所示。

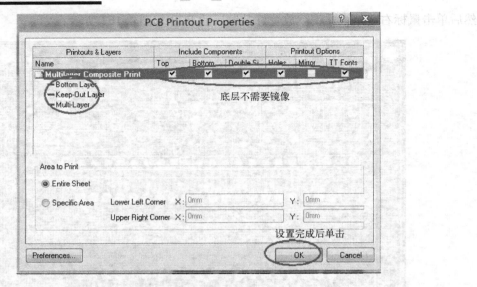

图 4.164　打印属性修改

（3）依次单击【OK】按钮即可。

（4）在打印机上放入热转印纸，执行菜单命令【File】/【Print】即可打印。

4.4.3　利用热转印技术制作印制电路板

热转印法就是使用激光打印机，将设计好的 PCB 图形打印到热转印纸上，再将转印纸以适当的温度加热，转印纸上原先打印上去的图形就会受热融化，并转移到敷铜板上面，形成耐腐蚀的保护层。通过腐蚀液腐蚀后，将设计好的电路留在敷铜板上面，从而得到 PCB。

准备材料：激光打印机一台、TPE – ZYJ 热转机一台、、剪板机一台、热转印纸一张、150W 左右台钻一台、敷铜板一块、钻花数颗、砂纸一块、工业酒精、松香水、腐蚀剂若干。

（1）将 PCB 图打印到热转印纸上，如图 4.165 所示。

（2）将敷铜板根据实际电路大小裁剪出来。裁剪后如图 4.166 所示。

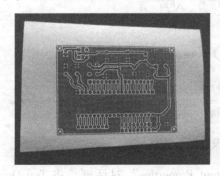

图 4.165　将 PCB 打印到热转印纸上

图 4.166　裁剪好的敷铜板

（3）用砂纸将敷铜板打磨干净后，用酒精进行清洗，晾干备用。

（4）将打印好的热转印纸有图面贴到打磨干净的敷铜板上。

（5）将敷铜板和同热转印纸一同放到热转印机中进行转印，如图 4.167 所示。

（6）将热转印纸从敷铜板上揭下，此时电路图已经转印到覆铜板上了。

（7）将转印好的放到腐蚀液里面进行腐蚀，如图 4.168 所示。

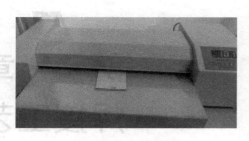

图 4.167　进行热转印

图 4.168　腐蚀印制电路板

（8）将腐蚀好的印制电路板用酒精清洗。晾干后进行打孔。

（9）将顶层和顶层丝印层打印（需要镜像），后一同样的方法转印到印制电路板正面，此时在印制电路板上涂上一层松香水即完成整个印制电路板制作，如图 4.169 和图 4.170 所示。

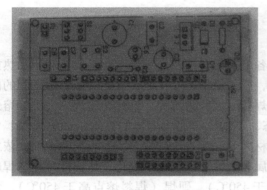

图 4.169　印制电路板正面

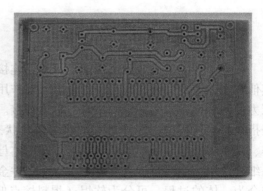

图 4.170　印制电路板底面

第 5 章
焊接工艺

▮ 5.1 焊接的基础知识

5.1.1 概述

在电子产品整机装配过程中，焊接是连接各电子元器件及导线的主要手段。利用加热或其他方法，使两种金属间原子的壳层互起作用，或是原子相互扩散、互熔，依靠原子间的内聚力使两种金属永久地牢固结合，称为焊接。焊接一般分为熔焊、钎焊、压焊三大类。熔焊是指在焊接过程中，焊件接头加热至熔化状态，不加压力完成焊接的方法，如电弧焊、气焊、激光焊、等离子焊等。钎焊是指在固体母材之间，熔入比母材金属熔点低的焊料，依靠毛细管作用，使焊料进入母材之中浸润工件金属表面，并发生化学变化，从而使母材与焊料结合为一体的过程，可分为软焊（焊料熔点低于450℃）、硬焊（焊料熔点高于450℃），常见的有锡焊、火焰钎焊、真空钎焊等。在电子产品的生产中，大量采用锡焊技术进行焊接。压焊是指在焊接过程中，必须对焊件加压力（加热或不加热）完成焊接的方法，如超声波焊、高频焊、电阻焊、脉冲焊、摩擦焊等。

锡焊是使用锡合金焊料进行焊接的一种焊接形式。焊接过程是将焊件和焊料共同加热到焊接温度，在焊件不熔化的情况下，焊料熔化并浸润焊接面，在焊接点形成合金层，形成焊件的连接过程。锡焊方法简便，整修焊点、拆换元器件、重新焊接都较容易，所用工具简单。此外，还具有成本低，易实现自动化等优点。在电子装配中，它是使用最早，适用范围最广和当前仍占较大比重的一种焊接方法。

近年来，随着电子工业的快速发展，焊接工艺也有了新的发展。在锡焊方面普遍地使用了应用机械设备的浸焊和实现自动化焊接的波峰焊，这不仅降低了工人的劳动强度，也提高了生产效率，保证了产品的质量。同时，无锡焊接在电子工业中也得到了较多的应用，如熔焊、绕接焊、压接焊等。

5.1.2 锡焊机理

锡焊的机理可以由浸润、扩散、界面层的结晶与凝固三个过程来表述。

1. 浸润

浸润过程是指已经熔化了的焊料借助毛细管力沿着母材金属表面细微的凹凸及结晶的间隙向四周漫流，从而在被焊母材表面形成一个附着层，使焊料与母材金属的原子相互接近，达到原子引力起作用的距离，我们称这个过程为熔融焊料对母材表面的浸润。

浸润作用同毛细作用紧密相连，光洁的金属表面，放大后有许多微小的凹凸间隙，熔化成液态的焊料，借助于毛细引力沿着间隙向焊接表面扩散，形成对焊件的浸润。由此可见，只有焊料良好地浸润焊件，才能实现焊料在焊件表面的扩散。浸润过程是形成良好焊点的先决条件。

浸润是熔融焊料在被焊面上的扩散，伴随着表面扩散，同时还发生液态和固态金属间的相互扩散，类似水洒在海绵上而不是洒在玻璃板上。

焊料浸润性能的好坏一般用浸润角 θ 表示，它是指焊料外圆在焊接表面交接点处的切线与焊件面的夹角，如图 5.1 所示。θ 角从 0° 到 180°，θ 角越小，润湿越充分。

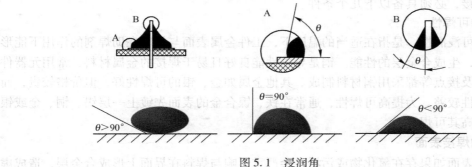

图 5.1　浸润角

当 $\theta > 90°$ 时，焊料不浸润焊件。

当 $\theta = 90°$ 时，焊料润湿性能不好。

当 $\theta < 90°$ 时，焊料的浸润性较好，且 θ 角越小，浸润性能越良好。

质量合格的铅锡焊料和铜之间润湿角可达 20°，实际应用中一般以 45° 为焊接质量的检验标准。

2. 扩散

由于金属原子在晶格点阵中呈热振动状态，因此在温度升高时，它会从一个晶格点阵自动地转移到其他晶格点阵，这个现象称为扩散。锡焊时，焊料和工件金属表面的温度较高，焊料与工件金属表面的原子相互扩散，在两者界面形成新的合金。

两种金属间的相互扩散是一个复杂的物理—化学过程。如用锡铅焊料焊接铜件时，焊接过程中既有表面扩散，也有晶界扩散和晶内扩散。锡铅焊料中的铅原子只参与表面扩散，不向内部扩散，而锡原子和铜原子则相互扩散，这是不同金属性质决定的选择扩散。正是由于扩散作用，形成了焊料和焊件之间的牢固结合。

3. 界面层的结晶与凝固

焊接后焊点降温到室温，在焊接处形成由焊料层、合金层和工件金属表层组成的结合结构。在焊料和工件金属界面上形成合金层，称"界面层"。冷却时，界面层首先以适当的合金状态开始凝固，形成金属结晶，而后结晶向未凝固的焊料生长。

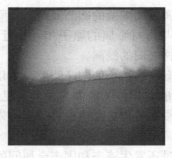

图 5.2　焊接表面结合层

形成结合层是锡焊的关键。结合层的成分既不同于焊料，又不同于焊件，而是一种既有化学作用（生成金属化合物，如 Cu_6Sn_5、Cu_3Sn、Cu_31Sn_8 等），又有冶金作用（形成合金固溶体）的特殊层。如果没有形成结合层，仅仅是焊料堆积在母材上，则称为虚焊。结合层的厚度因焊接温度、时间不同而异，一般在 $1.2 \sim 10\mu m$ 之间。理想的结合层厚度是 $1.2 \sim 3.5\mu m$，强度最高，导电性能好。结合层小于 $1.2\mu m$，实际上是一种半附着性结合，强度很低；而大于 $6\mu m$ 则使组织粗化，产生脆性，降低强度。结合层如图 5.2 所示。

5.1.3　焊接基本条件

良好的焊接，必须具备以下几个条件。

1. 良好的可焊性

可焊性即可浸润性，是指在适当的温度下，工件金属表面与焊料在助焊剂的作用下能形成良好的结合，生成合金层的性能。铜是导电性能良好且易于焊接的金属材料，常用元器件的引线、导线及接点等都采用铜材料制成。其他金属如金、银的可焊性好，但价格较贵，而铁、镍的可焊性较差。为提高可焊性，通常在铁、镍合金的表面先镀上一层锡、铜、金或银等金属，以提高其可焊性。

2. 清洁的焊接表面

工件金属表面如果存在氧化物或污垢，会严重影响与焊料在界面上形成合金层，造成虚焊、假焊。轻度的氧化物或污垢可通过助焊剂来清除，较严重的要通过化学或机械的方式来清除。

3. 适当的助焊剂

助焊剂是一种略带酸性的易熔物质，在焊接过程中可以溶解工件金属表面的氧化物和污垢，并提高焊料的流动性，有利于焊料浸润和扩散的进行，在工件金属与焊料的界面上形成牢固的合金层，保证了焊点的质量。助焊剂种类很多，效果也不一样，使用时必须根据材料、焊点表面状况和焊接方式选用。

4. 足够的焊接温度和时间

热能是进行焊接必不可少的条件。热能的作用是熔化焊料，提高工件金属的温度，加速原子运动，使焊料浸润工件金属界面，并扩散到工件金属界面的晶格中去，形成合金层。焊接过程中如果温度过低，则焊锡熔化缓慢，流动性差，在还没有湿润引线和焊盘时，焊锡就可能已经凝固，从而形成虚焊。这种焊点看上去不光亮，表面粗糙。这时就需要增加电烙铁的温度。但如果温度过高，会使得焊锡快速扩散开，焊点处存不住锡，焊剂分解过快，产生炭化颗粒，也会造成虚焊。温度过高还可能导致焊盘脱落。合适的温度是保证焊点质量的重要因素。在手工焊接时，控制温度的关键是选用具有适当功率的电烙铁和掌握焊接时间。电烙铁功率较大时应适当缩短焊接时间，电烙铁功率较小时可适当延长焊接时间。焊接时间过短，会使温度太低，焊接时间过长，会使温度太高。根据焊接面积的大小，经过反复多次实践才能把握好焊接工艺的这两个要素。一般情况下，焊接时间不应超过3s。

📐 5.2 手工焊接

手工焊接是最普遍、最基本的焊接操作方法。

5.2.1 焊接操作姿势

焊剂加热挥发出的化学物质对人体有害，一般电烙铁和鼻子的距离应至少30cm，通常以40cm为宜，并要保持室内空气流通。

电烙铁握法有三种，如图5.3所示。

（a）反握法　　　　　　　（b）正握法　　　　　　　（c）握笔法

图5.3　电烙铁握法

（1）反握法。用五指把电烙铁的柄握在掌内。此法适用于大功率电烙铁，焊接散热量大的被焊件。反握法动作稳定，长时间操作不宜疲劳。

（2）正握法。此法适于中等功率电烙铁或带弯头电烙铁的操作。

（3）握笔法。用握笔的方法握电烙铁，此法适用于小功率电烙铁，在操作台上进行印制板焊接散热量小的被焊件，如焊接收音机、电视机的印制电路板及其维修等。

焊锡丝的拿法根据连续锡焊和断续锡焊的不同分为两种，如图5.4所示。

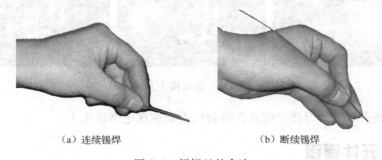

（a）连续锡焊　　　　　　　　　（b）断续锡焊

图5.4　焊锡丝的拿法

焊锡丝一般要用手送入被焊处，不要用电烙铁头上的焊锡去焊接，这样很容易造成焊料的氧化，焊剂的挥发。因为电烙铁头温度一般都在300℃左右，焊锡丝中的焊剂在高温情况下容易分解失效。

5.2.2　电烙铁头清洁处理

电烙铁头是用紫铜制作的，在温度较高时容易氧化，而且在使用过程中，其顶部极容易被焊料侵蚀而逐渐失去原来的形状，因此需要加以修整。为了提高电烙铁的可焊性和延长使用时间，不管是初次使用的电烙铁头，还是经修整后的电烙铁头，都要及时清洁处理和上锡。

其方法如下：在电烙铁通电发热的情况下，用砂纸或锉刀将电烙铁头端部的氧化层磨掉，迅速投入事先准备好的松香助焊剂中，然后用湿布擦洗，清除电烙铁头的表面氧化物及污垢，再给电烙铁头上锡，使电烙铁头沾有一些焊料。若未达到预期目的，可反复操作一两次；若一旦出现电烙铁头不沾锡，可用活性松香助焊剂在锡槽中上锡；若电烙铁头上焊料太多，可用湿布擦掉，绝不可用敲击或甩掷的错误方法。

使用前清洁海绵吸足水，用手挤去一些，水少清洁不干净、水多电烙铁易冷，焊接效率低，用清洁海绵两面擦拭电烙铁头去除电烙铁上污物，然后再去熔化焊锡，其过程如图5.5所示。

图5.5　电烙铁头清洁处理

电烙铁头加锡，减少电烙铁头氧化层的形成，利于热的传递。加锡步骤是保证电烙铁头润湿焊件的第一步，其过程如图5.6所示。

图5.6　电烙铁头上锡

为避免烙铁头氧化，焊接完成后需将新锡重新加在电烙铁头上。

5.2.3　元件镀锡

元器件引线一般都镀有一层薄薄的钎料，但时间一长，其表面将产生一层氧化膜，影响焊接。因此，除少数镀有银、金等良好镀层的引线外，大部分元器件在焊接前要重新进行镀锡。

镀锡,实际上就是锡焊的核心——液态焊锡对被焊金属表面浸润,形成一层既不同于被焊金属,又不同于焊锡的结合层。这一结合层将焊锡同待焊金属这两种性能、成分都不同的材料牢固地结合起来。而实际的焊接工作只不过是用焊锡浸润待焊零件的结合处,熔化焊锡并重新凝结的过程。

1. 镀锡要求

（1）待镀面应清洁

焊剂的作用主要是加热时破坏金属表面氧化层,对锈迹、油迹等杂质并不起作用。各种元器件、焊片、导线等都可能在加工、存储的过程中,带有不同的污物,轻则用酒精或丙酮擦洗,严重的腐蚀污点只能用机械办法去除,包括刀刮或砂纸打磨,直到露出光亮的金属为止,如图5.7所示。

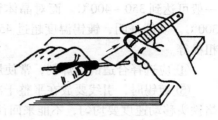

图5.7 刮去氧化层

导线焊接前,应将绝缘外皮剥去,再经过上面两项处理,才能正式焊接。

印制电路板可用细砂纸将铜箔打光后,涂上一层松香酒精溶液。

（2）加热温度要足够

要使焊锡浸润良好,被焊金属表面温度应接近熔化时的焊锡温度,才能形成良好的结合层。因此,应根据焊件大小供给它足够的热量。考虑到元器件承受温度不能太高,因此必须掌握恰到好处的加热时间。

（3）要使用有效的焊剂

松香是使用最多的焊剂,但松香多次加热后就会失效,尤其是发黑的松香基本上不起作用,应及时更换。

2. 镀锡方法

镀锡的方法有很多种,常用的方法主要有电烙铁手工镀锡、锡锅镀锡、超声波镀锡等。

电烙铁手工镀锡是指直接使用电烙铁对电子元器件的引线进行镀锡,如图5.8所示,操作不熟练时,最好用镊子夹持元器件,以免烫伤手指。其优点是方便、灵活。缺点是镀锡不均匀,易生锡瘤,且工作效率低。适用于少量、零散作业。

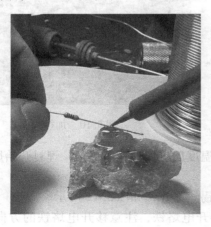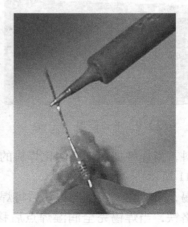

图5.8 电烙铁手工镀锡

电烙铁手工镀锡时应注意如下事项。

① 电烙铁头要干净，不能带有污物和使用氧化了的锡。

② 电烙铁头要大一些，有足够的吃锡量。

③ 电烙铁的功率及温度应根据不同元器件进行适当选择。电阻、电容温度可高一些，一般可达到 350~400℃。而对晶体管则温度不能太高，以免烧坏管子，一般控制在 280~300℃。实践证明，镀锡温度超过 450℃ 时就会加速铜的溶解和氧化，导致锡层无光，表面粗糙等。

④ 应选择合适的助焊剂，常使用松香酒精水。

⑤ 镀锡时，引线要放在平整干净的木板上，其轴线应与电烙铁头的移动方向一致。电烙铁头移动速度要均匀，不能来回往复。

⑥ 多股导线镀锡时，要先剥去绝缘层，并将多股导线拧紧，然后在进行镀锡。

⑦ 镀锡时，元件要 360° 旋转，使焊锡布满整个引线。

5.2.4 五步法

焊接操作一般分为：准备施焊、加热焊件、填充焊料、移开焊丝、移开烙铁五步，称之为"五步法"。

准备施焊，准备好焊锡丝和电烙铁，将干净电烙铁头沾上焊锡（俗称吃锡），如图 5.9 所示。

加热焊件，将电烙铁接触焊接点，注意电烙铁与水平面大约成 60°角，便于熔化的锡从电烙铁头上流到焊点，并保持电烙铁均匀加热焊件各部分，例如，印制板上引线和焊盘都使之受热，如图 5.10 所示。

图 5.9　准备施焊

图 5.10　加热焊件

熔化焊料，当焊件加热到能熔化焊料的温度后将焊丝置于焊点，焊料开始熔化并润湿焊点，如图 5.11 所示。

移开焊锡，当熔化一定量的焊锡后将焊锡丝移开，如图 5.12 所示。

移开电烙铁，当焊锡完全润湿焊点后移开电烙铁，注意移开电烙铁的方向应该是大致 45°的方向，如图 5.13 所示。

上述过程，对一般焊点而言为 2~3s。对于热容量较小的焊点，如印制板上的小焊盘，有时用三步法概括操作方法，即将上述步骤2、3合为一步，步骤4、5合为一步。实际上细微区分还是五步，所以五步法有普遍性，是掌握手工电烙铁焊接的基本方法。特别是各步骤之间停留的时间，对保证焊接质量至关重要。

图5.11 熔化焊料

图5.12 移开焊锡

电烙铁接触焊点的方法如图5.14所示。

图5.13 移开烙铁

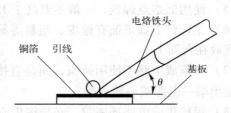
图5.14 电烙铁接触焊点的方法

5.2.5 手工焊接工艺

1. 印制电路板的焊接

印制电路板在焊接之前要仔细检查，看其有无断路、短路、金属化孔不良，以及是否涂有助焊剂或阻焊剂等。否则，在整机调试中，会带来很大麻烦。

焊接前，首先要将需要焊接的元器件做好焊接前的准备工作，如整形、镀锡等。然后按照焊接工序进行焊接。

一般的焊接工序是先焊接高度较低的元器件，然后焊接高度较高的和要求较高的元器件等。次序：电阻→电容→二极管→三极管→其他元器件等。

晶体管焊接一般是在其他元件焊接好后进行。要特别注意，每个管子的焊接时间为5～10s，并使用钳子或镊子夹持引脚散热，以防止烫坏管子。

焊接结束后，需要检查有无漏焊、虚焊等现象。检查时，可用镊子将每个元器件的引脚轻轻提一提，看是否摇动，若发现摇动，应重新焊接。

MOS 集成电路特别是绝缘栅型 MOS 电路，由于输入阻抗很高，稍有不慎即可能使内部击穿而失效。

双极型集成电路不像 MOS 集成电路那样娇气，但由于内部集成度高，通常管子隔离层都很薄，一旦受到过量的热也容易损坏。无论哪种电路，都不能承受高于 200℃ 的温度。因此，焊接时必须非常小心。

2. 集成电路的焊接

集成电路的安装焊接有两种方式：一种是将集成电路块直接与印制电路板焊接；另一种是将专用插座（IC 插座）焊接在印制电路板上，然后将集成电路块插在专用插座上。前者的优点是连接牢固，但拆装不方便，也易损坏集成电路。后者利于维护维修，拆装方便，但成本较高。

在焊接集成电路时，应注意以下几点。

（1）集成电路引线如果是经过镀金银处理的，切不可用刀刮，只要用酒精擦洗或绘图橡皮擦干净即可。

（2）对 CMOS 集成电路，如果事先已将各引线短路，焊接前不要拿掉短路线。

（3）焊接时间在保证浸润的前提下，尽可能短，每个焊点最好用 3s 焊好，最多不超过 4s，连续焊接时间不要超过 10s。

（4）使用的电烙铁最好是 20W 内热式，接地线应保证接触良好。若用外热式，最好是电烙铁断电后，用余热焊接，必要时还要采取人体接地等措施。

（5）使用低熔点焊剂，一般不要高于 150℃。

（6）工作台上如果铺有橡皮、塑料等易于积累静电的材料，集成电路块和印制电路板等不宜放在台面上。

（7）当集成电路不使用插座，而是直接焊接到印制电路板上时，安全焊接顺序应是地端→输出端→电源端→输入端。

（8）焊接集成电路插座时，必须按集成电路块的引线排列图焊好每一个点。

3. 导线焊接技术

导线与接线端子、导线与导线之间的焊接一般采用绕焊、钩焊、搭焊三种基本的焊接形式。

导线同接线端子的焊接：绕焊、钩焊、搭焊。

导线与导线的焊接：导线与导线之间的焊接以绕焊为主，主要操作步骤如下。

（1）将导线去掉一定长度的绝缘层。

（2）端头上锡，并套上合适的套管。

（3）绞合，施焊。

（4）趁热套上套管，冷却后套管固定在接头处。

5.2.6 手工焊接方法

手工焊接方法因焊接点的连接方式而定，见表 5.1。通常焊接点有四种连接方式，相应的有四种手工焊接方法：绕接——绕焊；钩接——钩焊；搭接——搭焊；插接——插焊。

表 5.1　手工焊接方法

焊接方法	图　示	焊接方法	图　示
绕焊		搭焊	
钩焊		插焊	弯脚　　直脚

　　绕焊是将待焊元器件的引出线或导线等线头绕在被焊件接点的金属上，一般绕 1～3 圈后再进行焊接，以增加焊接点的强度。绕焊焊接点强度高，拆焊较困难。一般应用于可靠性要求较高的产品中。

　　钩焊基本上与绕焊相同，仅是钩与绕的工艺有所不同。钩接是将被连接的导线或元器件引出线钩在接点的眼孔中，转线 0.5～1 圈，使引出线不易脱落。钩焊焊接点强度较高，机械强度不如绕焊，但它便于拆焊。因此钩焊适用于不便绕接，但有一定机械强度要求的产品中。

　　搭焊是将导线或元器件引出线搭接在焊接点上的，再进行焊接，搭接与焊接同时进行。搭焊焊接点强度较差，但焊接简便，节省焊接工时，拆焊最方便。因此搭焊适用于调试中的临时焊接，另外还可用于对焊接要求不高的产品，是节省焊接工时而采用的焊接方法。

　　插焊是将导线或元器件引出线插入洞孔形的接点中，再进行焊接，这种过程称为插焊。插焊按引线弯脚，可分为直脚焊和弯脚焊两种。插焊焊接方便、速度快、焊料省、便于拆焊、机械强度尚可。插焊适用于印制电路板上元器件安装和焊接，另外接插件上导线的连接也可采用插焊。插焊过程如图 5.15 所示。

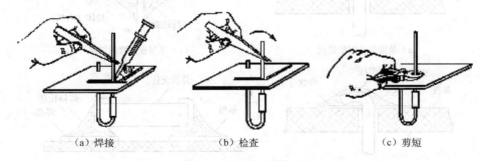

（a）焊接　　　　　（b）检查　　　　　（c）剪短

图 5.15　插焊的焊接过程

5.3　焊接质量分析

　　焊点是电子产品中元器件连接的基础，焊点质量出现问题可导致设备故障，因此，高质

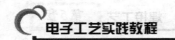
量的焊点是保证设备可靠工作的基础。

5.3.1　良好焊点的标准

（1）焊点表面：光滑，色泽柔和，没有砂眼、气孔、毛刺等缺陷。

（2）焊料轮廓：印制电路板焊盘与引脚间应呈弯月面，润湿角 $15° < \theta < 45°$，如图 5.16 所示。

（3）焊点间：无桥接、拉丝等短路现象。

（4）焊料内部：金属没有疏松现象，焊料与焊件接触界面上形成 $3 \sim 10\mu m$ 的金属间化合物，如图 5.17 所示。

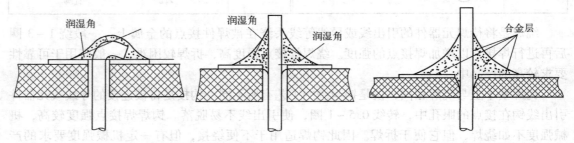

图 5.16　焊点表面轮廓及润湿角　　　　图 5.17　焊点焊料内部

良好焊点形貌如图 5.18 所示。

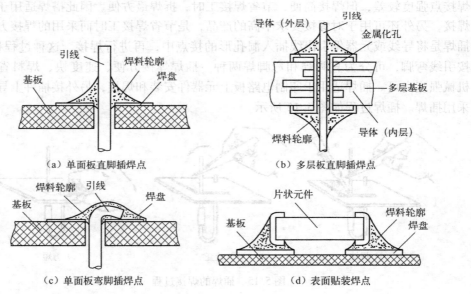

（a）单面板直脚插焊点　　　　　　　（b）多层板直脚插焊点

（c）单面板弯脚插焊点　　　　　　　（d）表面贴装焊点

图 5.18　良好焊点形貌

5.3.2　焊点的质量要求

对焊点的基本质量要求有如下几个方面。

（1）电气接触良好

良好的焊点应具有可靠的电气连接性能，不允许出现虚焊、桥接等现象。

（2）机械强度可靠

保证使用过程中，不会因正常的振动而导致焊点脱落。

（3）外形美观

一个良好的焊点应明亮、清洁、平滑，焊锡量适中并呈裙状拉开，焊锡与被焊件之间没有明显的分界，这样的焊点才是合格、美观的。

5.3.3　焊点的检查步骤

焊点的检查通常采用目视检查、手触检查和通电检查的方法。

（1）目视检查

目视检查是指从外观上检查焊接质量是否合格，焊点是否有缺陷。目视检查的主要内容有：是否有漏焊；焊点的光泽好不好，焊料足不足；是否有桥接、拉尖现象；焊点有没有裂纹；焊盘是否有起翘或脱落情况；焊点周围是否有残留的焊剂；导线是否有部分或全部断线、外皮烧焦、露出芯线的现象。

（2）手触检查

手触检查主要是用手指触摸元器件，看元器件的焊点有无松动、焊接不牢的现象。用镊子夹住元器件引线轻轻拉动，有无松动现象。

（3）通电检查

通电检查必须在目视检查和手触检查无错误的情况之后进行，这是检验电路性能的关键步骤，如表5.2所示。

表5.2　通电检查

通电检查结果		原 因 分 析
元器件损坏	失效	过热损坏、电烙铁漏电
	性能变坏	电烙铁漏电
导电不良	短路	桥接、错焊、金属渣（焊料、剪下的元器件引脚或导线引线等）短接等
	断路	焊锡开裂、松香夹渣、虚焊、漏焊、焊盘脱落、印制导线断、插座接触不良等
	接触不良、时通时断	虚焊、松香焊、多股导线断丝、焊盘松脱等

5.3.4　焊点的常见缺陷及原因分析

焊点的常见缺陷有虚焊、拉尖、桥接、球焊、漏焊、印制电路板铜箔起翘、焊盘脱落、导线焊接不当等。

造成焊点缺陷的原因有很多，在材料（焊料与焊剂）和工具（电烙铁、夹具）一定的情况下，采用什么样的焊接方法，以及操作者是否有责任心就起决定性的因素了。

1．虚焊（假焊）

虚焊是指焊接时焊点内部没有形成金属合金的现象，如图5.19所示。

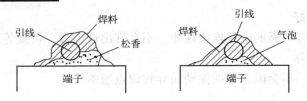

图 5.19 虚焊的两种情况

造成虚焊的主要原因：焊接面氧化或有杂质，焊锡质量差，焊剂性能不好或用量不当，焊接温度掌握不当，焊接结束但焊锡尚未凝固时焊接元件移动等。

虚焊造成的后果：信号时有时无，噪声增加，电路工作不正常等"软故障"。

焊缝中夹有松香渣时又称松香焊，松香焊是由于助焊剂过多或已失效、焊接时间不足加热不够、表面氧化膜未去除引起的，会导致强度不足、导通不良，有可能时通时断。

引线根部有喷火式焊料隆起时，内部藏有空洞气泡，这是由于引线与孔间隙过大或引线浸润性不良引起的，会导致暂时导通，但长时间容易引起导通不良。

2. 拉尖

拉尖是指零件引脚端点及吃锡路线上焊点表面有尖角、毛刺等多余的尖锐锡点的现象，如图 5.20 所示。锡尖长度必须小于 0.2 mm，未达者必须二次补焊。

图 5.20 拉尖

造成拉尖的主要原因：电烙铁头离开焊点的方向不对、电烙铁离开焊点太慢、焊料质量不好、焊料中杂质太多、焊接时的温度过低，较大的金属零件吸热，造成零件局部吸热不均，零件引脚过长，电烙铁温度传导不均等。

拉尖造成的后果：外观不佳、易造成桥接现象，易造成安全距离不足，易刺穿绝缘物，而造成耐压不良或短路；对于高压电路，有时会出现尖端放电的现象。

3. 桥接

桥接是指焊锡将电路之间不应连接的地方误焊接起来的现象，如图 5.21 所示。

图 5.21 桥接

造成桥接的主要原因：焊锡用量过多、助焊剂活化不足、板面预热温度不足、零件间距过近、电烙铁施焊撤离方向不当、导线端头处理不好、自动焊接时焊料槽的温度过高或过低等。

桥接造成的后果：导致产品出现电气短路、严重影响电气特性，并造成零件严重损害。

4. 球焊（锡珠）

球焊是指焊点形状像球形、与印制板只有少量连接，使焊点呈外突曲线的现象，如图5.22所示。焊角必须小于75°，未达者必须二次补焊。

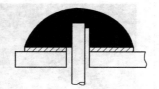

图5.22 球焊

造成球焊的主要原因：印制板面有氧化物或杂质、助焊剂含水量过高、助焊剂未完全活化、焊丝撤离过迟、焊点锡量过多等。

球焊造成的后果：浪费焊料、且可能包藏缺陷，由于被焊部件只有少量连接，因此其机械强度差，略微振动就会使连接点脱落，造成虚焊或断路故障，形成焊珠易造成"电路短路"，会造成安全距离不足，电气特性易受影响而不稳定。

5. 漏焊

漏焊是指零件引脚四周未与焊锡熔接及包覆的现象，如图5.23所示。

造成漏焊的主要原因：零件脚受污染，PCB氧化、受污染或黏附防焊漆，焊锡时间太短等。

漏焊造成的后果：电路无法导通，电气功能无法显现，偶尔出现焊接不良，电气测试无法检测。

6. 引脚长

引脚长是指零件引脚吃锡后，其焊点引脚长度超过规定的高度。当$\phi \leqslant 0.8$mm时引脚长度应小于2.5mm，当$\phi > 0.8$mm时引脚长度应小于3.5mm，如图5.24所示。

图5.23 漏焊　　　　　　　　　图5.24 引脚长

造成引脚长的主要原因：插件时零件倾斜、造成一长一短，加工时裁切过长。

引脚长造成的后果：易造成锡裂，吃锡量易不足，易形成安全距离不足。

7. 锡少

锡少是指焊锡未能沾满整个锡盘，且吃锡高度未达引脚长1/2，如图5.25所示。焊角必须大于 15°，未达者必须二次补焊。

造成锡少的主要原因：锡温过高、焊接时角度过大、助焊剂比重过高或过低、引脚过长等。

锡少造成的后果：其一为焊点强度不足，承受外力时，易导致锡裂；其二为焊接面积变小，长时间易影响焊点寿命。

8. 锡洞

锡洞是指于焊点外表上产生肉眼清晰可见的贯穿孔洞，如图 5.26 所示。

图 5.25　锡少　　　　　　　　　　　　　图 5.26　锡洞

造成锡洞的主要原因：零件或 PCB 的铜箔焊锡性不良、引脚与孔径之配合比率过大、导通孔内壁受污染或引脚镀锡不完整、零件过紧，引脚紧偏一边等。

锡洞造成的后果：电路无法导通、焊点强度不足等。

9. 锡渣

锡渣是指焊点上或焊点间所产生的线状锡，如图 5.27 所示。

图 5.27　锡渣

造成锡渣的主要原因：焊锡时间太短、焊锡温度受热不均匀、吸锡枪内锡渣掉入 PCB 等。

锡渣造成的后果：易造成电路短路、造成焊点未润焊。

10. 锡裂

锡裂是指于焊点上发生之裂痕，最常出现在引脚周围、中间部位及焊点底端与铜箔间，如图 5.28 所示。

造成锡裂的主要原因：不正确的取、放 PCB，设计时产生不当的焊接机械应力，剪脚动作错误，剪脚过长，锡少等。

锡裂造成的后果：造成电路上焊接不良、不易检测，严重时电路无法导通、电气功能失效等。

图 5.28 锡裂

11. 翘皮

翘皮是指印制电路板的铜箔、焊盘与电路板的基材产生剥离现象，如图 5.29 所示。

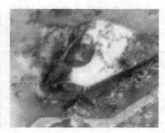

图 5.29 翘皮

造成翘皮的主要原因：焊接时温度过高或焊接时间过长、反复焊接，PCB 的铜箔附着力不足，铜箔过小，零件过大致使铜箔无法承受振动的应力，或在拆焊时、焊料没有完全熔化就拔取元器件等。

翘皮造成的后果：电子零件无法完全达到安装、固定作用，严重时可能因振动而致使电路断裂甚至整个印制板损坏。

12. 导线焊接不当

导线焊接不当如图 5.30 所示。

（a）芯线过长　　（b）焊料浸过导线外皮　　（c）外皮烧焦　　（d）摔线　　（e）芯线散开

图 5.30 导线的焊接缺陷

其他常见焊点缺陷及原因分析如表 5.3 所示。

表 5.3 其他常见焊点缺陷及原因分析

焊点缺陷	外观特点	危害	原因分析
针孔	目测或放大镜可见有孔	焊点容易腐蚀	焊盘孔与引线间隙太大

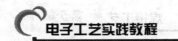
续表

焊点缺陷	外观特点	危　害	原因分析
剥离	焊点剥落（不是铜皮剥落）	断路	焊盘镀层不良
过热	焊点发白，无金属光泽，表面较粗糙	（1）焊盘容易剥落强度降低；（2）造成元器件失效损坏	电烙铁功率过大，加热时间过长
冷焊	表面呈豆腐渣状颗粒，有时可有裂纹	强度低，导电性不好	焊料未凝固时焊件抖动
不对称	焊锡未流满焊盘	强度不足	（1）焊料流动性不好；（2）助焊剂不足或质量差；（3）加热不足
松动	导线或元器件引线可移动	导通不良或不导通	（1）焊锡未凝固前引线移动造成空隙；（2）引线未处理好（润湿不良或不润湿）

5.4　点阵板手工焊接实践

点阵板（万能板/通用板）是一种按照标准 IC 间距（2.54mm）布满焊盘、可按自己的意愿插装元器件及连线的印制电路板，俗称"洞洞板"，如图 5.31 所示。相比专业的 PCB 制版，点阵板具有以下优势：使用门槛低、成本低廉、使用方便、扩展灵活。例如，在学生电子设计竞赛中，作品通常需要在几天内争分夺秒地完成，所以大多使用点阵板。

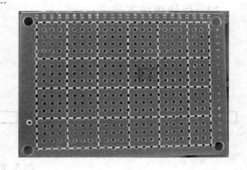

图 5.31　点阵板

5.4.1　焊接前的准备

在焊接点阵板之前需要准备足够的细导线用于走线。细导线分为单股和多股，如图 5.32 所示。单股硬导线可将其弯折成固定形状，剥皮之后还可以当作跳线使用；多股细导线质地柔软，焊接后显得较为杂乱。

点阵板具有焊盘紧密等特点，这就要求我们的电烙铁头有较高的精度，建议使用功率

30W 左右的尖头电烙铁。同样，焊锡丝也不能太粗，建议选择线径为 0.5 ~ 1mm。

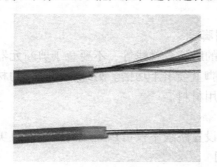

图 5.32　焊接用的细导线

5.4.2　点阵板的焊接方法

对于元器件在点阵板上的布局，可采用"顺藤摸瓜"的方法，即以核心器件为中心，其他元器件见缝插针的方法。这种方法是边焊接边规划，无序中体现着有序，效率较高。但由于初学者缺乏经验，所以不太适合使用这种方法，初学者可以先在纸上做好初步的布局，然后用铅笔画到点阵板正面（元件面），进而将走线规划出来，便于焊接。

点阵板的焊接方法，一般是采用细导线进行飞线连接，并尽量做到水平和竖直走线，整洁清晰，如图 5.33 所示。现在流行一种叫锡接走线法，工艺不错，性能也稳定，但比较浪费锡，如图 5.34 所示。但纯粹的锡接走线难度较高，受到锡丝、个人焊接工艺等各方面的影响。如果先拉一根细铜丝，再随着细铜丝进行拖焊，则简单许多。

图 5.33　细导线飞线连接

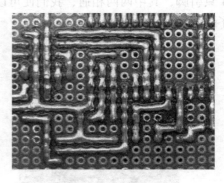

图 5.34　锡接走线法

5.4.3　点阵板的焊接步骤与技巧

很多初学者焊的板子很不稳定，容易短路或断路。除了布局不够合理和焊接工艺不良等因素外，缺乏技巧是造成这些问题的重要原因之一。掌握一些技巧可以使电路反映到实物硬件的复杂程度大大降低，减少飞线的数量，让电路更加稳定。

1. 初步确定电源、地线的布局

电源贯穿电路始终，合理的电源布局对简化电路起到十分关键的作用。某些点阵板布置有贯穿整块板子的铜箔，应将其用作电源线和地线；如果无此类铜箔，也需要对电源线、地线的布局有个初步的规划。

2. 善于利用元器件的引脚

点阵板的焊接需要大量的跨接、跳线等，不要急于剪断元器件多余的引脚，有时直接跨接到周围待连接的元器件引脚上会事半功倍。另外，本着节约材料的目的，可以把剪断的元器件引脚收集起来作为跳线用材料。

3. 善于设置跳线

特别要强调这一点，多设置跳线不仅可以简化连线，而且美观实用，如图 5.35 所示。

4. 充分利用板上的空间

芯片座里面隐藏元件，既美观又能保护元件，如图 5.36 所示。

 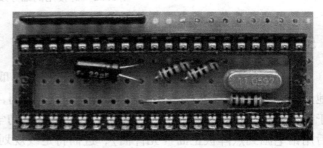

图 5.35　善于设置跳线　　　　　　　　　图 5.36　充分利用板上的空间

5. 善于利用元器件自身的结构

如图 5.37 所示的矩阵键盘是一个利用元器件自身结构的典型例子。图中的轻触式按键有 4 只引脚，其中两两相通，我们便可以利用这一特点来简化连线，电气相通的两只引脚充当了跳线。

 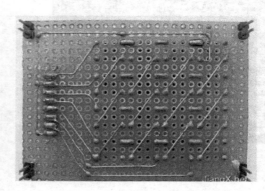

图 5.37　善于利用元器件自身的结构

6. 善于利用排针

排针有许多灵活的用法，比如两块板子相连，就可以用排针和排座，排针既起到了两块板子间的机械连接作用，又起到电气连接的作用。

7. 在需要时隔断铜箔

在使用连孔板时，为了充分利用空间，必要时可用小刀或打磨机割断某处铜箔，这样就可以在有限的空间放置更多的元器件。

8. 充分利用双面板

双面板比较昂贵，既然选择它，就应该充分利用它。双面板的每一个焊盘都可以当作过孔，灵活实现正反面电气连接。

点阵板给初学者学习实践电子制作带来了很大的方便，或许它已成为读者电子实验中不可缺少的一部分，多动手实践，将会体会到更好、更适合自己的使用方法和技巧。

如图 5.38 所示为采用点阵板制作的直流稳压电源焊接实物，如图 5.39 所示为单片机控制的 LED 灯柱焊接实物。

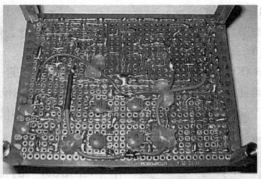

图 5.38　点阵板制作的直流稳压电源

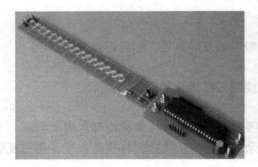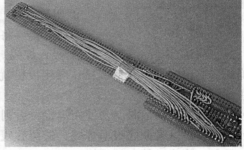

图 5.39　单片机控制的 LED 灯柱

5.5　拆焊工艺

拆焊又称解焊，它是指把元器件从原来已经焊接的安装位置拆卸下来。当焊接出现错误、损坏或进行调试维修电子产品时，就要进行拆焊。拆焊是一个非常麻烦的事情，拆焊过程中的过度加热和弯折极易造成元件损坏、焊盘脱落。所以要尽可能避免焊前元件插装出错。

拆焊一般遵循如下工艺步骤。

（1）去除电路板上的任何表面涂覆物。

（2）将电烙铁头蘸锡：有利于热传导；增加电烙铁头与焊点之表面张力。

（3）涂覆助焊剂：去除焊点表面的氧化层，液态助焊剂可提高热传导。

（4）拆除芯片。

（5）清洁焊盘和电路板上残留的焊锡膏及助焊剂。

5.5.1 拆焊工具及使用

在拆卸过程中，主要使用的工具有：电烙铁、吸锡枪、镊子、铜编织线、医用空心针管、专用拆焊电烙铁等。

1. 吸锡枪

本节以白光公司的 HAKO – 484 型吸锡枪为例介绍吸锡枪的结构及使用和保养。

（1）吸锡枪的结构

HAKO – 484 型吸锡枪属于高级吸锡器具的一种，所以必须对吸锡枪的结构有所了解才能正确使用。吸锡枪主要由吸锡控制器、吸锡枪泵、吸锡枪架等组成，如图 5.40 所示。

图 5.40 吸锡枪

（2）吸锡枪的使用

① 连接吸锡枪。

将电源装置插入标有"IRON"的插座中→将软管连接到标有"VACUUM"的真空出口处→检查以上两步连接好，确认无误后，打开电源，确保电源指示灯亮→打开电源 10 分钟后，才能开始除锡工作。

② 吸锡。

熔化焊锡→将吸嘴触及焊点处，然后熔化焊锡。

③ 吸入焊锡。

确认焊锡已完全熔化后，挤压吸锡扳机就能吸入已熔化的焊锡。

注意如下几点。

- 吸锡枪发热不足时，勿使用焊枪，否则吸嘴或发热钢管可能被冷却焊锡所阻塞。
- 如果吸锡枪未彻底吸净焊锡，遗留有残余的焊锡时应先把元件重新焊接，再重复吸锡程序，清除元件上的焊锡。
- 软管切勿受到破坏，如汤伤、刮伤等。

（3）吸锡枪的保养

① 初次使用吸锡枪时，新吸嘴有镀屑，发热后挤压吸锡枪扳机，吸入过滤钢管。

② 每使用吸嘴 150 ~ 200 次吸锡后，必须用清理扳手或清洁针来清理吸嘴。

③ 每使用发热钢管 800 ~ 1000 次吸锡后，必须用清洁针来清理发热钢管。

④ 每次按开电源开关前，先清理吸嘴与发热钢管，不用时松开吸嘴，以免吸嘴与发热钢管受阻塞或"冷却"。

⑤ 经常对吸嘴与发热钢管的衔接处涂上润滑油，以免"坏死"。

2. 医用空心针管

将医用针管头锉平，在拆焊时使用的医用针管能恰好套住元件引脚，如图 5.41 所示是用医用针管拆卸的示意图，先用电烙铁把焊点熔化，将针头插入印制电路板上的焊点内，使元件的引脚和印制电路板的焊盘脱离。

3. 铜编织线及气囊吸焊器

把在熔化的松香中浸过的铜编织线放在要拆的焊点上，然后将电烙铁头放在铜编织线的上方，待焊点上的焊锡熔化后即可把铜编织线提起，重复几次即可把焊锡吸完。

气囊吸焊器如图5.42所示，它可把熔化的焊锡吸走，使用时只要把吸嘴对准焊点即可。

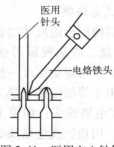
图5.41　医用空心针管

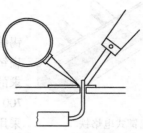
图5.42　气囊吸焊器

4. 专用拆焊电烙铁

这种专用电烙铁用来拆卸集成电路、中频变压器等多引脚元件，不易损坏元件及电路板。当然也可以用吸焊电烙铁来拆焊。

（1）镊型电烙铁

镊型电烙铁如图5.43所示，其灵活性好，用一对镊型电烙铁头就可拆除多种元器件；Metcal技术的镊型烙铁工作效率极高；与其他焊接工具相比较，无须操作人员有很高的操作技巧。0808和1206最好使用镊型烙铁，因为很难用开槽式电烙铁头进行快速返修。

（2）开槽式电烙铁

开槽式电烙铁适用于超小尺寸的元器件，如MELFs、Chips等，如图5.44所示。超小尺寸的元器件如SOT23吸热小，因此选用500系列电烙铁头；三个外引线引脚的元器件仍采用开槽电烙铁头。

（3）隧道式电烙铁

隧道式电烙铁适用于SMT引脚排列在两边的元器件，如图5.45所示。

图5.43　镊型电烙铁

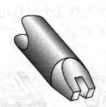
图5.44　开槽式电烙铁

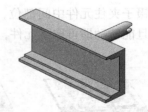
图5.45　隧道式电烙铁

SOJ24封装J形引脚、SOL20封装标准海鸥翅形引脚、TSOP32封装超密脚间距海鸥翅形引脚等均采用隧道式电烙铁。

（4）方形电烙铁

方形电烙铁如图5.46所示。采用单台MX单手柄操作适合QFP100和PLCC44封装的元器件。采用

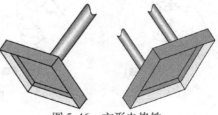
图5.46　方形电烙铁

两台 MX 双手柄操作适合 QFP208 大尺寸封装的元器件。

QFP84 封装中密度脚间距海鸥翅形引脚排列、QFP52 封装大脚间距、PLCC44 封装大脚间距 J 形引脚排列、QFP10 封装中密度脚间距海鸥翅形引脚排列、PLCC68 封装大脚间距 J 形引脚排列的元器件采用方形电烙铁。

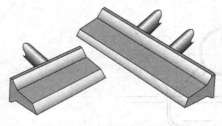

图 5.47　扁铲式电烙铁

（5）扁铲式电烙铁

芯片拆除后使用合适尺寸的扁铲式电烙铁头和焊锡编带清洁焊盘，清除残留焊锡，如图 5.47 所示。扁铲式电烙铁头要与焊盘宽度一致；选用符合工艺要求的助焊剂；由于焊锡编带吸热大，一般选用 600 或 700 系列扁铲式电烙铁头；如果工艺要求允许，可不采用焊锡编带。用扁铲式电烙铁头平整焊盘。

5.5.2　拆焊方法

1. 通过热熔接触移除元件

（1）两脚元件拆焊

① 两脚器件移除方法 1——快速手动。

- 加热元件的一边直到焊锡熔化。
- 快速加热另一边，在第一边冷却之前融化焊锡。
- 用电烙铁拔除元件。

② 两脚元件移除方法 2——去锡丝。

- 在元件两边用去锡丝去除焊锡。
- 用镊子扭动元件，破坏下面的连接。

③ 两脚元件移除方法 3——热镊子。

用热镊子同时加热元件的两个引脚，直到移除元件。

④ 两脚元件移除方法 4——轮流加热法。

用镊子夹住元件中间部位，用电烙铁头对几个元件电极轮流加热，同时稍用力转动镊子，一旦能转动即可取下元件，如图 5.48 所示。

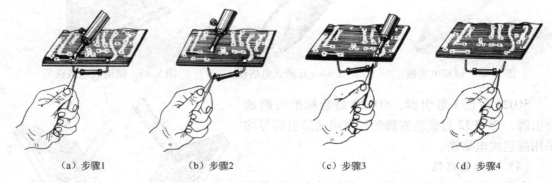

(a) 步骤1　　　　　(b) 步骤2　　　　　(c) 步骤3　　　　　(d) 步骤4

图 5.48　轮流加热法

（2）IC 拆焊

① IC 元件移除最简便的方法 1——细线。

● 剥下一段细细的 28～30AWG 线（线—套）。

● 用去锡丝尽可能多地去除 IC 引脚上的焊锡。

● 将细线送到引脚之下，定位到附近的过孔或焊盘。

● 沿着每个焊盘加热，慢慢将线拉出，剩余的焊锡会被熔化，线将在焊盘上滑动并微弯，避免 IC 引脚和焊盘接触。

● 对所有的 IC 引脚边重复该过程，然后移除元件。

② IC 元件移除最简便的方法 2——专用工具。

用专用电烙铁的头部同时对各个电极加热，然后用镊子把元件取下。

（3）微型元件拆卸

先用铜编织线包住元件所有电极，如图 5.49 所示，接着用电烙铁对其中的一个电极加热，等锡熔化了，稍用力拖拉编织线即可把元件取下。

目前，随着多层印制电路板和微型元件的使用，使电路板集成度得到了很大的提高，但随之而来的是维修难度的增大，特别是在维修过程中，如果把多层印制电路板内层的电路弄断了，也就意味着这块电路板无法再修复了。因此，维修时，更换这些电子元件需要格外小心，对于这类元件的拆卸方法与传统元件的拆卸会有些不一样。对于高密度电路板，在电路板上贴焊这些微型元件使得拆焊变得比较困难，一般都只能采用小功率的电烙铁，且电烙铁头一般用尖头。

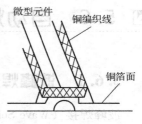

图 5.49　微型元件拆卸
（等电位铜编织线）

2. 通过热风移除元件

热风在移除元件是非常好用，尤其是多引脚元件。

① 将热风枪设置较低温度，在元件周围预热。

② 逐步增加温度，移近元件。

③ 在芯片下插入镊子等，在焊锡开始熔化时，可以看见芯片在移动。

④ 慢慢绕着芯片移动，直到看见焊锡软化，然后增加速度，这样有助于保证全部焊锡熔化。

⑤ 利用镊子等工具移走芯片。

5.5.3　拆焊操作要点

1. 拆焊的原则

拆焊的步骤一般是与焊接的步骤相反的，拆焊前一定要弄清楚焊接点的特点，不要轻易动手。拆焊时要注意如下几点。

① 不损坏拆除的元器件、导线、原焊接部位的结构。

② 拆焊时不可损坏印制电路板上的焊盘与印制导线。

③ 对已判断为损坏的元器件，可先行将引线剪断，再行拆除，这样可减少其他损伤的可能性。

④ 在拆焊过程中，应尽量避免拆动其他元器件或变动其他元器件的位置，若确实需要，

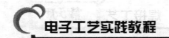

要做好复原工作。

2. 拆焊的操作要点

① 严格控制加热的温度和时间。因拆焊的加热时间和温度较焊接时长、高，所以要严格控制温度和加热时间，以免将元器件烫坏或使焊盘翘起、断裂。宜采用间隔加热法来进行拆焊。

② 拆焊时不要用力过猛。在高温状态下，元器件封装的强度都会下降，尤其是塑封器件、陶瓷器件、玻璃端子等，用力拉、摇、扭都会损坏元器件和焊盘。

③ 吸去拆焊点上的焊料。拆焊前，用吸锡工具吸去焊料，有时可以直接将元器件拔下。即使还有少量锡连接，也可以减少拆焊的时间，减少元器件及印制电路板损坏的可能性。

如果在没有吸锡工具的情况下，则可以将印制电路板或能移动的部件倒过来，用电烙铁加热拆焊点，利用重力原理，让焊锡自动流向烙铁头，也能达到部分去锡的目的。

④ 拆焊时，不允许用手拿这些元器件，以避免电极氧化或发生烫伤事故。

■ 5.6 自动焊接技术

5.6.1 波峰焊

波峰焊接（Wave Soldering）是指将插装好元器件的印制电路板与融化焊料的波峰接触，一次完成印制电路板上所有焊点的焊接过程，如图 5.50 所示。

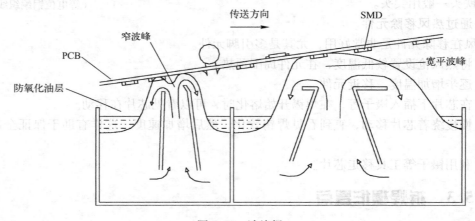

图 5.50 波峰焊

波峰焊接的工艺流程包括：焊前准备、元器件插装、喷涂焊剂、预热、波峰焊接、冷却及清洗等过程。

波峰焊工艺的优点如下。

① 省工省料，提高生产效率，降低成本：在电子产品生产中，应用波峰焊接工艺后，可以大幅度提高生产效率（50 倍以上），节约大批人力和焊料。使得产品的生产成本大幅度降低。

② 提高焊点的质量和可靠性：应用波峰焊接工艺后的另一个最突出的优势是，消除了人为因素对产品质量的干扰和影响。

③ 改善操作环境和操作者的身心健康：使用活性松香钎料丝手工焊操作时产生的烟，其中大部分是助焊剂受热分解产生的气体或挥发物，这些烟中含有对人体有害的成分。

④ 产品质量标准化：由于采用了机械化和自动化生产，就可以排除手工操作的不一致性和人为因素的影响，确保了产品的安装质量的整齐划一和工艺的规范化、标准化，从而达到使产品质量稳定不变。

⑤ 可以完成手工操作无法完成的工作：随着电子装备的轻、薄、短、小型化的发展趋势，其安装密度大幅度提高。面对精密微型化的安装结构，单靠人的技能已无法胜任。

一次波峰焊系统的基本组成包括夹送系统、夹具、助焊剂涂覆系统、预热系统、钎料波峰发生器、冷却系统、电气控制系统等。

5.6.2 浸焊

浸焊是指将插装好元器件的印制电路板浸入有熔融状焊料的锡锅内，一次完成印制电路板上所有焊点的自动焊接过程，如图5.51所示。

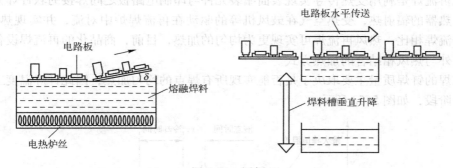

图 5.51 浸焊

浸焊的工艺流程包括：插装元器件、喷涂焊剂、浸焊、冷却剪脚、检查修补。

浸焊的特点：生产效率较高，操作简单，适应批量生产，可消除漏焊现象。但浸焊的焊接质量不高，需要补焊修正；焊槽温度掌握不当时，会导致印制电路板起翘、变形，元器件损坏；多次浸焊后，会造成虚焊、桥接、拉尖等焊接缺陷。

5.6.3 再流焊

再流焊又称回流焊，是将焊料加工成一定颗粒，并拌以适当的液态黏合剂，使之成为具有一定流动性的糊状焊膏，用它把将贴片元器件粘在印制电路板上，然后通过加热使焊膏中的焊料熔化而再次流动，达到将元器件焊接到印制电路板上的目的。再流焊是适用于精密引线间距的表面贴装元件的有效方法。

再流焊和波峰焊的根本区别在热源和钎料。再流焊使用的连接材料是钎料膏，通过印刷或滴注等方法将钎料膏涂敷在印制电路板的焊盘上，再由专用设备——贴片机在上面放置表面装贴元件，然后加热使钎料熔化，即再次流动，从而实现连接，这也是再流焊名称的来由。

根据热源不同，再流焊主要可分为红外再流焊、热风再流焊、气相再流焊和激光再流焊。

红外再流焊是指利用红外线辐射能加热实现表面贴装元件与印制电路板之间连接的软钎焊方法，如图 5.52 所示。

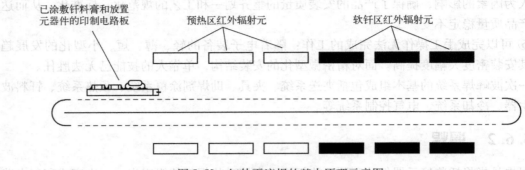

图 5.52　红外再流焊的基本原理示意图

热风再流焊是利用受热传导实现表面贴装元件与印制电路板之间焊接的软钎焊方法。其热源为加热器的辐射热，受热空气在鼓风机等的驱动在再流焊炉中对流，并实现热量传递。与红外再流焊相比，热风再流焊可实现更为均匀的加热，目前，商品化的再流焊设备实际上多采用红外与热风相结合的加热方式。

再流焊的钎焊质量主要取决于是否能实现所有焊点的均匀加热，因此钎焊温度工艺参数分为四个阶段，如图 5.53 所示。

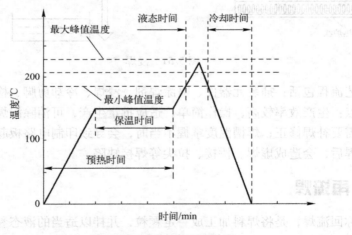

图 5.53　再流焊的四个阶段

1. 预热升温阶段

铅料膏中的溶剂在此阶段得到挥发。如果预热阶段升温过快，将导致两个主要问题：一是溶剂挥发过快带动铅料合金粉末飞溅到印制电路板上，形成铅料球缺陷；二是铅料膏黏度变化过快导致铅料膏坍塌，形成桥连缺陷，典型的预热升温速率为 1 ~ 2℃/s，最大不超过 4℃/s。

2. 预热保温区

在此阶段温度缓慢上升，主要目的是激活钎料和促使印制电路板上的温度均匀分布。绝大多数软钎剂的活性温度为145℃，因此这一阶段的温度一般为150℃，最大不超过180℃。

就保温时间而言，如果太短，将导致冷焊和立碑现象等缺陷，如果太长，钎料的助焊性能在再流焊之前就浪费了。典型的预热保温时间为1~3min。

3. 再流阶段

此阶段温度高于钎料合金熔点。钎料熔化并与待结合面金属发生溶解——扩散反应，而形成焊点。就温度再流而言，为避免焊点界面处的金属间化合物层过厚，理想的铅焊温度为超过铅料合金熔点30~40℃。

4. 冷却阶段

焊点凝固最终实现固态连接，冷却速度对最终的焊点强度有重要影响。从焊点的强度来讲，冷却速度越快，其金属学组织越细小，焊点强度越高，但冷却速度要考虑元器件自身对温度的冲击的承受能力，一般而言，冷却速率应控制在3~4℃/s。

第**6**章
装配工艺

整机装配工艺过程即为整机的装接工序安排，就是以设计文件为依据，按照工艺文件的工艺规程和具体要求，把各种电子元器件、机电元件及结构件装配在印制电路板、机壳、面板等指定位置上，构成具有一定功能的完整的电子产品的过程。

6.1 装配工艺流程

电子产品装配的目的，是以较合理的结构安排、最简化的工艺，实现整机的技术指标，快速有效地制造稳定可靠的产品。

6.1.1 电子产品装配的分级

按组装级别来分，整机装配按元件级、插件级、系统级顺序进行。

（1）元件级组装是指电路元器件、集成电路的组装，是组装中的最低级别，其特点是结构不可分割。

（2）插件级组装是指组装和互连装有元器件的印制电路板或插件板等。

（3）系统级组装是将插件级组装件，通过连接器、电线电缆等组装成具有一定功能的完整的电子仪器、设备和系统。

6.1.2 装配工艺流程

电子产品装配工作主要是指钳装、电气安装和装配后质量检验。生产实践证明，良好的电接触是保证电子产品质量和可靠性的重要因素，电子产品发生故障与电气安装的质量有密切关系。例如，焊接时若出现假焊、虚焊、错焊和漏焊，将会造成接线松脱、接点短路或开路；高频装置中如果接线过长、布线不合理，将会造成高频电路工作不稳定或不正常。因此，要使装配出来的产品达到预期的设计目的，务必十分注重装配质量，生产操作人员必须认真做好每一道细小的生产环节。

电子产品装配的工艺流程因设备的种类、规模不同，其构成也有所不同，但基本工序大致可分为装配准备、装联、调试、检验、包装、入库或出厂等几个阶段，如图 6.1 所示。

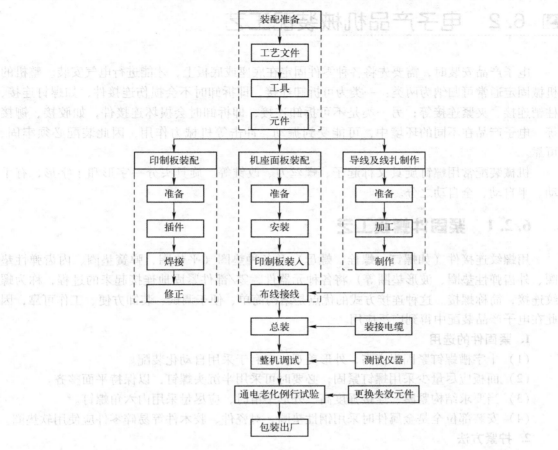

图6.1 电子产品装配工艺流程

(1) 装配前的技术准备和生产准备

① 技术准备工作

技术准备工作主要是指阅读、了解产品的图纸资料和工艺文件，熟悉部件、整机的设计图纸、技术条件及工艺要求等。

② 生产准备工作

● 工具、夹具和量具的准备。

● 根据工艺文件中的明细表，备好全部材料、零部件和各种辅助用料。

(2) 装配操作的基本要求

① 零件和部件应清洗干净，妥善保管待用。

② 备用的元器件、导线、电缆及其他加工件，应满足装配时的要求。例如，元器件引出线校直、弯脚等。

③ 采用螺钉连接、铆接等机械装配的工作应按质按量完成好，防止松动。

④ 采用锡焊方法安装电气时，应将已备好的元器件、引线及其他部件焊接在安装底板所规定的位置上，然后清除一切多余的杂物和污物，送交下道工序。

6.2 电子产品机械装配工艺

电子产品安装时，需要先将各种零件固定在底座或底板上，才能进行电气安装。整机的机械固定通常可归纳为两类：一类为可拆卸连接，即拆卸时不会损伤连接件，如螺钉连接、柱销连接、夹紧连接等；另一类是不可拆卸连接，即拆卸时会损坏连接件，如胶接、铆接等。电子产品在不同的环境中，可能受到振动、冲击等机械力作用，因此装配必须牢固、可靠。

机械装配常用螺钉旋具又称起子、螺丝刀、改锥等。旋具头分一字形和十字形，有手动、半自动、全自动之分。

6.2.1 紧固件螺接工艺

用螺纹连接件（如螺钉、螺栓、螺母）及各种垫圈（平垫圈、弹簧垫圈、内齿弹性垫圈、外齿弹性垫圈、波形垫圈等）将各种元器件、零/部件紧固地连接起来的过程，称为螺纹连接，简称螺接。这种连接方式的优点是结构简单、便于调试、装卸方便、工作可靠，因此在电子产品装配中得到广泛应用。

1. 紧固件的选用

（1）十字槽螺钉紧固强度高，外形美观，有利于采用自动化装配。

（2）面板应尽量少采用螺钉紧固，必要时可采用半沉头螺钉，以保持平面整齐。

（3）当要求结构紧凑、连接强度高、外形平滑时，应尽量采用内六角螺钉。

（4）安装部位全是金属件时采用钢性垫圈。对瓷件、胶木件等易碎零件应使用软垫圈。

2. 拧紧方法

紧固成组螺钉时，必须按照一定的顺序，交叉、对称地逐个拧紧。拧紧长方形工件的螺钉时，必须从中央开始逐渐向两边对称扩展。拧紧方形工件和圆形工件的螺钉时，应按对角顺序进行。无论装配哪一种螺钉，都应先按顺序装上螺钉，然后分步逐渐拧紧，以免发生结构件变形和接触不良的现象。若把某一个螺钉拧得很紧，就容易造成被紧固件倾斜或扭曲；再拧紧其他螺钉时，会使强度不高的零件（如塑料、陶瓷和胶木件等）碎裂。

3. 螺纹连接时应注意的事项

螺钉拧紧的程度和顺序对装配精度和产品寿命有很大关系，切不可忽视。

（1）要根据不同情况合理使用螺母、平垫圈和弹簧垫圈。弹簧垫应装在螺母与平垫圈之间。

（2）装配时，螺钉旋具的规格要选择适当。操作时应始终保持垂直于安装孔的表面，避免摇摆。

（3）拧紧或拧松螺钉、螺帽或螺栓时，应尽量用扳手或套筒使螺母旋转，不要用尖嘴钳松紧螺母。

（4）最后用力拧紧螺钉时，切勿用力过猛，以防止滑帽。

（5）安装时应按工艺顺序进行，并符合图纸的规定。当安装部位全是金属件时，应使用平垫圈，其目的是保护安装表面不被螺钉或螺母擦伤，增加螺母的接触面积，减小连接件表面的压强。

4. 螺纹连接的防松

螺纹连接一般都具有自锁性，在受静载荷和工作温度变化不大时，不会自行松脱。但当受到振动、冲击和变载荷作用时，或者在工作温度变化很大时，螺纹间的摩擦力就会出现瞬时减小的现象，多次重复，就会使连接逐渐松脱。为了防止紧固件松动和脱落，可采用如下几种措施。

（1）双螺母防松动

双螺母防松动是利用两个螺母互锁起到止动作用的，一般在机箱接线板上用得较多，如图6.2（a）所示。

（2）弹簧（橡皮）垫圈防松动

弹簧垫圈防松动是利用弹簧（橡皮）垫圈的弹性变形，使螺纹间轴向张紧而起到防松动作用，如图6.2（b）、图6.2（c）所示。其特点是结构简单、使用方便，常用于紧固部位为金属的元器件。

（3）蘸漆防松动

蘸漆防松动是在安装紧固螺钉时，先将螺纹连接处蘸上硝基磁漆再拧紧螺纹，通过漆的黏合作用，增加螺纹间的摩擦阻力，防止螺纹松动。

（4）点漆防松动

点漆防松动是靠露出的螺钉尾上点紧固漆来止动的。涂漆处不少于螺钉半周及两个螺纹高度。这种方法常用于电子产品的一般安装件上。

（5）开口销防松动

开口销防松动所用的螺母是带槽螺母，在螺杆末端钻有小孔，螺母拧紧后槽应与小孔相对，然后在小孔中穿入开口销，并将其尾部分开，使螺母不能转动，如图6.2（d）所示。这种方法多用于有特殊要求元器件的大螺母上。

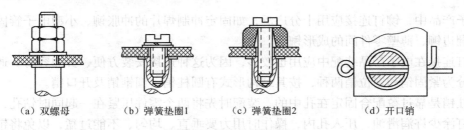

（a）双螺母　　　　（b）弹簧垫圈1　　　　（c）弹簧垫圈2　　　　（d）开口销

图6.2　螺纹连接的防松

5. 常用元器件的安装

（1）胶木件和塑料件的安装

胶木件脆且易碎，安装时应在接触位置上加软垫（如橡皮垫、软木垫、铝垫、石棉垫等），以便其承受压力均匀。切不可使用弹簧垫圈。塑料件一般较软、易变形，可采用大外径钢垫圈，以减小单位面积的压力。

（2）大功率晶体管散热片的安装

大功率晶体管都应安装散热片。散热片有些出厂时就装好了，有些则要在装配时将散热片装在管子上，如图6.3所示。安装时，散热片与晶体管应接触良好，表面要清洁。如果在两者之间加云母片，并在云母片两面涂些硅脂，使接触面密合，可提高散热效率。

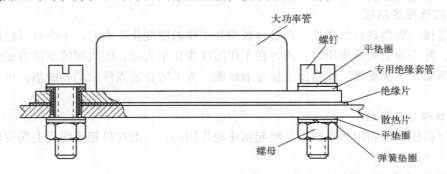

图6.3　大功率晶体管散热片的安装

（3）屏蔽件的安装

电子产品中有些器件需要加屏蔽罩，有些单元电路需用屏蔽盒，有些部件需要加隔离板，有些导线要采用金属屏蔽线。采用这些屏蔽措施是为了防止电磁能量的传播或将电磁能量限制在一定的空间范围之内。在用铆接与螺钉装配的方式安装屏蔽件时，安装位置一定要清洁，可用酒精或汽油洗净，漆层要刮净。如果其接触不良，产生缝隙分布电容，就起不到良好的屏蔽效果。

6.2.2　铆装和销钉连接

用各种铆钉将零件、部件连接在一起的过程称为铆接。铆接属于不可拆卸的安装。电子产品装配用的铆钉是铜或铝制作的，其类型有半圆头铆钉、平锥头铆钉、沉头铆钉和空心铆钉等。铆件成型后不应有歪、偏、裂、不光滑、圆弧度不够等现象，更不允许出现铆件松动的情况。

电子产品中，铆钉连接应用十分广泛，如固定冲制焊片的冲胀铆、小型电子管固定夹与壁板的翻边铆、薄壁零件间的成形铆等。

销钉连接在电子产品装配中应用也较多，因为这种连接安装方便、拆卸容易。通常，按其作用分为紧固销和定位销两种，按其结构形式有圆柱销、圆锥销及开口销。

圆柱销是靠过盈配合固定在孔中的。装配时先将两个零件压紧在一起同时钻孔，再将合适的销钉涂少许润滑油，压入孔内，操作时用力要垂直、均匀、不能过猛，以免将销钉头镦粗或变形。

圆锥销通常采用1/40的锥度将两个零件、部件连接为一个整体。如果能用手将圆锥销塞进孔深的80%～85%，则说明配合正常，剩下长度用力压入，即完成了锥销连接。

6.2.3　胶接工艺

用胶黏剂将各种材料黏接在一起的安装方法称为胶接。在电子设备整机装配中常用来对轻型元器件或不便于焊接和铆接的元器件或材料进行连接、固定。

胶接与铆接、焊接及螺接相比，具有如下优点。

（1）应用范围广。任何金属、非金属几乎都可以用胶黏剂来连接，也可以连接很薄的材料或两者厚度相差很大的材料。

（2）胶接变形小。它克服了铆接时受冲击力和焊接时受高温的作用，使工件易产生变形的缺点，常用于金属薄板、轻型元器件和复杂零件的连接。

（3）胶接处应力分布均匀，避免了其他连接存在的应力集中现象，因此具有较高的抗剪、抗拉强度。

（4）具有良好的密封、绝缘、耐腐蚀的特性。根据需要，还能得到具有特殊性能（如导电等）的连接。

（5）用胶黏剂对设备和零件、部件进行修复，工艺简便，成本低。

尽管胶接方法有这样多的优点，但也有不足之处，如有机胶黏剂易老化、耐热性差（不超过300℃）；无机胶黏剂虽耐热，但性能脆；胶接接头抗剥离和抗冲击能力差等。

胶接是通过胶黏剂作为中间媒介层来连接的。选择胶黏剂的总原则是要求成本低、效果好、整个工艺过程简单，应根据被胶接件地形状、结构和表面状态，考虑各种被胶接零件承受的负荷和形式，选择胶黏剂的胶接强度，使其能承受全面的例行试验的考核。

胶接接头应能扩大黏接面积和得到合理的负载方式，以便充分发挥胶黏剂的特点。例如，胶黏剂的剪切强度和抗拉强度较高，而不均匀扯离强度、冲击强度和剥离强度较低，因此，在设计接头时要尽量使其承受剪切力和拉伸应力，避免承受不均匀扯离、冲击和剥离应力。

被胶接件的表面状态影响对表面的浸润能力，从而直接影响黏接强度，因此必须对被黏接表面进行预处理。可以用化学方法或机械方法去除被黏接表面的油污等脏物、氧化层和水分，或者使其表面比较粗糙。处理后的表面应防止油污，尽量在短时间内进行黏接，否则必须重新处理。

胶接工艺随胶黏剂的种类、性能和要求的不同而不同，一般有以下几道工序：黏接面加工→黏接面清洁处理→涂数胶黏剂→叠合→固化。

胶接时应注意下列事项：胶接环境的温度应为15～30℃；相对湿度不大于70%；必须进行严格的表面处理，胶黏剂的涂数层应当厚度均匀，固化温度要均匀，保温时间要准确。

6.2.4　压接工艺

压接是一种用机械手段实现电路连接的方法。压接是指使用压接工具，对金属表面施加一定的压力，使接合部分产生恰当的塑性变形，而形成可靠的电气连接。压接分冷压接与热压接两种，目前以冷压接使用最多，即在常温下借助较大的挤压力和金属间的位移，使连接器触脚或接线端子与导线间实现机械和电气连接。在各种连接方式中，压接使用的压力最高，产生的温度最低。压接过程如图6.4所示。

压接工具按其动力分类，有手动式压按钳、油压式压接机、气动压按钳。压接时，首先应根据导线的截面积和截面形状，正确选择压接模和工具，是保证压接质量的关键。

压接的主要特点如下。

（1）操作简便。将导线端头放入压接接触引脚或端头焊片，用压接钳或其他工具用力加紧即可。

（2）适宜在任何场合进行操作。

（3）生产效率高、成本低、无污染。压接与锡焊相比，省去了浸锡、清洗等工序，既提高了生产效率，又节省了材料，降低了成本，且无有害气体和助焊剂残留物的污染。

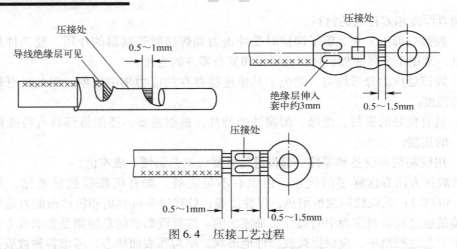

图 6.4　压接工艺过程

（4）维护简便。压接点损坏后，只要剪断导线重新脱头后再压接即可。

压接缺点是接触电阻比较高，手工压接时，难以保证压接力一致，因此造成质量不够稳定。此外，很多接点不能采用压接方法。

压接的质量要求如下。

（1）压接端子材料应具有较大的塑性，在低温下塑性较大的金属均适合压接，压接端子的机械强度必须大于导线的机械强度。

（2）压接接头压痕必须清晰可见，并且位于端子的轴心线上（或与轴心线完全对称），导线伸入端头的尺寸应符合要求。

（3）压接接头的最小拉力值应符合规定值。

6.2.5　绕接工艺

绕接是一种采用机械的手段实现电路连接的方法，使用绕接工具对裸导线施加一定的拉力，并按规定的圈数紧密地绕在带有棱边的接线柱上。绕接绝对不是简单地将裸导线绕在接线柱上，获得良好的绕接点的要求是在绕接过程中必须产生两种效应：导线在拉力的作用下，与接线柱棱边紧密接触处温度升高，使接触点表面产生两种金属间的扩散；由于拉力，导线与接线柱接触处形成刻痕，产生塑性变形及表面原子层的强力结合而形成气密区。

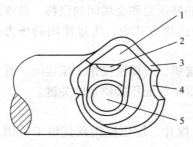

1—绕头（能旋转的）；2—入线槽；
3—绕套（固定的）；4—固定导线的槽口；
5—插入接线柱的孔
图 6.5　绕接工具头

绕接的主要优点如下。

（1）绕接时不需要使用任何辅助材料，不需要加温，因此不会产生有害气体，无污染、节约原材料、降低成本。

（2）绕接点可靠性高、有很强的抗腐蚀能力，接触电阻比锡焊小，绕接电阻只有 $1m\Omega$ 左右，而锡焊接点的接触电阻有 $10m\Omega$ 左右，而且抗振能力比锡焊大 40 倍。

绕接必须使用专用的绕接工具，按动力可分为电动、气动、手动三类。绕接工具的关键部件是一个能旋转的绕接工具头，如图 6.5 所示。

绕头在静止的绕套内旋转，把导线绕在接线柱上，绕头内有一个孔，用来套入接线柱。绕头上有一条入线槽，目的是要把绕在接线柱上的那一部分导线插入绕头槽内，而导线的另一部分保持不动。导线从槽口经过一个光滑的半径被拉引而产生控制的张力。绕接过程示意如图6.6所示。

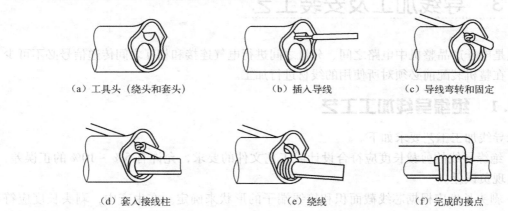

（a）工具头（绕头和套头）　　　　　（b）插入导线　　　　　（c）导线弯转和固定

（d）套入接线柱　　　　　（e）绕线　　　　　（f）完成的接点

图6.6　绕接工艺过程

绕接点的质量要求如下。

（1）最少绕接圈数：4~8圈（不同线径，不同材料有不同的规定）。

（2）绕接间隙：相邻两圈间隙不得大于导线直径的一半，所有间隙的总和不得大于导线的直径（第一圈和最后一圈除外）。

（3）绕接点数量：一个接线柱上以不超过三个绕接点为宜。

（4）绕接头外观：不得有明显的损伤和撕裂。

（5）强度要求：绕接点应能承受规定检测手段的负荷。

6.2.6　接插件连接工艺

在现代电子产品生产中，为便于组装、维修及更换，通常采用分立单元或分机结构。在单元与单元、分机与分机和分机与机框之间，多采用各类接插件进行电气连接。这种连接形式利用了插拔式结构，具有结构简单、机箱紧凑、检修方便、有利于大量生产等特点。

对接插件连接的要求：接触可靠；导电性能良好；具有足够大的机械强度；绝缘性能良好。

提高接插件连接性能的工艺措施如下。

（1）为了获得良好的连接，应根据使用电压和频率的高低以及使用要求等，选择合适的接插件。例如，高频部分要选用高频插头座，并要考虑采用良好的屏蔽。在机械力的作用下，容易使接插件接触不良或完全不能接触，如显像管引脚跳出，印制板从插座中跳出或松脱等。因此，必须考虑接插件接触处的机械强度和插拔力，以满足使用要求。

（2）接插件安装要正确。通常接插件是由多个零件装配而成的，装配时不要把安装顺序和方向搞错。

（3）接点焊接要可靠，并防止接点间相碰而造成短路。

（4）接插件必须固定牢靠，防止松脱。

（5）要保持接插件的清洁，防止金属件氧化。

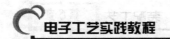
（6）插头与插座要配套。

6.3 导线加工及安装工艺

导线是电子产品整机中电路之间、分机之间进行电气连接和相互之间传递信号必不可少的线材。在整机装配前必须对所使用的线材进行加工。

6.3.1 绝缘导线加工工艺

绝缘导线加工工艺要求如下。

（1）绝缘导线的剪裁长度应符合设计或工艺文件的要求，允许有 5%～10% 的正误差，不允许出现负误差。

（2）剥头长度应根据芯线截面积和接线端子的形状来确定。在生产中，剥头长度应符合工艺文件（导线加工表）的要求。

（3）导线的绝缘层不允许损伤，否则会降低其绝缘性能。芯线应无锈蚀。绝缘层损坏或芯线有锈蚀的导线不能使用。

（4）剥头时不应损伤芯线。多股芯线应尽量避免断股。

（5）多股芯线剥头后应捻紧再浸锡。

（6）芯线浸锡层与绝缘层之间应留出 1～2mm 间隙，以便于检查芯线的伤痕和断股，并防止绝缘层因过热而收缩或损坏。

绝缘导线加工工序：剪裁→剥头→捻头（对多股线）→浸锡→清洁→印标记。现将主要加工工序分述如下。

1. 剪裁

绝缘导线在加工时，应先剪长导线，后剪短导线，这样可不浪费线材。手工剪切绝缘导线时要先拉直再剪，细裸铜导线可用人工拉直再剪。剪线要按工艺文件的导线加工表所规定的要求进行，长度要符合公差要求，而且不允许损坏绝缘层。若无特殊公差要求，则可按表 6.1 选择长度公差。

表 6.1　导线剪裁公差要求

长度（mm）	50	50～100	100～200	200～500	500～1000	1000 以上
公差（mm）	3	5	+5～+10	+10～+15	+15～+20	30

2. 剥头

将绝缘导线的两端去掉一段绝缘层而露出芯线的过程为剥头。

剥头长度应符合工艺文件（导线加工表）的要求。无特殊要求时，可按照表 6.2 选择剥头长度，如图 6.7 所示。

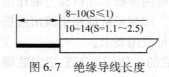

图 6.7　绝缘导线长度

表 6.2　导线剥头长度

芯线截面积	1 以下	1.1～2.5
剥头长度（mm）	8～10	10～14

常用的剥头方法有刃裁法和热裁法两种。刃裁法可用剪刀、电工刀或专用剥线钳，在大批量生产中多使用自动剥线机。其优点是操作简单易行，只要把导线端头放进钳口并对准剥头距离，握紧钳柄，然后松开，取出导线即可。应选择与芯线粗细相配的钳口，以防止出现损伤芯线或拉不断绝缘层的现象。刃裁法易损伤芯线，故对单股导线禁止使用。热裁法通常使用热控剥皮器。使用时将剥皮器预热一段时间，待电阻丝呈暗红色时便可进行裁切。为使切口平齐，应边加热边转动导线，等四周绝缘层均切断后用手边转动边向外拉，即可剥出端头。热裁法的优点是操作简单，不损伤芯线，但加热绝缘层时会放出有害气体，因此要求有通风装置。操作时应注意调节温控器的温度。温度过高易烧焦导线，温度过低则不易切断绝缘层。

3. 捻头

多股导线脱去绝缘层后，芯线易松散开，因此必须进行捻头处理，以防止浸锡后线端直径太粗。捻头时应按原来合股方向扭紧，捻线角一般为30°~45°，如图6.8所示。捻头时用力不宜过猛，以防捻断芯线。如果芯线上有油漆层，应将油漆层去掉后再捻头。大批量生产时，可使用捻头机进行捻头。

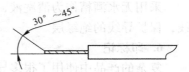

图6.8 多股芯线的捻线角度

4. 浸锡（又称搪锡）

经过剥头和捻头的导线应及时浸锡，以防止芯线散开及氧化，并可提高导线的可焊性，减少虚焊、假焊的故障现象。浸锡可采用锡锅浸锡或电烙铁手工浸锡的方法进行。锡锅浸锡时锡锅通电加热后，锅中的焊料熔化。将导线端头蘸上助焊剂，然后将导线垂直插入锅中，并使浸锡层与绝缘层之间留有1~2mm间隙，待浸润后取出即可。浸锡时间为1~3s。应随时清除残渣，以确保浸锡层均匀光亮。

导线端头和元器件引线的浸锡方法有电烙铁浸锡、浸锡槽浸锡和超声波浸锡，三种方法的浸锡温度和浸锡时间如表6.3所示。

表6.3 浸锡方法

内容 方式	温度（℃）	时间（s）
电烙铁浸锡	300±10	1
浸锡槽浸锡	≤290	1~2
超声波浸锡	240~260	1~2

电烙铁浸锡（参见5.2.3节）适用于少量元器件和导线焊接前的浸锡。浸锡前应先去除元器件引线和导线端头表面的氧化层，清洁电烙铁头的工作面，然后加热引线和导线端头，在接触处加入适量有焊剂芯的焊锡丝，电烙铁头带动融化的焊锡来回移动，完成浸锡。

浸锡槽浸锡如图6.9所示。浸锡前应刮除焊料表面的氧化层，将导线或引线蘸少量焊剂，垂直插入浸锡槽焊料中来回移动，浸锡后垂直取出。对温度敏感的元器件引线，应采取散热措施，以防元器件过热损坏。

超声波浸锡机发出的超声波在熔融的焊料中传播，在变幅杆端面产生强烈的空化作用，从而破坏引线表面的氧化层，净化引线表面。因此，事先可不必刮除表面氧化层，就能使引线被顺利地浸锡。把待浸锡的引线沿变幅杆的端面插入焊料槽焊料中，并在规定的时间内垂直取出即完成浸锡，如图6.10所示。

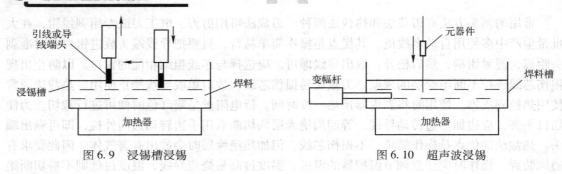

图 6.9　浸锡槽浸锡　　　　　　　图 6.10　超声波浸锡

5. 清洁

采用无水酒精作为清洗液，清洗残留在导线芯线端头的脏物，同时又能迅速冷却浸锡导线，保护导线的绝缘层。

6. 印标记

复杂的产品中使用了很多导线，单靠塑胶线的颜色已不能区分清楚，应在导线两端印上线号或色环标记，才能使安装、焊接、调试、修理、检查时方便快捷。印标记的方式有导线端印字标记、导线染色环标记和将印有标记的套管套在导线上等。

6.3.2　屏蔽导线加工工艺

为了防止因导线电场或磁场的干扰而影响电路正常工作，可在导线外加上金属屏蔽层，这样就构成了屏蔽导线。屏蔽导线或同轴电缆的外形结构相同，所以其加工方式也一致，包括不接地线端的加工、接地线端的加工和导线的端头绑扎处理等。现将主要加工方法和步骤分述如下。

（1）按设计要求截取一段屏蔽导线，导线长度只允许有 5% ~ 10% 的正误差，不允许有负误差。

（2）用热截法或刀截法去掉一段屏蔽导线的外绝缘层。

屏蔽导线的屏蔽层到绝缘层端头的距离应根据导线工作电压而定，一般可按表 6.4 选用。

表 6.4　屏蔽导线端头去屏蔽层长度

工作电压值（V）	去除长度 L（mm）	图　　例
600 以下	10 ~ 20	
600 ~ 3000	20 ~ 30	
3000 ~ 10000	30 ~ 50	

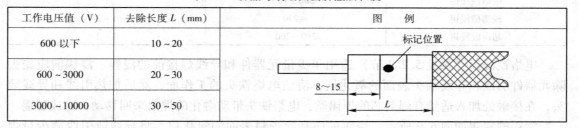

（3）从铜编织套中抽出芯线，操作时可用钻针或镊子在铜编织线上拨开一个小孔，弯曲屏蔽层，从孔中取出芯线。

（4）将铜编织线去掉一部分并拧紧、浸锡，同时去掉一段芯线绝缘层，并将芯线浸锡，也可以将铜编织线剪短并去掉一部分，然后焊上一段引出线，作为接地线。

（5）将编织线翻过来，并按要求截去芯线外绝缘层。

（6）套上热收缩套管并加热，使套管套牢，然后给芯线浸锡。

屏蔽导线加工如图 6.11 所示。

对较粗、较硬屏蔽导线铜编织层的加工，可事先剪去适当长度的屏蔽层，在屏蔽层下面缠黄腊绸布 2 ~ 3 层（或用适当直径的玻璃纤维套管）；再用直径为 0.5 ~ 0.8mm 的镀银铜裸线密绕在屏蔽层的端头，宽度为 2 ~ 6mm；然后用电烙铁将绕好的铜线焊在一起，再空绕一圈并留出一定的长度；最后套上收缩套管。注意焊接时间不宜过长，否则会将绝缘层烫坏。对较粗、较硬屏蔽导线接地端的加工，采用镀银金属导线缠绕引出接地端的方法，如图 6.12 所示。

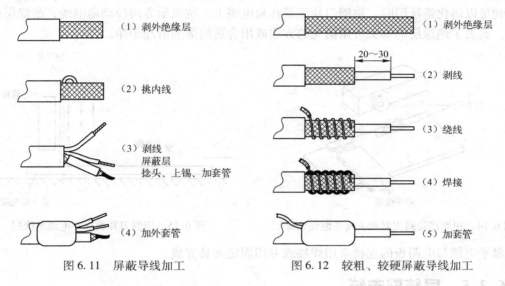

（1）剥外绝缘层	（1）剥外绝缘层
（2）挑内线	（2）剥线
（3）剥线 屏蔽层 捻头、上锡、加套管	（3）绕线
	（4）焊接
（4）加外套管	（5）加套管

图 6.11　屏蔽导线加工　　　图 6.12　较粗、较硬屏蔽导线加工

6.3.3　绝缘同轴射频电缆的加工

对绝缘同轴射频电缆进行加工时，应特别注意芯线与金属屏蔽层间的径向距离，如图 6.13 所示。

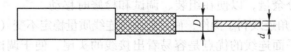

图 6.13　同轴射频电缆

如果芯线不在屏蔽层的中心位置，则会造成特性阻抗不准确，信号传输受损耗。焊接在射频电缆上的插头或插座要与射频电缆相匹配，如 50mΩ 的射频电缆应焊接在 50mΩ 的射频插头上。焊接处芯线应与插头同心。射频同轴电缆特性阻抗计算公式如下。

$$Z = \frac{138}{\sqrt{\varepsilon}} \lg \frac{D}{d} \qquad\qquad (6-1)$$

式中，Z 为特性阻抗（Ω）；D 为金属屏蔽层直径；d 为芯线直径；ε 为介质损耗。

6.3.4　扁平电缆的加工

扁平电缆又称带状电缆，是由许多根导线结合在一起，相互之间绝缘，整体对外绝缘的一种扁平带状多路导线的软电缆。这种电缆造价低、质量轻、韧性强、使用范围广，可用作插座间的连接线、印制电路板之间的连接线及各种信息传递的输入/输出柔性连接。

剥去扁电缆绝缘层需要专门的工具和技术。最普通的方法是使用摩擦轮剥皮器的剥离法，如图6.14所示，两个胶木轮向相反方向旋转，对电缆的绝缘层产生摩擦而熔化绝缘层，然后绝缘层熔化物被抛光刷刷掉。如果摩擦轮的间距正确，就能整齐、清洁地剥去需要剥离的绝缘层。

用刨刀片去除扁平电缆绝缘层的方法如图6.15所示。刨刀片可用电加热，当刨刀片被加热到足以熔化绝缘层时，将刨刀片压紧在扁电缆上，按图示方向拉动扁电缆，绝缘层即被刮去。剥去了绝缘层的端头可用抛光的方法或用合适的溶剂清理干净。

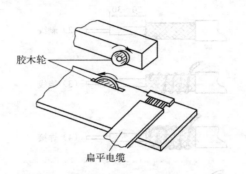

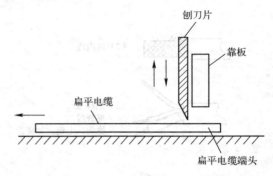

图6.14　用摩擦轮剥皮器剥去扁平电缆绝缘层　　　　图6.15　用刨刀片剥扁平电缆绝缘层

扁平电缆与电路板的连接常用焊接或专用固定夹具完成。

6.3.5　导线的走线

1. 走线原则

导线的走线遵循以下原则。

（1）以最短距离连线：以最短距离连线，是降低干扰的重要手段。但是，在连线时则需要松一些，要留有充分余量，以便在组装、调试和检修时移动。

（2）直角连线：直角连线利于操作，而且能保持连线质量稳定不变（尤其在扎成线束时）。

（3）平面连线：平面连线的优点是容易看出接线的头尾，便于调试、维修时查找。

（4）导线的根部不能受力，并且要顺着接线端子的方向走线。

这些原则有相互矛盾的地方，在坚持原则的情况下，可根据具体的情况灵活掌握。另外，对于走线来说，并不是光靠连线就可以解决的，必须把它同元器件的排列一起考虑。以最短距离连线，是解决交流声和噪声的重要手段，但在连线时则需要松一些，以免在拉动端子时导线的细弱处受力被扯断。此外，导线要留有充分的余量，以便在组装检验及维修时备用。

2. 应注意的问题

在实际走线过程中，还应注意下述几个问题。

（1）沿底板、框架和接地线走线，可以减小干扰、固定方便。

（2）高压走线要架空，分开捆扎和固定，高频或小信号走线也应分开捆扎和固定，减小相互间的干扰。电源线和信号线不要平行连接，否则交流噪声经导线间静电电容而进入信号电路。

（3）走线不要形成环路，环路中有磁通通过，就会产生感应电流。

（4）接地点都是同电位，应把它们集中起来，连接机壳。

（5）离开发热体走线，因为导线的绝缘外皮不能耐高温。

（6）不要在元器件上面走线，否则会妨碍元器件的调整和更换。

（7）线束要按一定距离用压线板或线夹固定在机架或底座上，要求在外界机械力作用下（冲击、振动）不会变形和位移。

6.3.6 导线的扎制

所谓导线的扎制，就是把导线捆扎起来，这样做一方面可以将连线整齐地归纳在一起，少占空间；另一方面也有利于稳定质量。

（1）扎线要领：导线的确认；不能将力量集中在一根线上；要求线端留有一定的长度，应从线端开始扎线；不能扎得太松。

（2）扎线用品：捆扎线、扎线带、线卡、套管等。

重点在于走线和外观应排列整齐，而且有棱有角；防止连线错误时，按各分支扎线；扎线的间距标准为50mm，可根据连线密度及分支数量改变。导线的扎制如图6.16所示。

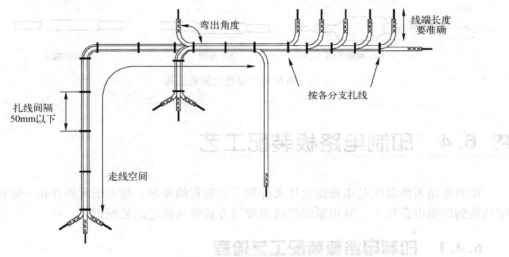

图6.16 导线的扎制

6.3.7 导线的安装

1. 导线同接线端子的连接

（1）绕焊：把经过上锡的导线端头在接线端子上缠上一圈，用钳子拉紧缠牢后进行焊接。如图6.17（a）、图6.17（b）所示。注意导线一定要紧贴端子，一般 $L = 1 \sim 3$ mm 为宜。该连接可靠性好。

（2）钩焊：把经过上锡的导线端头弯成钩形，钩在接线端子上并用钳子夹紧后施焊，如图6.17（c）所示。端头处理与绕焊相同，这种方法强度低于绕焊，但操作简便。

（3）搭焊：把经过上锡的导线端头搭在接线端子上施焊，如图6.17（d）所示，这种连接最方便，但强度可靠性最差，仅用于临时连接或不便于缠与钩的地方及某些接插件上。

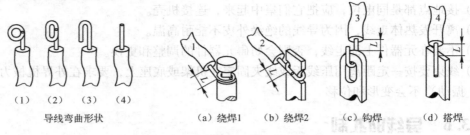

导线弯曲形状　　（a）绕焊1　（b）绕焊2　（c）钩焊　（d）搭焊

图 6.17　导线同接线端子的连接

2. 导线与导线的连接

导线之间的连接以绕为主，如图 6.18 所示。

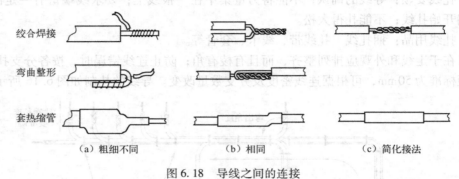

绞合焊接

弯曲整形

套热缩管

（a）粗细不同　　　　（b）相同　　　　（c）简化接法

图 6.18　导线之间的连接

◪ 6.4　印制电路板装配工艺

印制电路板的装配是指根据设计文件和工艺规程的要求，将电子元器件按一定的规律秩序插装到印制电路板上，并用紧固件或锡焊等方式将其固定的装配过程。

6.4.1　印制电路板装配工艺流程

1. 手工方式

在产品的样机试制阶段或小批量试生产时，印制板装配主要靠手工操作，即操作者把散装的元器件逐个装接到印制基板上。其操作顺序如下。

待装元件→引线整形→插件→调整位置→剪切引线→固定位置→焊接→检验

对于这种操作方式，每个操作者都要从头装到结束，效率低，而且容易出错。

对于设计稳定、大批量生产的产品，印制板装配工作量大，宜采用流水线装配。这种方式可大大提高生产效率，减少差错，提高产品合格率。

流水操作是把一次复杂的工作分成若干道简单的工序，每个操作者在规定的时间内完成指定的工作量（一般限定每人约 6 个元器件插件的工作量）。

每拍元器件（约 6 个）插入→全部元器件插入→一次性切割引线→一次性锡焊→检查

引线切割一般用专用设备——割头机一次切割完成，锡焊通常用波峰焊机完成。

2. 自动装配工艺流程

手工装配使用灵活方便，广泛应用于各道工序或各种场合，但速度慢、易出差错、效率低，不适应现代化生产的需要。尤其是对于设计稳定、产量大和装配工作量大且元器件又无须选配的产品，宜采用自动装配方式。

自动装配工艺流程如图 6.19 所示。经过处理的元器件装在专用的传输带上，间断地向前移动，保证每一次有一个元器件进到自动装配机的装插头的夹具里。

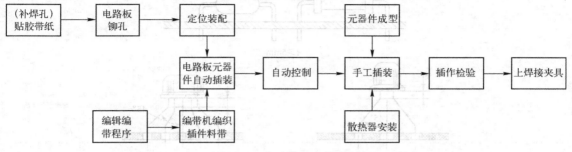

图 6.19　自动装配工艺流程

自动插装是在自动装配机上完成的，对元器件装配的一系列工艺措施都必须适合于自动装配的一些特殊要求，并不是所有的元器件都可以进行自动装配，最重要的是采用标准元器件和尺寸。

6.4.2　元器件在印制电路板上的安装方法

元器件的通孔插入方法有手工插件和机械自动插件两种，随着装联水平的提高，在大批量稳定生产的企业，普遍采用了机械自动插件的方式，但即使采用机械自动插件后，仍有一部分异形元器件（如集成电路、电位器、插座等）需要手工插件，尤其在小批量、多品种的产品装联中，采用机械自动插件会占用大量的转换和调机时间，因此，手工插件还是一种主要的元器件插装方法。

元器件进行安装时，一般有以下几种安装形式。

1. 贴板安装

贴板安装方式如图 6.20 所示，它适用于防振要求高的产品。元器件贴紧印制基板面，安装间隙小于1mm。当元器件为金属外壳，安装面又有印制导线时，应加垫绝缘衬垫或绝缘套管。

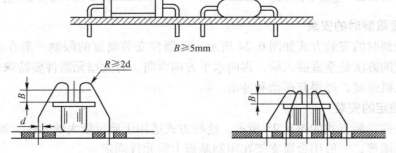

图 6.20　贴板安装方式

贴板安装的优点：元件排列整齐、牢固性好，元件的两端点距离较大，有利于排版布局，便于焊接与维修，也便于机械化装配，缺点是所占面积较大。

2. 悬空安装

悬空安装方式如图 6.21 所示，它适用于发热元件的安装。元器件距印制基板面要有一定的距离，安装距离一般为 3 ~ 8mm。

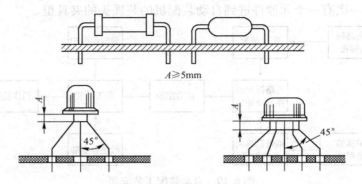

图 6.21　悬空安装方式

3. 垂直安装

垂直安装方式如图 6.22 所示，它适用于安装密度较高的场合。元器件垂直于印制基板面，但大质量、细引线的元器件不宜采用这种方式。

垂直安装的优点是元件在印制板上所占的面积小，安装密度高；缺点是元件容易相碰，散热差，不适合机械化装配，所以立式安装常用于元件多、功耗小、频率低的电路。

4. 埋头安装

埋头安装方式如图 6.23 所示。这种方式可提高元器件防振能力，降低安装高度。由于元器件的壳体埋于印制基板的嵌入孔内，因此又称为嵌入式安装。

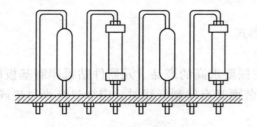

图 6.22　垂直安装方式

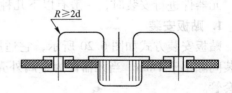

图 6.23　埋头安装方式

5. 有高度限制时的安装

有高度限制时的安装方式如图 6.24 所示。元器件安装高度的限制一般在图纸上是标明的，通常处理的方法是垂直插入后，再向水平方向弯曲。对大型元器件要特殊处理，以保证有足够大的机械强度，经得起振动和冲击。

6. 支架固定的安装

支架固定的安装方式如图 6.25 所示。这种方式适用于质量较大的元件，如小型继电器、变压器、扼流圈等，一般用金属支架在印制基板上将元件固定。

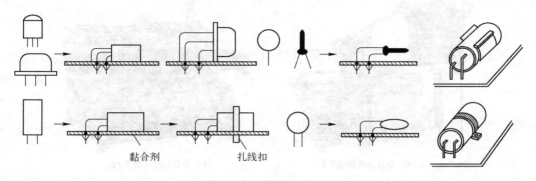

图 6.24　有高度限制时的安装方式

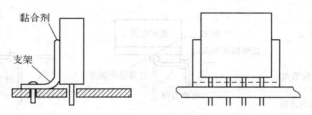

图 6.25　支架固定的安装方式

6.4.3　元器件引线成型工艺

为了便于安装和焊接，提高装配质量和效率，加强电子设备的防振性和可靠性，在安装前，根据安装位置的特点及技术方面的要求，要预先将其引线进行成型。

引线成型可用镊子、尖嘴钳、游标卡尺等常用电工工具，也有专门成型工具，如图 6.26 所示。此外还有半自动成型机，如图 6.27 所示，全自动成型机如图 6.28 所示。

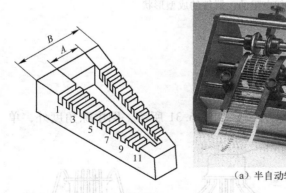

图 6.26　引线成型专用工具

（a）半自动轴向成型机

（b）半自动径向成型机

图 6.27　半自动成型机

引线手工成型的正确方法如图 6.29 所示。

1. 小型电阻或外形类似电阻的元器件的成型尺寸要求

小型电阻或外形类似电阻的元器件的成型形状如图 6.30 所示。

（a）全自动电阻成型机   （b）全自动电容成型机

图 6.28　全自动成型机

 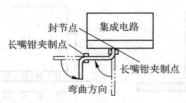 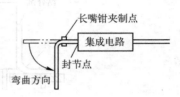

图 6.29　引线成型方法

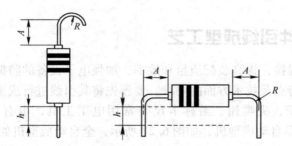

图 6.30　小型电阻或外形类似电阻的元器件的成型形状

成型的尺寸应符合如下要求：

$A \geqslant 2mm$；$R \geqslant 2d$（d 为引线直径）。

立式安装时 $h \geqslant 2mm$；卧式安装时 $h = 0 \sim 2mm$。

2. 晶体管和圆形外壳集成电路的成型尺寸要求

晶体管和圆形外壳集成电路的成型形状和尺寸要求如图 6.31 所示，图中除角度外，单位均为 mm。

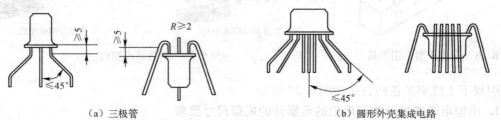

（a）三极管   （b）圆形外壳集成电路

图 6.31　三极管及圆形外壳引线成形基本要求

3. 扁平封装集成电路的成型尺寸要求

扁平封装集成电路的引线成型要求如图6.32所示。图中 W 为带状引线厚度，$R \geq 2W$，带状引线弯曲点到引线根部的距离应大于或等于1mm。

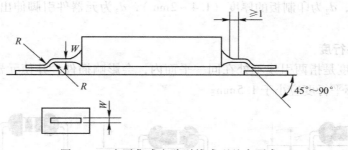

图6.32　扁平集成电路引线成型基本要求

4. 成型跨距尺寸要求

成型跨距是指元器件引脚之间的距离，它应等于印制板安装孔的中心距离，允许公差为0.5mm，如图6.33所示。若跨距过大或过小，会使元器件插入印制板后，在元器件的根部间产生应力，从而影响元器件的可靠性。

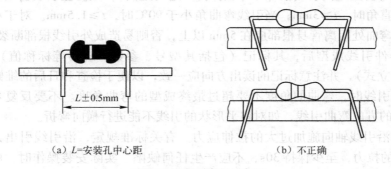

（a）L=安装孔中心距　　　　（b）不正确

图6.33　成型跨距示意图

5. 成型台阶尺寸要求

元器件插入印制板后的高度有两种安装要求；一种是元器件的主体紧贴板面，不需要控制；另一种是需要与板面保持一定的距离。其目的是大功率元器件需要增加引线长度以利散热；避免元器件引线根部的漆膜过长。

控制方法：将元器件引线的适当部位弯成台阶，如图6.34所示。

高度：卧式元器件5～10mm，立式元器件3～5mm，其中电解电容器约为2.5mm。

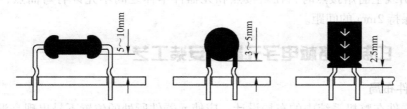

图6.34　成型台阶示意图

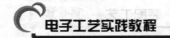

6. 引线长度尺寸要求

引线长度是指元器件主体底部至引线端头的长度，如图 6.35 所示。

紧贴印制板卧式元器件 $L = d_2 + d_3$，成型台阶卧式元器件 $L = d_1 + d_2 + d_3$，d_1 为元器件主体与板面的距离，d_2 为印制板的厚度（$1.4 \sim 2$mm），d_3 为元器件引脚伸出板面的长度（$2 \sim 3$mm）。

7. 引线不平行度

引线不平行度是指两引线不处在同一平面内，会影响插件，并使元器件受到应力，如图 6.36 所示。不平行度应小于 1.5mm。

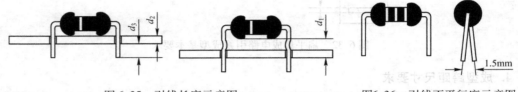

图 6.35　引线长度示意图　　　　　图 6.36　引线不平行度示意图

对元器件引线成型的技术要求如下。

（1）引线弯折处距离引线根部尺寸应保持一定的距离 t，以防止引线折断或被拉出。当引线被弯曲为直角时，$t \geqslant 3$mm；当引线弯曲角小于 90℃ 时，$t \geqslant 1.5$mm。对于小型玻璃封装二极管，引线弯曲处距离管身根部应在 5mm 以上，否则易造成外引线根部断裂或玻壳裂纹。

（2）元器件引线成型后，其标记（包括其型号、参数、规格等标称值）应朝上（卧式）或向外（立式），并注意标记的读出方向应一致，以便于检查和日后的维修。

（3）弯曲引线时，弯曲的角度不要超过最终成型的弯曲角度。不要反复弯曲引线。不要在引线较厚的方向弯曲引线，如对扁平形状的引线不能进行横向弯折。

（4）不要沿引线轴向施加过大的拉伸应力。有关标准规定，沿引线引出方向无冲击地施加 0.227kg 的拉力，至少保持 30s，不应产生任何缺陷。实际安装操作时，所加应力不能超过这个限度。

（5）弯曲夹具接触引线的部分应为半径大于 0.5mm 的圆角，以避免使用它弯曲引线时损坏引线的镀层。

（6）成型后，元器件本体不应产生破裂，表面封装不应损坏，引线弯曲部分不允许出现模印、压痕和裂纹。

（7）引线成型后，其直径的减小或变形不应超过 10%，其表面镀层剥落长度不应大于引线直径的 1/10。

（8）若引线上有熔接点时，在熔接点和元器件本体之间不允许有弯曲点，熔接点到弯曲点之间应保持 2mm 的间距。

6.4.4　印制电路板电子元器件安装工艺

1. 元器件布局

电子元器件在整机系统中的布局设计，应使元器件所处的位置不易出现高温、强静电和多尘埃等不利环境，具体应注意以下几点。

（1）首先布置主电路的集成块和晶体管的位置。安排的原则是，按主电路信号流向的顺序布置各级的集成块和晶体管。当芯片多而板面有限时，则布成一个"U"字形，"U"字形的口一般靠近电路板的引出线处，以利于第一级的输入线、末级的输出线与电路板引出线之间的连线。此外，集成块之间的间距应视其周围组件的多少而定。紧接着安排其他电路元器件（电阻、电容、二极管等）的位置。其原则为按级就近布置，即各级元器件围绕各级的集成电路或晶体管布置。布局时元件的安置方式应尽量一致，不要横竖不分。

（2）应使元器件远离易出现高温的部件或高耗能的元器件，如大型电阻器和散热器等。如果难以避开发热元器件，可以采用隔热屏蔽板（罩），也可考虑通风冷却或沿空气流动的方向安装散热器。

（3）应使元器件远离电动机、变压器等易出现高压、高频和浪涌干扰的设备，以免由于各种感应或静电使器件受损。

（4）元器件的位置不要安排在设备中的高压电路附近或设备的下部。在这种地方，容易吸附或积累灰尘和异物，灰尘会使元器件绝缘性能恶化而产生漏电，焊锡屑、电镀屑等导电异物则可使印制板的布线间或元器件的引线间短路而产生误动作。

（5）发热量大的元器件应尽可能靠近容易散热的表面（如金属机壳的内表面，金属底座及金属支架等）安装，并与表面之间有良好的接触热传导。例如，电源部分的大功率管和整流桥堆属于发热大的器件，最好直接安装在机壳上，以加大散热面积。在印制板的布局中，功率较大的晶体管周围的板面上应留有更多的敷铜层，以提高底板的散热能力。

（6）第一级输入线与末级的输出线、强电流线与弱电流线、高频线与低频线等应分开走，其间距离应足够大，以避免相互干扰。尽量缩短高频元器件之间的连线，以便减少它们之间的电磁干扰。易受干扰的元器件不能离得太近，输入和输出元器件尽可能远离。

（7）金属壳的元器件要避免拥挤和相互触碰，否则容易造成故障。例如，NPN晶体管的外壳一般为集电极，在电路中接电源正极而处于高电位，而电解电容器外壳一般为负极，在电路中接地或处于低电位。如果两者都不带绝缘，距离又很近，一旦相碰就会造成放电，引起元器件击穿。

（8）尽量减少设备中各单元之间的引线和连接，印制板的引出线总数要尽量少，以减少飞线和插座触点的数目，提高接触连线的可靠性。

（9）为避免各级电流通过地线时产生相互间的干扰，特别是末级电流通过地线对第一级的反馈干扰，以及数字电路部分电流通过地线对模拟电路产生干扰，通常采用地线割裂法，使各级地线自成回路，然后再分别一点接地。换句话说，各级的地是割裂的，不直接相连，然后再分别接到公共的一点地上。

2. 插装工艺规范

插装前要核对元器件型号、规格，并将元器件按安装要求预成型，插装一般满足如下要求。

（1）卧式安装元器件如图6.35所示，元器件要么贴紧板面，要么插到台阶处。

（2）立式安装元器件如图6.37所示，要求插正，不允许明显歪斜，图6.37（a）中 $m = 5 \sim 7mm$，图6.37（c）中 $m = 2 \sim 5mm$，图6.37（b）中插到台阶处，图6.37（d）中：元器件直径≥10mm时贴紧板面。

（3）中周、线圈、集成电路、塑料导线外塑料层各种插座等紧贴板面。

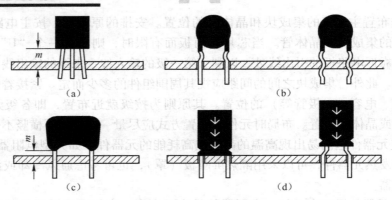

图 6.37 立式元器件插装

（4）有极性元器件（晶体管、电解、集成电路）极性方向不能插反。

（5）元器件安装后能看清元器件上的标志。同一规格的元器件应尽量安装在同一高度上。

（6）元器件在印刷板上的分布应尽量均匀，疏密一致，排列整齐美观。不允许斜排、立体交叉和重叠排列。元器件的引线直径与印刷板焊盘孔径应有 0.2 ~ 0.4mm 的合理间隙。推荐使用的元器件引线直径与金属化孔孔径的配合关系见表 6.5。

表 6.5 推荐使用的器件引线直径与金属化孔孔径的配合关系

元器件引线直径 d（mm）	金属化孔孔径 D（mm）
<0.5	0.8
0.5 ~ 0.6	0.9
0.6 ~ 0.7	1.0
0.7 ~ 0.9	1.2
0.9 ~ 1.1	1.4、1.6

（7）元器件插好后，其引线的外形有弯头时，要根据要求处理好，所有弯脚的弯折方向都应与铜箔走线方向相同，如图 6.38（a）所示。图 6.38（b）、（c）所示的走线方向则应根据实际情况处理。

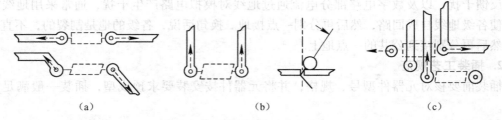

图 6.38 引线弯脚方向

（8）安装顺序一般为先低后高、先轻后重、先易后难、先一般元器件后特殊元器件。

（9）对插件工的工作质量应有明确的考核指标，一般插件差错率应控制在 65PPM 之内（插入 1 万个元件，平均插错不超过 0.65 个）。

3. 特殊元器件的插装

（1）MOS 集成电路的安装应在等电位工作台上进行，以免静电损坏元器件。

（2）发热元器件要采用悬空安装，不允许贴板安装。

（3）对于防振要求高的元器件适应卧式贴板安装。

（4）较大元器件的安装应采取绑扎、粘固等措施。

（5）二极管的安装如图 6.39 所示。

安装二极管时，除注意极性外，还要注意外壳封装，特别是在玻璃壳体易碎，引线弯曲时易爆裂的情况下，在安装时可将引线先绕 1～2 圈再装。

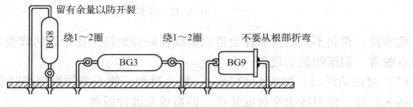

图 6.39　二极管的安装方式

（6）三极管的安装如图 6.40 所示。

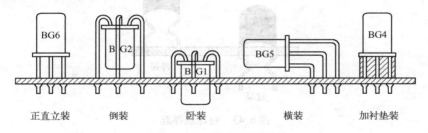

正直立装　　倒装　　　卧装　　　横装　　　加衬垫装

图 6.40　三极管的安装方式

（7）当元器件为金属外壳、安装面又有印制导线时，应加垫绝缘衬垫或套上绝缘套管，套管颜色可用于区分元器件极性，如图 6.41 所示。

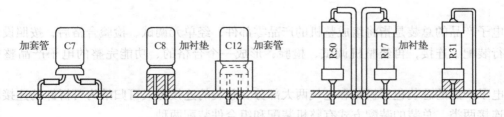

图 6.41　特殊成型及加垫绝缘衬垫套管插装

（8）对于较大元器件，又需要安装在印制板上时，则必须使用金属支架在印制基板上将其固定。

4. 不良插装及其纠正

（1）插错和漏插：这是指插入印制板的元器件规格、型号、标称值、极性等与工艺文件不符，它是由人为误插及来料中有混料造成的。应加强材料发放前的核对工作，并建立严格的质量责任制。

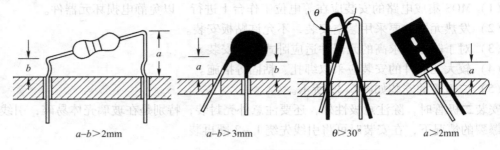 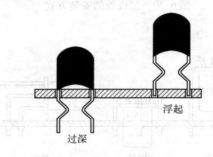

（2）歪斜不正：一般是指元器件歪斜度超过了规定值，如图 6.42 所示。

$a{-}b{>}2\mathrm{mm}$　　　　$a{-}b{>}3\mathrm{mm}$　　　　$\theta{>}30°$　　　　$a{>}2\mathrm{mm}$

图 6.42　歪斜不正

危害性：歪斜不正的元器件会造成引线互碰而短路，还会因两脚受力不均，在振动后产生焊点脱落、铜箔断裂的现象。

（3）过深或浮起：如图 6.43 所示，插入过深，使元器件根部漆膜穿过印制板，造成虚焊；插入过浅，使引线未穿过安装孔，而造成元器件脱落。

过深　　　浮起

图 6.43　过深或浮起

6.5　电子产品整机总装工艺

电子产品的总装是指将组成整机的产品零部件，经单元调试、检验合格后，按照设计要求进行装配、连接，再经整机调试、检验，形成一个合格的、功能完整的电子产品整机的过程。

电子产品的总装包括机械和电气两大部分。总装的连接方式可归纳为可拆卸的连接和不可拆连接两类。总装的装配方式有整机装配和组合件装配两种。

电子产品的总装工艺过程包括：零部件的配套准备 → 零部件的装联 → 整机调试 → 总装检验 → 包装 → 入库或出厂。总装的顺序：先轻后重、先小后大、先铆后装、先装后焊、先里后外、先平后高，上道工序不得影响下道工序。

产品的总装工艺过程会因产品的复杂程度、产量大小等方面的不同而有所区别。但总体来看，有下列几个环节。

（1）准备。装配前对所有装配件、紧固件等从数量的配套和质量的合格两个方面进行检查和准备，同时做好整机装配及调试的准备工作。

（2）装联。包括各部件的安装、焊接等内容。前面介绍的各种连接工艺，都应在装联环节中加以合理的实施应用。

（3）调试。整机调试包括调整和测试两部分工作，即对整机内可调部分（如可调元器件及机械传动部分）进行调整，并对整机的电气性能进行测试。各类电子整机在总装完成后，一般在最后都要经过调试，才能达到规定的技术指标要求。

（4）检验。整机检验应遵照产品标准（或技术条件）规定的内容进行。通常有下列三类试验：生产过程中生产车间的交收试验、新产品的定型试验及定型产品的定期试验（又称例行试验，例行试验的目的主要是考核产品质量和性能是否稳定正常）。

（5）包装。包装是电子整机产品总装过程中保护和美化产品及促进销售的环节。电子整机产品的包装通常着重于方便运输和储存两个方面。

（6）入库或出厂。合格的电子整机产品经过合格的包装就可以入库储存或直接出厂运往需求部门，从而完成整个总装过程。

总装是产品整机中一个重要的工艺过程，具有如下特点。

（1）总装是把半成品装配成合格产品的过程。

（2）总装前组成整机的有关零件、部件或组件必须经过调试、检验，不合格的零件、部件或组件不允许投入总装线。

（3）总装过程要根据整机的结构情况，应用合理的安装工艺，用经济、高效、先进的装配技术，使产品达到预期的效果，满足产品在功能、技术指标和经济指标等方面的要求。

（4）小型机大批量生产的产品，其总装在流水线上安排的工位进行。每个工位除按工艺要求操作外，还要严格执行检验，分段把好质量关，从而提高产品的一次直通率。

（5）整机总装的流水线作业，将整个装配工作划分为若干个简单的操作，而且每个工位往往会涉及不同的安装工艺，因此要求工位的操作人员熟悉安装要求和熟练掌握安装技术，保证产品的安装质量。

总装的基本要求是牢固可靠，不损伤元器件和零件、部件，避免碰伤机壳、元器件和零件、部件的表面涂覆层，不能破坏整机的绝缘性，安装件的方向、位置、极性要正确，保证产品的电性能稳定，并有足够强的机械强度和稳定度。

第**7**章 调试工艺

调试技术包括调整和测试（检验）两部分内容。

调整：主要是对电路参数的调整。一般是对电路中可调元器件进行调整，使电路达到预定的功能和性能要求。

测试：主要是对电路的各项技术指标和功能进行测量和试验，并同设计的性能指标进行比较，以确定电路是否合格。

调试的关键是善于对实测结果进行分析，而科学的分析以正确的测试为基础。根据测试得到的数据、波形和现象，结合电路进行分析、判断，确定症结所在，进而拟定调整、改进的措施。可见，"测试"是发现问题的过程，"调整"则是解决问题、排除故障的过程。而调试后的再测试，往往又是判断和检验调试是否正确的有效方法。

调试的目的主要有如下两个。

（1）发现设计的缺陷和安装的错误，并改进与纠正，或提出改进建议。

（2）通过调整电路参数，避免因元器件参数或装配工艺不一致，而造成电路性能的不一致或功能和技术指标达不到设计要求的情况发生，确保产品的各项功能和性能指标均达到设计要求。

◨ 7.1 调试的内容和步骤

调试的过程分为通电前的检查和通电调试两个阶段。

通常在通电调试前，先做通电前的检查，在没有发现异常现象后再做通电调试。

7.1.1 通电前的检查

（1）用万用表的"Ω"挡，测量电源的正极、负极之间的正向、反向电阻值，以判断是否存在严重的短路现象。电源线、地线是否接触可靠。

（2）元器件的型号（参数）是否有误、引脚之间有无短路现象。有极性的元器件，其极性或方向是否正确。

（3）连接导线有无接错、漏接、断线等现象。

（4）电路板各焊接点有无漏焊、桥接短路等现象。

7.1.2　通电调试

通电调试一般包括通电观察、静态调试和动态调试等几方面。调试的步骤为先通电观察，然后进行静态调试，最后进行动态调试。

对于较复杂的电路调试，通常采用先分块调试，然后进行总调试的办法；有时还要进行静态和动态的反复交替调试，才能达到设计要求。

7.1.3　整机调试

整机调试是在单元部件调试的基础上进行的。各单元部件的综合调试合格后，装配成整机或系统。

整机调试的过程包括：外观检查、结构调试、通电检查、电源调试、整机统调、整机技术指标综合测试及例行试验等。

■ 7.2　整机调试的工艺流程

在电子产品调试之前，应做好调试之前的准备工作，如场地布置、测试仪器仪表的合理选择、制定调试方案、对整机或单元部件进行外观检查等。

整机调试的工艺流程分为整机产品调试和样机调试两种不同的形式。

7.2.1　样机调试的工艺流程

样机调试包括测试、调整、故障排除以及产品的技术改进等，如图7.1所示。

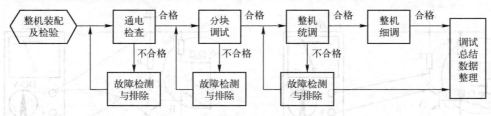

图 7.1　样机调试的工艺流程

7.2.2　整机产品调试的工艺流程

整机产品调试是指对已定型投入正规生产的整机产品的调试，如图7.2所示。这种调试应完全按照产品生产流水线的工艺过程进行，调试检测出的不合格品，交其他工序处理。

整机调试一般流程如下。

外观检查→结构调试→通电前检查→通电后检查→电源调试→整机统调→整机技术指标测试→老化→整机技术指标复测→例行试验。

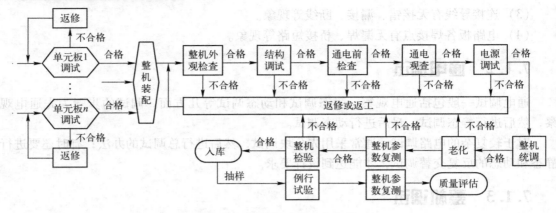

图 7.2 样机调试的工艺流程

7.3 静态的测试与调整

7.3.1 直流电流的测试

1. 测试仪表

测试仪表一般有：直流电流表、万用表（直流电流挡）。

2. 测试方法

测试方法包括：直接测试法和间接测试法。

直接测试法示意图如图 7.3 所示。

间接测试法示意图如图 7.4 所示。

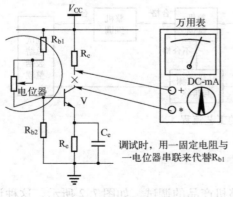

图 7.3 直接测试法示意图

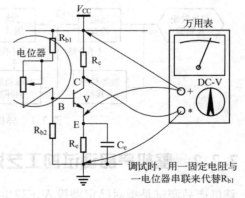

图 7.4 间接测试法示意图

3. 直流电流测试的注意事项

（1）直接测试法测试电流时，必须断开电路将测试仪表串入电路，并使电流从电流表的正极流入，负极流出。

（2）合理选择电流表的量程。电流表的量程应略大于测试电流。

（3）根据被测电路的特点和测试精度要求选择测试仪表的内阻和精度。

（4）间接测试法测试电流会使测量产生误差。

7.3.2 直流电压的测试

1. 测试仪表

测试仪表一般有：直流电压表、万用表（直流电压挡）。

2. 测试方法

将电压表或万用表直接并联在待测电压电路的两端点上测试，如图 7.5 所示。

3. 直流电压测试的注意事项

（1）直流电压测试时，应注意电路中高电位端接表的正极，低电位端接表的负极；电压表的量程应略大于所测试的电压。

（2）根据被测电路的特点和测试精度，选择测试仪表的内阻和精度。

（3）使用万用表测量电压时，不得误用其他挡，特别是电流挡和欧姆挡，以免损坏仪表或造成测试错误。

（4）在工程中，一般情况下，称"某点电压"均指该点对电路公共参考点（地端）的电位。

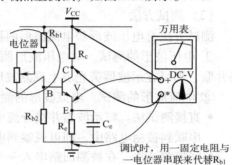

图 7.5 直流电压测试方法示意图

7.3.3 电路静态的调整方法

电路静态的调整是在测试的基础上进行的。调整前，对测试结果进行分析，找出静态调整的方法步骤。

（1）熟悉电路的结构组成和工作原理，了解电路的功能、性能指标要求。

（2）分析电路的直流通路，熟悉电路中各元器件的作用，特别是电路中的可调元器件的作用和对电路参数的影响情况。

（3）当发现测试结果有偏差时，要找出纠正偏差最有效、最方便调整、对电路其他参数影响最小的元器件对电路的静态工作点进行调试。

🔲 7.4 动态的测试与调整

动态是指电路的输入端接入适当频率和幅值的信号后，电路各有关点的状态随着输入信号变化而变化的情况。

动态测试以测试电路的信号波形和电路的频率特性为主，有时也测试电路相关点的交流电压值、动态范围等。

动态调整是调整电路的交流通路元件，使电路相关点的交流信号的波形、幅值、频率等

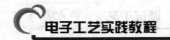

参数达到设计要求。

由于电路的静态工作点对其动态特性有较大的影响，所以有时还需要对电路的静态工作点进行微调，以改善电路的动态性能。

7.4.1 波形的测试与调整

1. 波形的测试

波形测试是动态测试中最常用的手段之一。

（1）波形测试的测试仪器

波形测试的测试仪器是示波器。

（2）测试方法

测试方法有电压波形和电流波形两种。

① 电压波形的测试。对电压波形测试时，只要把示波器电压探头直接与被测试电压电路并联，即可在示波器荧光屏上观测波形，并对电压波形进行分析。

② 电流波形的测试。电流波形的测试方法有两种，直接测试法和间接测试法。

- 直接测试法。将示波器并接分流电阻改装为电流表的形式，然后用电流探头将示波器串联到被测电路中，即可观察到电流波形。
- 间接测试法。在被测回路串入一个无感小电阻，将电流变换成电压进行测量的方法，如图 7.6 所示。

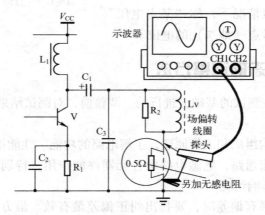

图 7.6 间接法测试电流波形示意图

2. 波形的调整

电路的波形调整是在波形测试的基础上进行的。在测试的波形参数没有达到设计要求的情况下，需要调整电路的参数，使波形达到要求。

实际工程中，波形调整多采用调整反馈深度或耦合电容、旁路电容等来纠正波形的偏差。电路的静态工作点对电路的波形也有一定的影响，故有时还需要进行微调静态工作点。

7.4.2 频率特性的测试与调整

对于谐振电路和高频电路，一般进行频率特性的测试和调整，很少进行波形调整。

频率特性常指幅频特性，是指信号的幅值随频率的变化关系，它是电路重要的动态特性之一，常用频率特性曲线来表达，如图7.7所示。

1. 频率特性的测试

频率特性测试的常用方法：点频法、扫频测试法、方波响应测试。

（1）点频法

点频法是用一般的信号源（常用正弦波信号源），向被测电路提供所需的等幅、变频的输入电压信号，用电子电压表监测被测电路的输入电压和输出电压，并在频率－电压坐标上逐点标出测量值，最后用一条光滑的曲线连接各测试点，如图7.8所示。

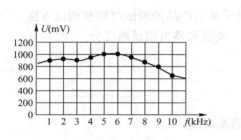

图7.7 频率特性曲线示意图　　　图7.8 点频法测量连接示意图

点频法特点：测试设备使用简单，测试原理简单，但测试时间长，测试误差较大，即费时、费力且准确度不高。多用于低频电路的频响测试，如音频放大器、收录机等。

（2）扫频测试法（扫频法）

扫频测试法是使用专用的频率特性测试仪（又叫扫频仪），直接测量并显示出被测电路的频率特性曲线的方法，如图7.9所示。

扫频法特点：测试过程简单、快捷，测试的准确度高。高频电路一般采用扫频法进行测试。

（3）方波响应测试

方波响应测试是通过观察方波信号通过电路后的波形，来观测被测电路的频率响应，如图7.10所示。

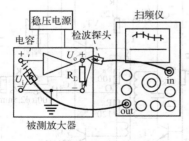 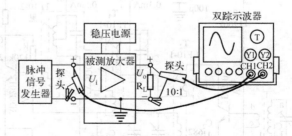

图7.9 扫频法测量连接示意图　　　图7.10 方波响应测试连接示意图

方波响应测试特点：方波响应测试可以更直观地观测被测电路的频率响应，因为方波信号形状规则，出现失真很易观测。

2. 频率特性的调整

通过对电路参数的调整，使其频率特性曲线符合设计要求的过程，就是频率特性的调整。只有在测到的频率特性曲线没有达到设计要求的情况下，才需要调整电路的参数，使频率特性曲线达到要求。

调整的思路和方法：频率特性的调整是在规定的频率范围内，对各频率进行调整，使信号幅值都要达到要求。而电路中某些参数的改变，既会影响高频段，也会影响低频段，故应先粗调，然后反复细调。

7.5 调试举例

以中夏 S66D 型超外差收音机为例，说明电子整机产品的调试过程和调试方法。

超外差收音机的调试分为基板（单元部件）调试和整机调试两部分。

7.5.1 基板调试

基板调试是指电路板单元的调试。

基板调试的步骤：外观检查、静态调试、动态调试。

1. 外观检查

外观检查是用目视法，检查电路板各元器件的安装是否正确，焊点有无漏焊、虚焊和桥接。

安装的正确性包括各级的晶体管是否按设计要求配套选用，输入回路的磁棒线圈是否套反，中周的位置、输入、输出变压器是否装错，各焊点有无虚焊、漏焊、桥接等现象，多股线有无断股或散开现象，元器件裸线是否相碰，机内是否有锡珠、线头等异物。

2. 静态调试

收音机的静态调试主要是指对各三极管的静态集电极电流 I_c 的调整。一般先将双连调至无电台的位置或将天线线圈的初级或次级两端点短路，来保证电路工作于静态，收音机原理图如图 7.11 所示。

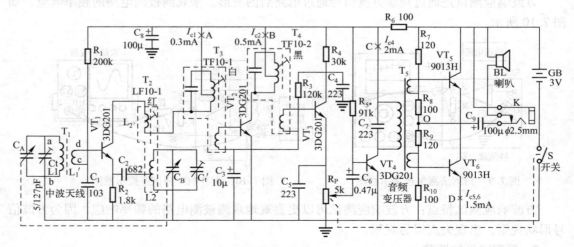

图 7.11　S66D 型超外差收音原理图

3. 动态调试

收音机的动态调试包括：波形的调试（包括低频放大部分的最大输出功率、额定输出功率、总增益、失真度等）和幅频特性（中频调整等项目）的调试。

（1）低频放大部分的最大输出功率的调试

低频放大部分的最大输出功率的调试如图7.12所示，给电路施加可调整的音频信号，由毫伏表测其负载电压，通过示波器观察输出波形控制调整范围。

$$P_{oman} = \frac{U_{oman}^2}{R} \tag{7-1}$$

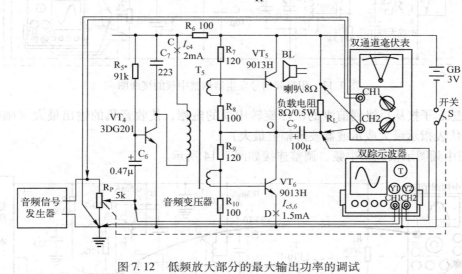

图7.12 低频放大部分的最大输出功率的调试

（2）额定输出功率情况下电压增益的测试

测试时，将音频信号发生器的输出频率调为1kHz，调节音频信号发生器的输出信号幅值，使收音机输出端（即喇叭或电阻负载两端）的输出电压 U_o 为0.98V，同时用毫伏表测出此时被测电路输入端（也就是音频信号发生器输出端）输入的信号电压 U_i，则电压增益 A_{vo} 按下式计算，即：

$$A_{vo} = \frac{U_o}{U_i} \tag{7-2}$$

（3）中频调整（校中周）

调整各中周的谐振回路，使各中周统一调谐在465kHz。

调中频的方法有四种：用高频信号发生器调整中频、用中频图示仪调整中频、用一台正常收音机代替465kHz信号调整中频、利用电台广播调整中频。

① 用高频信号发生器调整中频，调整连接如图7.13所示。

使用高频信号发生器、音频毫伏表（或示波器）、直流稳压电源或万用表等仪器，测量整机电流和直接听喇叭声音来判断是否达到谐振峰点。

方法步骤：将高频信号发生器的输出调到465kHz，调制度为30%，调制信号选400Hz或1000Hz，输送到收音机的天线，从小到大慢慢调节高频信号发生器输出信号的幅值，直至喇叭里听到音频声。

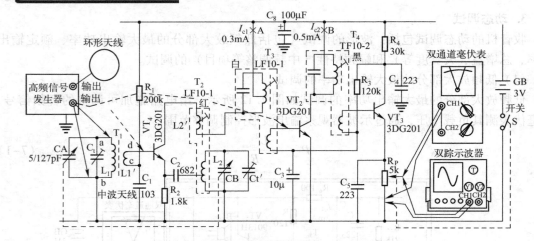

图 7.13　用高频信号发生器调整中频的接线图

用无感起子按从后级到前级的次序旋转中周的磁帽，使收音机的输出最大（喇叭声音最大、毫伏表指示最大或示波器波形幅值最大）。

② 用中频图示仪调整中频，调整连接如图 7.14 所示。

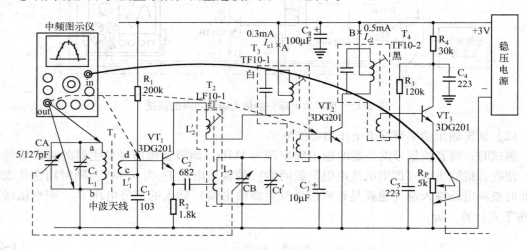

图 7.14　用中频图示仪调整中频的接线图

中频图示仪是用于测试中频电路的幅频特性曲线的。调整中周的磁芯，使幅频特性曲线的峰点对应的频率为 465kHz。

这种方法能直观地看到被测电路的谐振频率，使调整更有目的性，能快速、准确地调准中频。特别对已调乱中频的电路或中频变压器的槽路频率偏移太大的情况，更加有效。

③ 用一台正常收音机代替 465kHz 信号调整中频，调整连接如图 7.15 所示。

在没有高频信号发生器的情况下，可以用一台正常的收音机，使其收到某一电台的信号，在收音机最后一个中周的次级通过一个 0.01μF 的电容器，接到被调收音机的输入端（两收音机的地线应相连），然后调整中周使输出声音最大。

④ 利用电台广播调整中频

在没有高频信号发生器的情况下，可以用中波段低频端某广播电台的信号代替高频信号发生器辐射的中频信号，来调整中频。

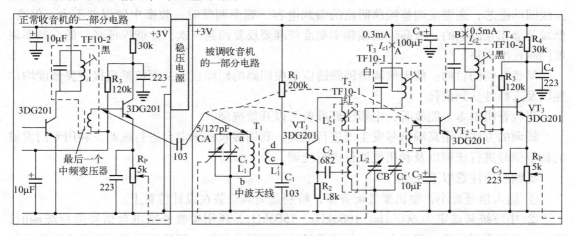

图 7.15　用一台正常收音机代替 465kHz 信号调整中频的接线图

7.5.2　整机调试

收音机整机调试步骤如下。

外观检查→开机试听→中频复调→外差跟踪统调（校准频率刻度和调整补偿）。

1. 外观检查

① 用目视法观察外壳表面，应完好无损，不应有划痕、磨伤，印刷的图案、字迹应清晰完整，标牌及指示板应粘贴到位、牢固。

② 检查电路板及元器件的安装是否到位、牢固和可靠。

③ 检查、整理各元器件及导线，排除元器件裸线相碰之处，清除滴落在机内的锡珠、线头等异物。

2. 开机试听

打开收音机电源，开大音量，调节调谐盘，使收音机接收到电台的信号，试听声音的大小和音质；通过试调调谐盘，检查收音机能接收到哪些电台，还有哪些该收到的电台没有收到，收到电台的声音好坏情况等。

3. 中频复调

单板的中频调整合格后，在总装时，因电路板与喇叭、电源及各引线的相对位置可能同单板调试时有所不同，造成中频发生变化，所以要对整机进行中频复调，以保证中频处于最佳状态。

复调的方法同单板调试的中频调试。

4. 外差跟踪统调（校准频率刻度和调整补偿）

外差跟踪统调是使本振频率始终比输入回路频率高 465kHz。

外差跟踪统调包括校准频率刻度（频率范围调整）和调整补偿两种。一般把这两种调整统称为统调外差跟踪。

校准频率刻度的目的：使收音机在整个波段范围内都能正常收听各电台，指针所指出的频率刻度也和接收到的电台频率一致。

校准频率刻度的实质是校准本振频率和中频频率之差。校准频率刻度时，低端应调整振荡线圈的磁芯，高端应调整振荡回路的微调电容。频率调整时，频率中段误差不大，但高、低端是会相互影响的，故高、低端频率刻度校准要反复两到三次，才能保证高、低端频率刻度同时校准合格。

调整补偿的目的：使天线调谐回路适应本振回路的跟踪点，从而使整机接收灵敏度均匀性以及选择性达到最佳。

当收音机基本上能收听，中频已调准就可以开始统调。

统调的方法：用高频信号发生器进行统调，利用接收外来电台进行统调，利用专门发射的调幅信号进行统调以及利用统调仪进行统调。

统调时应注意以下几点。

① 输入信号要小，整机要装配齐备，特别是喇叭应装在设计位置上。

② 中波统调点定为 600kHz、1000kHz、1500kHz。利用接收外来电台信号进行统调时，选这三点频率附近的已知电台，以保证整机灵敏度的均匀性。短波的两端统调点为刻度线始端和终端10%、20%处。

7.5.3　整机全性能测试

收音机装配调试完毕之后，还要对它的各项电性能和声性能参数进行测量，才能定量地评价其质量如何。中夏 S 66 D 型超外差收音机需要进行下列项目的电参数测量。

- 中频频率：465 ±4kHz。
- 频率范围：523 ~ 1620kHz。
- 噪限灵敏度：26dB（600kHz、1000kHz、1400kHz），优于 4.5mV/m。
- 单信号选择性：优于 12dB。
- 最大有用功率：90mW。

以上电参数的测量方法按 GB 2846—81 标准规定进行，测试应在屏蔽室进行。

■ 7.6　整机调试中的故障查找及处理

7.6.1　故障特点和故障现象

1. 故障特点

调试过程所遇到的故障以焊接和装配故障为主；一般都是机内故障，基本上不出现机外及使用不当造成的人为故障，更不会有元器件老化故障。

对于新产品样机，则可能存在特有的设计缺陷或元器件参数不合理的故障。

2. 故障现象

故障无非是由于元器件、电路和装配工艺三个方面的原因引起的。例如，元器件的失效、参数发生偏移、短路、错接、虚焊、漏焊、设计不善和绝缘不良等，都是导致发生故障的原因，常见的故障如下。

（1）焊接故障。如漏焊、虚焊、错焊、桥接等故障现象。

（2）装配故障。如机械安装位置不当、错位、卡死，电气连线错误、遗漏、断线等。

（3）元器件安装错误。

（4）元器件失效。如集成电路损坏、三极管击穿或元器件参数达不到要求等。

（5）连接导线的故障。如导线错焊、漏焊，导线烫伤，多股芯线部分折断等。

（6）样机特有的故障。电路设计不当或元器件参数不合理造成电路达不到设计要求的故障。

7.6.2 故障处理步骤

故障处理一般可分为以下四个步骤：观察故障现象；进行测试分析、判断出故障位置；进行故障的排除；电路功能与性能检验。

1. 观察

首先对被检查电路表面状况进行直接观察，可在不通电和通电两种情况下进行。

对于不能正常工作的电路，应在不通电情况下观察被检修电路的表面，也可借助万用表进行检查。可能会发现变压器或电阻烧焦、晶体管断极、电容器漏油、元器件脱焊、插件接触不良或断线等现象。

若在不通电观察时未发现问题，则可进行通电观察。采取看、听、摸、摇的方法进行查找。

看：电路有无打火、冒烟、放电现象。

听：有无爆破声、打火声、闻有无焦味、放电臭氧味。

摸：集成块、晶体管、电阻、变压器等有无过热现象。

摇：电路板、接插件或元器件等有无接触不良等现象。若有异常现象，应记住故障点并马上关断电源。

2. 测试分析与判断故障

通过观察可以直接找出一些故障点，但许多故障点的表面现象下可能隐藏着深一层的原因，必须根据故障现象，结合电路原理进行仔细分析和测试再分析，找出故障的根本原因和真正的故障点。

3. 排除故障

排除故障不能只求功能恢复，还要求全部的性能都达到技术要求；更不能不加分析，不把故障的根源找出来，而盲目更换元器件，只排除表面的故障，不能彻底地排除故障，使产品隐藏着故障出厂。

4. 功能和性能检验

故障排除后，一定要对其各项功能和性能进行全部检验。

调试和检验的项目和要求与新装配出的产品相同，不能认为有些项目检修前已经调试和检验过了，不需要重调再检。

7.6.3 故障查找方法

常用的故障查找方法包括：观察法、测量法、信号法、比较法、替换法、加热与冷却法、计算机智能自动检测、电容旁路法、元（部）件替代法、分割测试法、调整可调器件法。

1. 观察法

观察法是通过人体感觉发现电子电路故障的方法。这是一种最简单、最安全的方法，也是各种电子设备通用的检测过程的第一步。

观察法可分为静态观察法（不通电观察法）和动态观察法（通电观察法）两种。

2. 测量法

测量法是使用测量仪器测试电路的相关电参数，与产品技术文件提供的参数进行比较，判断故障的一种方法。测量法是故障查找中使用最广泛、最有效的方法。

根据测量的电参数特性又可分为电阻法、电压法、电流法、逻辑状态法和波形法。

3. 信号法

信号传输电路，包括信号获取（信号产生），信号处理（信号放大、转换、滤波、隔离等）及信号执行电路，在现代电子电路中占有很大比例。对这类电路的检测，关键是跟踪信号的传输环节。

信号法在具体应用中，分为信号注入法和信号寻迹法两种形式。

（1）信号注入法

信号注入法就是从信号处理电路的各级输入端，输入已知的外加测试信号，通过终端指示器（如指示仪表、扬声器、显示器等）或检测仪器来判断电路工作状态，从而找出电路故障，如图7.16所示。

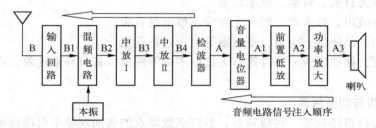

图7.16　超外差收音机信号注入法检测框图

（2）信号寻迹法

信号寻迹法是信号注入法的逆方法，是针对信号产生和处理电路的信号流向寻找信号踪迹的检测方法。该方法是从电路的输入端加入一个符合要求的信号，然后通过终端指示器或检测仪器从前级向后级，或从后级向前级探测在哪一级没有信号，经分析来判断故障部位，如图7.17所示。

4. 比较法

常用的比较法有整机比较、调整比较、旁路比较及排除比较等四种方法。

5. 替换法

替换法是用规格性能相同的正常元器件、电路或部件，代替电路中被怀疑的相应部分，从而判断故障所在的一种检测方法。这是电路调试、检修中最常用、最有效的方法之一。

在实际应用中，按替换的对象不同，可有三种方式，即元器件替换法、单元电路替换法、部件替换法。

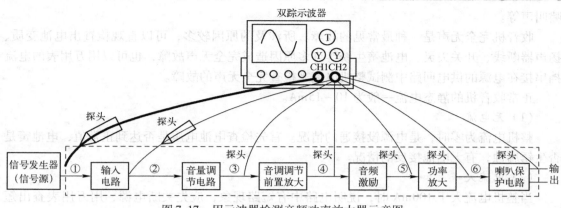

图 7.17 用示波器检测音频功率放大器示意图

6. 加热与冷却法

（1）加热法

加热法是用电烙铁对被怀疑的元器件进行加热，使故障提前出现，来判断故障的原因与部位的方法。特别适合于刚开机工作正常，需工作一段时间后才出现故障的整机检修。

（2）冷却法

冷却法与加热法相反，是用酒精对被怀疑的元器件进行冷却降温，使故障消失，来判断故障的原因与部位的方法。特别适合于刚开机工作正常，只需工作很短一段时间（几十秒或几分钟）就出现故障的整机检修。

7. 计算机智能自动检测

利用计算机强大的数据处理能力并结合现代传感器技术完成对电路的自动检测方法。目前常见的计算机检测方法：开机自检、检测诊断程序、智能监测。

8. 电容旁路法

利用适当容量的电容器，逐级跨接在电路的输入、输出端上，当电路出现寄生振荡或寄生调制时，观察接入电容后对故障的影响，可以迅速确定有问题的电路部位。

9. 元（部）件替代法

用好的元件或部件替代有可能产生故障的部分，机器能正常工作，说明故障就在被替代的部分里。这种方法检查方便，还不影响生产。

10. 分割测试法

逐级断开各级电路的隔离器件或逐块拔掉各印制电路板，把整机分割成多个相对独立的单元电路，测试其对故障电路的影响。例如，从电源电路上切断它的负载并通电观察，然后逐级接通各级电路测试，这是判断电源本身故障还是某级电路负载故障的常用方法。

11. 调整可调器件法

在检修过程中，如果电路中有可调器件（如电位器、可调电容器及可变线圈等），适当调整它们的参数，以观测对故障现象的影响。注意，在决定调整这些器件之前，要对原来的位置做个记号。一旦发现故障不在此处，还要恢复到原来的位置上。

7.6.4 故障检修实例

1. 完全无声的故障检修

晶体管收音机的一些常见故障有完全无声、声小、灵敏度低、声音失真、时响时不响和

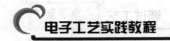

啸叫声等。

收音机完全无声是一种最常见的故障。所涉及的原因较多，可以直观检查出电池变质、扬声器断线、开关失灵、电池簧生锈等许多原因造成完全无声故障，也可以用万用表的电流挡串接在电源的供电回路中测试整机电流来检查完全无声的故障。

正常收音机的静态电流一般为 10～15mA。

（1）无电流

整机电流为零时，是电源没接通的情况。首先检查电池电压是否达到正常值，电池簧是否生锈腐蚀，有无电池接反的情况。

（2）电流大

当整机电流大于 100mA 时，说明电路中有短路现象，应先关断电源，用万用表查出短路的地方。

（3）电流基本正常

如果整机电流基本正常，但仍无声，应做如下检查：中放电路工作点是否低；本机振荡是否起振；交流通路是否断路。

2. 电台声音时响时不响故障检修

时响时不响是收音机中典型的常见故障，属于接触不良故障。

故障的主要原因是虚焊，印制电路板线条断裂等。还有些其他因素，如变频级晶体管工作在临界状态或中放自激时，也会造成收音机时响时不响的故障。

时响时不响故障的解决方法是去除锈斑，将松动的焊点、虚假焊的焊点重新焊牢，或者电路板用棉花球擦洗后，镀一层薄薄的锡，即可消除虚焊、接触不良的现象。

3. 本机振荡电路故障检修

本机振荡不振荡时，收音机收不到电台信号。可通过测试振荡器的集电极电流来判断其是否振荡，正常时应在 0.3～0.8mA，集电极电流过小停振。

本振不起振的可能原因如下。

（1）双联的振荡联短路。

（2）振荡线圈至发射极的耦合电容器漏电或开路。

（3）印制电路板上的焊锡将相邻线条短路。

（4）中、短波波段开关接触不良，接触电阻太大。

（5）调整电容器开路。

▶ 7.7　调试的安全措施

7.7.1　调试的供电安全

调试工作中供电的安全措施主要如下。

（1）装配供电保护装置。在调试检测场所，应安装总电源开关、漏电保护开关和过载保护装置。

（2）采用隔离变压器供电。可以保证调试检测人员的人身安全，还可防止检测仪器设备故障与电网之间相互影响。

（3）采用自耦调压器供电。要注意正确区分相线（火线）L与零线N的接法。最好采用三线插头座，使用二线插头座容易接错线，如图7.18所示。

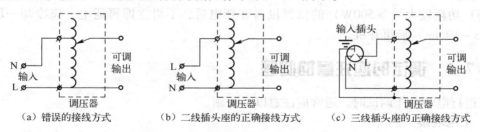

（a）错误的接线方式　　　（b）二线插头座的正确接线方式　　　（c）三线插头座的正确接线方式

图7.18　自耦调压器供电的接线方法

7.7.2　调试的操作安全

（1）操作环境要保持整洁。工作台及工作场地应铺绝缘胶垫；调试检测高压电路时，工作人员应穿绝缘鞋。

（2）高压电路或大型电路或产品通电检测时，必须有2人以上才能进行。发现冒烟、打火、放电等异常现象，应立即断电检查。

（3）安全操作的注意事项如下。

① 断开电源开关不等于断开了电源，如图7.19所示。

② 不通电不等于不带电。

③ 电气设备和材料的安全工作寿命是有限的。

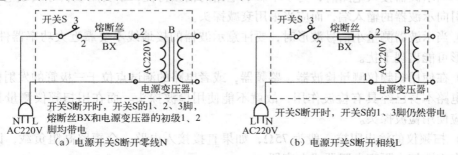

（a）电源开关S断开零线N　　　　　　　　　（b）电源开关S断开相线L

图7.19　电源开关断开后电路部分带电示意图

7.7.3　调试的仪器设备安全

（1）所用的测试仪器设备要定期检查，仪器外壳及可触及的部分不应带电。

（2）各种仪器设备必须使用三线插头座，电源线采用双重绝缘的三芯专用线，长度一般不超过2m。若是金属外壳，必须保证外壳良好接地。

（3）更换仪器设备的保险丝时，必须完全断开电源线，更换的保险丝必须与原保险丝同规格。

（4）带有风扇的仪器设备，如通电后风扇不转或有故障，应停止使用。

（5）电源及信号源等输出信号的仪器，在工作时，其输出端不能短路。输出端所接负载不能长时间过载。发生输出电压明显下跌时，应立即断开负载。对于指示类仪器，如示波器、电压表、频率计等输入信号的仪器，其输入端输入信号的幅值不能超过其量限，否则容易损坏仪器。

（6）功耗较大（>500W）的仪器设备在断电后，不得立即再通电，应冷却一段时间（一般3～10min）后再开机。

7.7.4　调试时应注意的问题

在进行电子制作调试时，通常应注意以下问题。

1. 上电观察

产品调试，首次通电时不要急于试机或测量数据。要先观察有无异常现象发生，如冒烟、发出油漆气味、元器件表面颜色改变等。

用手摸元器件是否发烫，特别要注意末级功率比较大的元器件和集成电路的温度情况，最好在电源回路中串入一只电流表。若有电流过大、发热或冒烟等情况，应立即切断电源，待找出原因、排除故障后方可重新通电。对于学习电子制作的初学者，为防意外，可在电源回路中串入一只限流电阻器，电阻值在几欧姆左右，这样就可有效地限制过大的电流，一旦确认无问题后，再将限流电阻器去掉，恢复正常供电。

2. 正确使用仪器

正确使用仪器包含两个方面的内容：一方面应能保障人机安全，避免触电或损坏仪器；另一方面只有正确使用仪器，才能保证正确的调试。否则，错误的接入方式或读数方法，均会使调试陷入困境。例如：

（1）当示波器接入电路时，为了不影响电路的幅频特性，不要用塑料导线或电缆线直接从电路引向示波器的输入端，而应当采用衰减探头。

（2）当示波器测量小信号波形时，要注意示波器的接地线不要靠近大功率器件的地线，否则波形可能出现干扰。

（3）在使用扫频仪测量检波器、鉴频器，或者电路的测试点位于三极管的发射极时，由于这些电路本身已经具有检波作用，故就不能使用检波探头。而在用扫频仪测量其他电路时，均应使用检波探头。

（4）扫频仪的输出阻抗一般为75Ω，如果直接接入电路，会短路高阻负载，因此在信号测试点需要接入隔离电阻器或电容器。

（5）在使用扫描仪时，仪器的输出信号幅值不宜太大，否则将会使被测电路的某些元器件处于非线性工作状态，导致特性曲线失真。

3. 及时记录数据

在调试过程中，要认真观察、测量和记录。包括记录观察到的现象，测量的数据、波形及相位关系等，必要时在记录中还要附加说明，尤其是那些与设计要求不符合的数据，更是记录的重点。依据记录的数据，才能够将实际观察的现象和设计要求进行定量的对比，以便于找出问题，加以改进，使设计方案得到完善。通过及时记录数据，也可以帮助自己积累实践经验，使设计、制作水平不断地提高。

4. 焊接应断电

在电子制作调试过程中，当发现元器件或电路有异常需要更换或修改时，必须先断开电源后进行焊接，待故障排除确认无误后，才可重新通电调试。

5. 复杂电路的调试应分块

（1）分块规律

在复杂的电子产品中，其电路通常都可以划分成多个单元功能块，这些单元功能块都相对独立地完成某种特性的电气功能，其中每一个功能块，往往又可以进一步细分为几个具体电路。细分的界限通常有以下规律。

- 对于分立元器件通常是以某一两只半导体三极管为核心的电路。
- 对于集成电路一般是以某个集成电路芯片为核心的电路。

（2）分块调试的特点

复杂电路的调试分块，是指在整机调试时，可对各单元电路功能块分别加电，逐块调试。这种方法可避免各单元电路功能块之间电信号的互相干扰。一旦发现问题，可大大缩小搜寻原因的范围。

实际上，有些设计人员在进行电子产品设计时，往往都为各个单元电路功能块设置了一些隔离元器件，如电源插座，跨接线或接通电路的某一个电阻等。整机调试时，除了正在调试的电路外，其他部分都被隔离元器件断开而不工作，因此不会相互干扰。当每个单元电路功能块都调试完毕后，再接通各个隔离元器件，使整个电路进入工作状态进行整机调试。

对于那些没有设置隔离元器件的电路，可以在装配的同时逐级调试，调好一级再焊接下一级进行调整。

6. 直流与交流状态间的关系

在电子电路中，直流工作状态是电路工作的基础。直流工作点不正常，电路就无法实现其特定的电气功能。因此，成熟的电子产品原理图上，一般都标注有直流工作点（如三极管各极的直流电压或工作电流、集成电路各引脚的工作电压、关键点上的信号波形等），作为整机调试的参考依据。但是，由于元器件的参数都具有一定的误差，加之所用仪表内阻的影响，实测得到的数据可能与图标的直流工作点不完全相同，但两者之间的变化规律是相同的，误差不会太大，相对误差一般不会超出 ±10%。当直流工作状态调试结束以后，再进行交流通路的调试，检查并调整有关的元器件，使电路完成其预定的电气功能。

7. 出现故障时要沉住气

调试出现故障时，属正常现象，不要手忙脚乱。要认真查找故障原因，仔细做出判断，切不可解决不了就拆掉电路重装。因为重新安装的电路仍然会存在各种问题，如果原理上有错误，则不是重新安装能解决的。

7.8 整机老化试验

7.8.1 加电老化的目的

整机产品总装调试完毕后，通常要按一定的技术规定对整机实施较长时间的连续通电考验，即加电老化试验。加电老化的目的是通过老化发现并剔除早期失效的电子元器件，提高电子设备工作可靠性及使用寿命，同时稳定整机参数，保证调试质量。

7.8.2　加电老化的技术要求

整机加电老化的技术要求有温度、循环周期、积累时间、测试次数和测试间隔时间等几个方面。

（1）温度。整机加电老化通常在常温下进行。有时需对整机中的单板、组合件进行部分的高温加电老化试验，一般分三级：$(40 \pm 2)℃$、$(55 \pm 2)℃$ 和 $(70 \pm 2)℃$。

（2）循环周期。每个循环连续加电时间一般为 4 小时，断电时间通常为 0.5 小时。

（3）积累时间。加电老化时间累计计算，积累时间通常为 200 小时，也可根据电子整机设备的特殊需要适当缩短或加长。

（4）测试次数。加电老化期间，要进行全参数或部分参数的测试，老化期间的测试次数应根据产品技术设计要求来确定。

（5）测试间隔时间。测试间隔时间通常设定为 8 小时、12 小时和 24 小时几种，也可根据需要设定。

7.8.3　加电老化试验的一般程序

加电老化试验的一般程序如下。

（1）按试验电路连接框图接线并通电。

（2）在常温条件下对整机进行全参数测试，掌握整机老化试验前的数据。

（3）在试验环境条件下开始通电老化试验。

（4）按循环周期进行老化和测试。

（5）老化试验结束前再进行一次全参数测试，以作为老化试验的最终数据。

（6）停电后，打开设备外壳，检查机内是否正常。

（7）按技术要求重新调整和测试。

■ 7.9　整机检验

整机产品的检验是现代电子企业生产中必不可少的质量监控手段，主要起到对产品生产的过程控制、质量把关、判定产品的合格性等作用。

7.9.1　检验的概念和分类

整机产品的检验应执行自检、互检和专职检验相结合的"三检"制度。

1. 检验的概念

检验是通过观察和判断，适当时结合测量、试验对电子产品进行的符合性评价。整机检验就是按整机技术要求规定的内容进行观察、测量、试验，并将得到的结果与规定的要求进行比较，以确定整机各项指标的合格情况。

2. 检验的分类

整机产品的检验过程分为全检和抽检。

（1）全检：指对所有产品 100% 逐个进行检验。根据检验结果对被检的单件产品做出合格与否的判定。

全检的主要优点是能够最大限度地减少产品的不合格率。

（2）抽检：从交验批中抽出部分样品进行检验，根据检验结果，判定整批产品的质量水平，从而得出该产品是否合格的结论。

3. 检验的过程

检验一般可分为三个阶段。

（1）装配器材的检验：主要指元器件、零部件、外协件及材料等入库前的检验。一般采取抽检的检验方式。

（2）过程检验：对生产过程中的一个或多个工序，或者对半成品、成品的检验，主要包括焊接检验、单元电路板调试检验、整机组装后系统联调检验等。过程检验一般采取全检的检验方式。

（3）电子产品的整机检验：整机检验采取多级、多重复检的方式进行。一般入库采取全检，出库多采取抽检的方式。

7.9.2 外观检验

外观检验是指用视查法对整机的外观、包装、附件等进行检验的过程。

- 观：要求外观无损伤、无污染，标志清晰；机械装配符合技术要求。
- 装：要求包装完好无损伤、无污染；各标志清晰完好。
- 件：附件、连接件等齐全、完好且符合要求。

7.9.3 性能检验

性能检验是指对整机的电气性能、安全性能和机械性能等方面进行测试检查。

1. 电气性能检验

对整机的各项电气性能参数进行测试，并将测试的结果与规定的参数比较，从而确定被检整机是否合格。

2. 安全性能检验

安全性能检验主要包括：电涌试验、湿热处理、绝缘电阻和抗电强度等。安全性能检验应采用全检的方式。

3. 机械性能检验

机械性能检验主要包括：面板操作机构及旋钮按键等操作的灵活性、可靠性，整机机械结构及零部件的安装紧固性。

7.10 整机产品的防护

7.10.1 防护的意义与技术要求

1. 电子整机产品采取防护措施的意义

为了减少电子产品受外界环境因素的影响，提高设备的工作可靠性，延长设备的工作寿

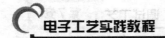

命，对电子产品进行必要的防护是非常重要的。

2. 影响电子产品的因素

影响电子产品的主要外界环境因素有温度、湿度、霉菌、盐雾等。

（1）温度的影响

环境温度的变化会造成材料的物理性能的变化、元器件电参数的变化、电子产品整机性能的变化等。

（2）湿度的影响

潮湿会降低材料的机械强度和耐压强度，从而造成元器件性能的变化（电阻值下降等），甚至造成漏电和短路故障。

（3）霉菌的影响

霉菌会降低和破坏材料的绝缘电阻、耐压强度和机械强度，严重时可使材料腐烂脆裂。破坏元器件和电子整机的外观，对人身造成毒害等。

（4）盐雾的影响

盐雾的危害主要有：对金属和金属镀层产生强烈的腐蚀，使其表面产生锈腐现象，造成电子产品内部的零部件、元器件表面上形成固体结晶盐粒，导致其绝缘强度下降，出现短路、漏电的现象；细小的盐粒破坏产品的机械性能，加速机械磨损，减少使用寿命。

3. 电子整机产品防护的技术要求

为了提高电子整机设备的防护能力，在产品设计及生产过程中应注意下列几项要求。

（1）尽量采取整体防护结构。

（2）金属零件均应进行表面处理。

（3）非金属材料应尽量采用热固性和低吸湿性的塑料。

（4）保持生产过程中的清洁。

7.10.2 防护工艺

1. 喷涂防护工艺

喷涂防护漆是一种对金属和非金属材料进行防腐保护和装饰的最简便的方法，主要用于电子整机和印制电路板组装件的表面防护，它可以提高产品的抗湿热、抗霉菌的能力。

2. 灌封工艺

在元器件本身、元器件与外壳之间的空隙或引线孔中，注入加热熔化的有机绝缘材料，冷却后自行固化封闭，这种工艺称为灌封或灌注。

灌封工艺主要用于小型电子设备和电子部件，以提高密封、防潮、防振等防护能力。

第 **8** 章
表面贴装技术

表面贴装技术（Surface Mounted Technology，SMT），是目前电子组装行业里最流行的一种技术和工艺，又称表面安装技术，表面贴装技术经过20世纪80年代和90年代的迅速发展，已进入成熟期。SMT已经成为一个涉及面广、内容丰富、跨多学科的综合性高新技术。最新几年，SMT又进入一个新的发展高潮，已经成为电子组装技术的主流。越来越多的电路板采用表面贴装元器件，同传统的封装相比，它可以减少电路板的面积，易于大批量加工，布线密度高。而且贴片电阻和电容的引线电感大大减少，在高频电路中具有很大的优越性。如图8.1所示为某型示波器电路板照片，可以看出，该示波器大量使用了贴片元器件。

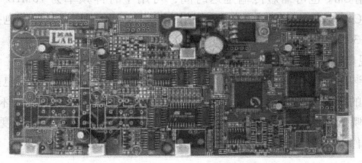

图 8.1　集成贴片元器件示波器电路板

随着电子系统设计技术的发展，贴片元器件的手工焊接和拆卸对于电子爱好者来说是需要经常接触的工作。但对于贴片元器件，不少人仍感到"畏惧"，特别是初学者，觉得它不像传统的引线元器件那样易于把握。

8.1　SMT 概述

SMT是指无须对印制电路板钻插装孔，直接将表面贴装元器件贴、焊在印制电路板表面规定位置上的装联技术。它的主要特征是元器件是无引线或短引线，元器件主体与焊点均处在印制电路板的同一侧面。

8.1.1 表面贴装技术的特点

SMT 具有如下特点。

1. 组装密度高

SMT 片式元器件比传统穿孔元器所占面积和质量都大为减小，一般来说，采用 SMT 可使电子产品体积缩小 60%～70%，质量减轻 60%～80%。通孔安装技术元器件，它们按 2.54mm 网格安装元器件，而 SMT 组装元器件网格从 1.27mm 发展到目前 0.63mm 网格，个别达 0.5mm 网格的安装元器件，密度更高。例如，一个 64 端子的 DIP 集成块，它的组装面积为 25mm×75mm，而同样端子采用引线间距为 0.63mm 的方形扁平封装集成块（QFP）的组装面积仅为 12mm×12mm。

2. 可靠性高

由于片式元器件小而轻，抗振动能力强，自动化生产程度高，故贴装可靠性高，一般不良焊点率小于 10%，比通孔插装元器件波峰接技术低一个数量级，用 SMT 组装的电子产品平均无故障时间（MTBF）为 $2.5×10^5$h，目前几乎有 90% 的电子产品采用 SMT 工艺。由于采用了膏状焊料的焊接技术，可靠性高、抗振能力强，焊点缺陷率低。

3. 高频特性好，减少了电磁和射频干扰

由于片式元器件贴装牢固，元器件通常为无引线或短引线，降低了寄生电容的影响，提高了电路的高频特性。采用片式元器件设计的电路最高率达 3GHz。而采用通孔元器件仅仅为 500MHz。采用 SMT 也可缩短传输延迟时间，可用于时钟频率为 16MHz 以上的电路。若使用多芯模块 MCM 技术，计算机工作站的端时钟可达 100MHz，由寄生电抗引起的附加功耗可降低 20%～30%。

4. 易于实现自动化，提高生产效率

目前穿孔安装印制电路板要实现完全自动化，还需扩大 40% 原印制电路板面积，这样才能使自动插件的插装头将元器件插入，若没有足够大的空间间隙，将碰坏零件。而自动贴片机采用真空吸嘴吸放元器件，真空吸嘴小于元器件外形，可提高安装密度，事实上小元器件及细间距元器件均采用自动贴片机进行生产，也实现全线自动化。

5. 降低成本

SMT 印制使用面积减小，面积为采用通孔面积的 1/12，若采用 CSP 安装，则面积还可大幅度下降；频率特性提高，减少了电路调试费用；片式元器体积小、质量轻，减少了包装、运输和储存费用；片式元器件发展快，成本迅速下降，一个片式电阻已同通孔电阻价格相当。

当然，SMT 大生产中也存一些问题。

（1）元器件上的标称数值看不清楚，维修工作困难。

（2）维修调换器件困难，并需要专用工具。

（3）元器件与印制电路板之间热膨胀系数（CTE）一致性差。

（4）初始投资大，生产设备结构复杂，涉及技术面宽，费用昂贵。

随着专用拆装及新型的低膨胀系数印制电路板的出现，它们已不再成为阻碍 SMT 深入发展的障碍。

8.1.2　为什么要用表面贴装技术

（1）电子产品追求小型化，之前使用的穿孔插件元器件已无法缩小。

（2）电子产品功能更完整，所采用的集成电路（IC）已无穿孔元器件，特别是大规模、高集成 IC，不得不采用表面贴片元器件。

（3）产品批量化，生产自动化，厂方要以低成本高产量，出产优质产品以迎合顾客需求及加强市场竞争力。

（4）电子元器件的发展，集成电路（IC）的开发，半导体材料的多元应用。

8.1.3　表面贴装技术的发展

电子产品安装技术是现代发展最快的制造技术，从安装工艺特点可将安装技术的发展分为五代，如表 8.1 所示。

表 8.1　电子产品安装技术时代划分

年　代	技术缩写	代表元器件	安装基板	安装方法	焊接技术
20 世纪 50～60 年代		长引线元器件、电子管	接线板铆接端子	手工安装	手工烙铁焊
20 世纪 60～70 年代	THT	晶体管、轴向引线元件	单面、双面 PCB	手工/半自动插装	手工焊，浸焊
20 世纪 70～80 年代		单、双列直插 IC 轴向引线元器件	单面及多面 PCB	自动插装	波峰焊，浸焊，手工焊
20 世纪 80～90 年代	SMT	SMC、SMD 片式封装 VSI、VLSI	高质量 SMB	自动贴片机	波峰焊、再流焊
20 世纪 90 年代	MPT	VLSIC，ULSIC	陶瓷硅片	自动安装	倒装焊，特种焊

由表 8.1 可以看出，第二代与第三代安装技术，代表元器件特征明显，而安装方法并没有根本改变，都是以长元器件穿过印制电路板上通孔的安装方式，一般称为通安装 THT（Through Hole mounting Technology）。第四代技术则发生根本性变革，从元器件到安装方式，从 PCB 设计到连接方法都以全新面貌出现，它使电子产品体积缩小、质量变轻、功能增强、可靠性提高，推动了信息产业高速发展。SMT 已经在很多领域取了 THT，并且这种趋势还在发展，预计未来 90% 以上产品采用 SMT。第五代安装技术，从技术式艺讲，仍属于"安装"范畴，但与通常所说的安装相差甚远，使用一般工具、设备和工艺是无法完成的，目前还处于技术发展和局部领域应用的阶段，但它代表了当前电子系统安装技术发展的方向。

8.1.4　SMT 相关技术

表面贴装技术通常包括：表面贴装元器件、表面贴装印制电路板及图形设计、表面贴装专用辅料（焊锡膏及贴片胶）、表面贴装设备，表面贴装焊接技术（包括双波峰焊、气相焊）、表面贴装测试技术、清洗技术，以及表面组成大生产管理等多方面内容。这些内容可以归纳为三个方面（如图 8.2 所示）：一是设备，人们称它为 SMT 的硬件；二是装联工艺，人们称它为 SMT 的软件；三是电子元器件，它既是 SMT 的基础，又是 SMT 发展的动力，它推动着 SMT 专用设备和装联工艺不断更新和深化。

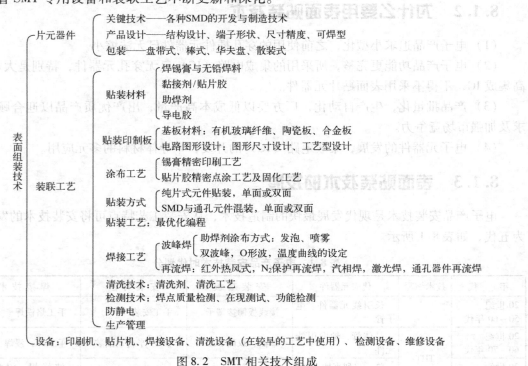

图 8.2 SMT 相关技术组成

8.2 SMT 工艺流程

8.2.1 单面贴装工艺

单面贴装工艺过程：来料检测 => 丝印焊膏（点贴片胶）=> 贴片 => 烘干（固化）=> 再流焊接 => 清洗 => 检测 => 返修，如图 8.3 所示。

单面贴装采用锡膏——再流焊工艺，简单，快捷。

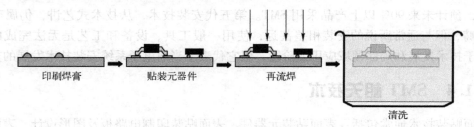

印刷焊膏　　　贴装元器件　　　再流焊　　　　　　清洗

图 8.3 单面贴装工艺

8.2.2 单面插贴混装工艺

单面插贴混装工艺过程：来料检测 => PCB 的 A 面丝印焊膏（点贴片胶）=> 贴片 => 烘干

（固化）=> 再流焊接 => 清洗 => 插件 => 波峰焊 => 清洗 => 检测 => 返修，如图 8.4 所示。

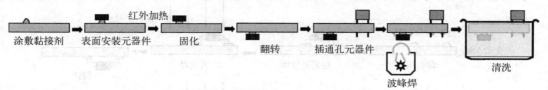

图 8.4　单面插贴混装工艺

单面插贴混装工艺价格低廉，但要求设备多，难以实现高密度组装。

8.2.3　双面贴装工艺

双面贴装再流焊工艺过程：来料检测 => PCB 的 B 面丝印焊膏（点贴片胶）=> 贴片 => 烘干（固化）=> A 面再流焊接 => 清洗 => 翻板 => PCB 的 A 面丝印焊膏（点贴片胶）=> 贴片 => 烘干 => 再流焊接（最好仅对 B 面）=> 清洗 => 检测 => 返修。

此工艺 A 面布有大型 IC 器件，B 面以片式元件为主，充分利用 PCB 空间，实现安装面积最小化，工艺控制复杂，要求严格，适用于在 PCB 两面均贴装有 PLCC 等较大的 SMD 时采用，常用于密集型或超小型电子产品，如手机等，如图 8.5 所示。

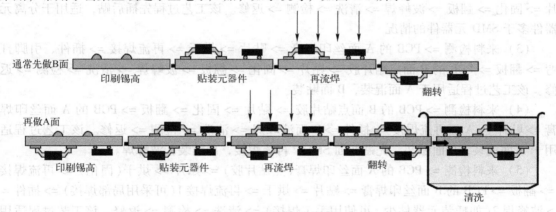

图 8.5　双面贴装再流焊工艺

双面贴装波峰焊工艺过程：来料检测 => PCB 的 A 面丝印焊膏（点贴片胶）=> 贴片 => 烘干（固化）=> A 面回流焊接 => 清洗 => 翻板 => PCB 的 B 面点贴片胶 => 贴片 => 固化 => B 面波峰焊 => 清洗 => 检测 => 返修。

此工艺适用于在 PCB 的 A 面再流焊，B 面波峰焊。在 PCB 的 B 面组装的 SMD 中，只有 SOT 或 SOIC（28）引脚以下时，宜采用此工艺。

8.2.4　双面插贴混装工艺

双面插贴混装工艺如图 8.6 所示，多用于消费类电子产品的组装，如计算机主板等。

双面插贴混装工艺包括如下几种。

（1）来料检测 => PCB 的 B 面点贴片胶 => 贴片 => 固化 => 翻板 => PCB 的 A 面插件 => 波峰焊 => 清洗 => 检测 => 返修。该工艺过程先贴后插，适用于 SMD 元器件多于分离元器件的情况。

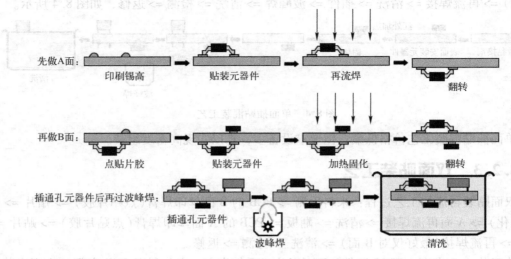

先做A面：　　印刷锡高　　→　　贴装元器件　　→　　再流焊　　→　　翻转

再做B面：　　点贴片胶　　→　　贴装元器件　　→　　加热固化　　→　　翻转

插通孔元件后再过波峰焊：　插通孔元件　→　波峰焊　→　清洗

图 8.6　双面插贴混装工艺

（2）来料检测 => PCB 的 A 面插件（引脚打弯）=> 翻板 => PCB 的 B 面点贴片胶 => 贴片 => 固化 => 翻板 => 波峰焊 => 清洗 => 检测 => 返修。该工艺过程先插后贴，适用于分离元器件多于 SMD 元器件的情况

（3）来料检测 => PCB 的 A 面丝印焊膏 => 贴片 => 烘干 => 再流焊接 => 插件、引脚打弯 => 翻板 => PCB 的 B 面点贴片胶 => 贴片 => 固化 => 翻板 => 波峰焊 => 清洗 => 检测 => 返修。该工艺过程适用于 A 面混装，B 面贴装。

（4）来料检测 => PCB 的 B 面点贴片胶 => 贴片 => 固化 => 翻板 => PCB 的 A 面丝印焊膏 => 贴片 => A 面再流焊接 => 插件 => B 面波峰焊 => 清洗 => 检测 => 返修。该工艺过程适用于 A 面混装，B 面贴装。先贴两面 SMD，再流焊接，后插装，波峰焊。

（5）来料检测 => PCB 的 A 面丝印焊膏（点贴片胶）=> 贴片 => 烘干（固化）=> 再流焊接 => 翻板 => PCB 的 B 面丝印焊膏 => 贴片 => 烘干 => 再流焊接 1（可采用局部焊接）=> 插件 => 波峰焊 2（如插装元器件少，可使用手工焊接）=> 清洗 => 检测 => 返修。该工艺过程适用于 A 面贴装、B 面混装。

8.3　表面贴装元器件

表面贴装元器件是指外形为矩形片式、圆柱形或异形，其焊端或引脚制作在同一平面内，并适用于表面贴装的电子元器件。表面贴装元器件又称为片状元件，其主要特点是尺寸小、质量轻、形状标准化、无引线或短引线。

8.3.1　概述

1. 表面贴装元器件的基本要求

表面贴装元器件必须满足如下基本要求。

（1）元器件的外形适合自动化表面组装，元器件的上表面应易于使用真空吸嘴吸取，下表面具有使用胶黏剂的能力。

（2）尺寸、形状标准化、并具有良好的尺寸精度，具有电性能以及机械性能的互换性。

（3）包装形式适合贴装机自动贴装要求，可执行零散包装又适应编带包装。

（4）具有一定的机械强度，能承受贴装机的贴装应力和基板的弯折应力。

（5）元器件的焊端或引脚的可焊性要符合要求。

（6）符合再流焊和波峰焊的耐高温焊接要求。

再流焊：$(235 \pm 5)℃$，(2 ± 0.2) s；波峰焊：$(260 \pm 5)℃$，(5 ± 0.5) s。

（7）承受有机溶剂的洗涤。

2. 表面贴装元器件的特点

表面贴装元器件具有如下特点。

（1）表面贴装元器件引脚距离短，目前引脚中心间距最小的已经达到0.3mm。

（2）表面贴装元器件直接贴装在印制电路板的表面，将电极焊接在与元器件同一面的焊盘上。

3. 表面贴装元器件的分类

从结构形状上来说，表面贴装元器件有薄片矩形、圆柱形、扁平异形之分；从功能上又分类为无源元器件（Surface Mounting Component，SMC）、有源元器件（Surface Mounting Device，SMD）和机电元器件三大类。常用SMC有单片陶瓷电容、钽电容、厚膜电阻器、薄膜电阻器、轴式电阻器等。SMD有二极管、三极管、集成电路等，常用封装形式有：陶瓷密封带引线芯片载体封装（Ceramic Leaded Chip Carrier，CLCC）、双列直插封装（Dual In – line Package，DIP）、小尺寸封装（Small Outline Package，SOP）、四面引线扁平封装（Quad Flat Package、QFP）、球栅阵列（Ball Grid Array，BGA）等。

4. 表面贴装元器件使用注意事项

（1）存放表面贴装元器件的环境条件如下。

● 环境温度下：30℃下；环境湿度：< RH60%。

● 环境气氛：库房及使环境中不得有影响焊接性能的硫、氯、酸等有害气体。

● 防静电措施：要满足表面组装对防静电的要求。

（2）表面组装元器件存放周期，从生产日期起为2年。到用户手中算起一般为1年（南方潮湿环境下3个月以内）。

（3）对具有防潮要求的SMD，打开封装后1周或72小时内（根据不同元器件的要求而定）必须使用完毕，如果72小时内不能使用完毕，应存放在小于RH20%的干燥箱内，对已经受潮的SMD按照规定进行去潮烘烤处理。

（4）操作人员拿取SMD时应带好防静电手镯。

（5）运输、分料、检验、手工贴装等操作需要拿取SMD时尽量用吸笔操作，使用镊子时注意不要碰伤SOP、QFP等元器件的引脚，预防引脚翘曲变形。`

8.3.2 表面贴装元件（SMC）

1. 电阻器

（1）矩形电阻器

矩形电阻器结构如图8.7所示。

- 电阻基体：氧化铝陶瓷基板。
- 基体表面：印刷电阻浆料，烧结形成电阻膜，刻出图形调整阻值。
- 电阻膜表面：覆盖玻璃釉保护层。
- 两侧端头：三层结构，中间层镍的耐热性和稳定性好，对钯银内部电极起到了阻挡层的作用；镀铅锡合金的外部电极可以提高可焊接性。

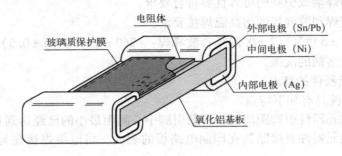

图 8.7　矩形电阻器结构

（2）圆柱形电阻器（简称 MELF）

圆柱形电阻器结构如图 8.8 所示。

- 电阻基体：氧化铝磁棒。
- 基体表面：被覆电阻膜（碳膜或金属膜），印刷电阻浆料，烧结形成电阻膜，刻槽调整阻值。
- 电阻膜表面：覆盖保护漆。
- 两侧端头：压装金属帽盖。

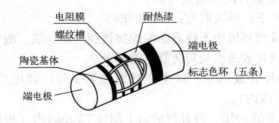

图 8.8　圆柱形电阻器结构

（3）小型电阻网络

小型电阻网络是将多个片状矩形电阻按不同的方式连接组成一个组合元件，如图 8.9 所示。

- 电路连接方式：A、B、C、D、E、F 六种形式。
- 封装结构：采用小外形集成电路的封装形式。常见封装外形：0.150 英寸宽外壳形式（称为 SOP 封装）有 8、14 和 16 根引脚；0.220 英寸宽外壳形式（称为 SOMC 封装）有 14 和 16 根引脚；0.295 英寸宽外壳形式（称为 SOL 封装件）有 16 和 20 根引脚。

图 8.9 小型电阻网

（4）电位器

适用于 SMT 的微调电位器按结构可分为敞开式和密封式两类，如图 8.10 所示。

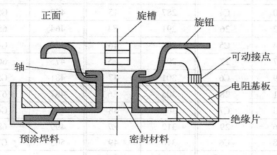

图 8.10 电位器

片式电阻用丝印表示特性值，如图 8.11 所示。

一般用三位数表示：前两位为有效数字，第三位表示加 "0" 个数。例如：

丝印 "103" 表示电阻值为 "10" 后再加 3 个 "0" 即 10 000Ω（10kΩ）。

图 8.11 片式电阻表面丝印

丝印 "112" 表示电阻值为 "11" 后再加 2 个 "0" 即 11 000Ω（1.1kΩ）。

也有用四位数字表示特性值的，则前三位数表示有效数字，后一位数表示加 "0" 个数。例如：

丝印 3301，表示电阻值为 "330" 后加 1 个 "0" 即 3300Ω（3.3 kΩ）。

对于阻值较小的电阻（小于 10Ω），用 R 表示。例如：

丝印 "6R8" 表示电阻值为 6.8Ω，"000" 表示电阻值为 0Ω。

精密电阻的阻值，要查 "精密电阻换算表"，具体方法如下：阻值 ＝ 阻值代码 × 乘方代码。

乘方代码表如表 8.2 所示，阻值代码表如表 8.3 所示。

例如，丝印 "02C"，则查阻值代码表 "02" 对应阻值为 "102"，查乘方代码表 "C" 对应乘方为 "10^2"，得 "02C" 表示阻值为 $102 \times 10^2 = 10.2\text{k}\Omega$。

表 8.2 乘方代码表

代码	A	B	C	D	E	F	G	H	X	Y	Z
乘方	10^0	10^1	10^2	10^3	10^4	10^5	10^6	10^7	10^{-1}	10^{-2}	10^{-3}

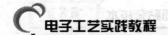

表8.3 阻值代码表

阻值	代码	阻值	代码	阻值	代码	阻值	代码	阻值	代码
100	1	160	B9	255	40	407	F8	649	79
101	A0	162	21	258	D9	412	60	657	H8
102	2	164	C0	261	41	417	F9	665	80
104	A1	165	22	264	E0	422	61	673	H9
105	3	167	C1	267	42	427	G0	681	81
106	A2	169	23	271	E1	432	62	690	K0
107	4	172	C2	274	43	437	G1	698	82
109	A3	174	24	277	E2	442	63	706	K1
110	5	176	C3	280	44	448	G2	715	83
111	A4	178	25	284	E3	453	64	723	K2
113	6	180	C4	287	45	459	G3	732	84
114	A5	182	26	291	E4	464	65	741	K3
115	7	184	C5	294	46	470	G4	750	85
117	A6	187	27	298	E5	475	66	759	K4
118	8	189	C6	301	47	481	G5	768	86
120	A7	191	28	305	E6	487	67	777	K5
121	9	193	C7	309	48	493	G6	787	87
123	A8	196	29	312	E7	499	68	796	K6
124	10	198	C6	316	49	505	G7	806	88
126	A9	200	30	320	E8	511	69	816	K7
127	11	203	C9	324	50	517	G8	825	89
129	B0	205	31	328	E9	523	70	835	K8
130	12	208	D0	332	51	530	G9	845	90
132	B1	210	32	336	F0	536	71	856	K9
133	13	213	D1	340	52	542	H0	866	91
135	B2	215	33	344	F1	549	72	876	M0
137	14	218	D2	348	53	556	H1	887	92
138	B3	221	34	352	F2	562	73	898	M1
140	15	223	D3	357	54	569	H2	909	93
142	B4	226	35	361	F3	576	74	920	M2
143	16	229	D4	365	55	583	H3	931	94
145	B5	232	36	370	F4	590	75	942	M3
147	17	234	D5	374	56	597	H4	953	95
149	B6	237	37	379	F5	604	76	965	M4
150	18	240	D6	383	57	612	H5	976	96
152	B7	243	38	388	F6	619	77	989	M5
154	19	246	D7	392	58	626	H6		
156	B8	249	39	397	F7	634	78		
158	20	252	D8	402	59	642	H7		

2. 电容器

表面贴装用电容器简称片状电容器，从目前应用情况来看，适用于表面贴装的电容器已发展到数百种型号，主要有下列品种：多层片状瓷介电容器（占80%）、片状钽电解电容器、片状铝电解电容器、片状薄膜电容器（较少）、片状云母电容器（较少）。

（1）多层片状瓷介电容器 MLC（独石电容）

多层片状瓷介电容器如图8.12所示。

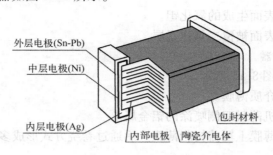

外层电极(Sn-Pb)
中层电极(Ni)
内层电极(Ag)
包封材料
内部电极 陶瓷介电体

图8.12　多层片状瓷介电容器

- 绝缘介质：陶瓷膜片。
- 金属极板：金属（白金、钯或银）的浆料印刷在膜片上，经叠片（采用交替层叠的形式）烧结成一个整体，根据容量的需要，少则二层，多则数十层，甚至上百层。
- 端头：三层结构。

（2）片状铝电解电容器

片状铝电解电容器常被大容量的电容器所采用，有矩形与圆柱形两种，如图8.13所示。

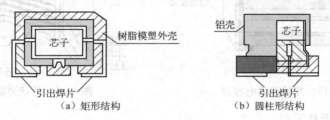

芯子 树脂模塑外壳
铝壳 芯子
引出焊片 引出焊片
（a）矩形结构 （b）圆柱形结构

图8.13　片状铝电解电容器

圆柱形是采用铝外壳、底部装有耐热树脂底座的结构；矩形是采用在铝壳外再用树脂封装的双层结构。

- 阳极：高纯度的铝箔经电解腐蚀形成高倍率的表面。
- 阴极：低纯度的铝箔经电解腐蚀形成高倍率的表面。
- 介质：在阳极箔表面生成的氧化铝薄膜。
- 芯子：电解纸夹于阳箔、阴箔之间卷绕形成，由电解液浸透后密封在外壳内。

（3）片状钽电解电容器

片状钽电解电容器有三种类型：裸片型、模塑型和端帽型，如图8.14所示。

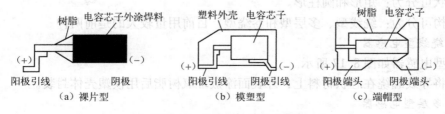

树脂 电容芯子外涂焊料
塑料外壳 电容芯子
树脂 电容芯子
（+）阳极引线 阴极
（+）阳极引线 阴极引线
（+）阳极端头 阴极端头
（a）裸片型
（b）模塑型
（c）端帽型

图8.14　片状钽电解电容器

- 阳极：以高纯度的钽金属粉末，与黏合剂混合后，加压成型、经烧结形成多孔性的烧结体。
- 绝缘介质：阳极表面生成的氧化钽。
- 阴极：绝缘介质表面被覆二氧化锰层。

（4）片状薄膜电容器

片状薄膜电容器如图 8.15 所示。

- 绝缘介质：有机介质薄膜。
- 金属极板：在有机薄膜双侧喷涂的铝金属。
- 芯子：在铝金属薄膜上覆盖树脂薄膜。后通过卷绕方式形成多层电极（十层，甚至上百层）。
- 端头：内层铜锌合金、外层锡铅合金。

（5）片状云母电容器

片状云母电容器如图 8.16 所示。

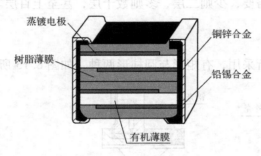

图 8.15　片状薄膜电容器

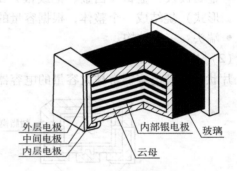

图 8.16　片状薄膜电容器

- 绝缘介质：天然云母片。
- 金属极板：将银印刷在云母片上。
- 芯子：经叠片、热压形成电容体。
- 端头：三层结构。

片式电容器容值可直接用单位表示，如 10pF、100nF 等。也可用类似阻值标志方法，第一位、第二位数为有效数字，第三位数表示乘方，$0 \sim 8$ 表示 $10^0 \sim 10^8$，9 表示 10^{-1}，如"103"表示 10×10^3pF 即 10nF，"309"表示 30×10^{-1}pF 即 3pF。

3. 电感器

片状电感器是继片状电阻器、片状电容器之后迅速发展起来的一种新型无源元件，它的种类很多。

按形状可分为：矩形和圆柱形。

按结构可分为：绕线型、多层型和卷绕型，目前用量较大的是前两种。

（1）绕线型电感器

绕线型电感器如图 8.17 所示。

它是将导线缠绕在芯状材料上，外表面涂敷环氧树脂后用模塑壳体封装。

（2）多层型电感器

多层型电感器如图 8.18 所示。

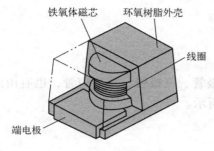

图 8.17 绕线型电感器

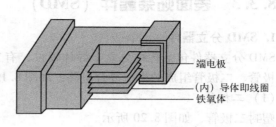

图 8.18 多层型电感器

它由铁氧体浆料和导电浆料交替印刷多层，经高温烧结形成具有闭合电路的整体，常用模塑壳体封装。

常用表面贴装元件如表 8.4 所示。

表 8.4 表面贴装元件（SMC）的外形封装、尺寸、主要参数及包装方式

外 形	元 件 名 称	封装名称及外形尺寸		主 要 参 数	包 装 方 式
		公制（mm）	（inch）		
矩形片式元件	电 阻	0603（0.6×0.3）	0201	0Ω~10MΩ	编带或散装
	陶瓷电容	1005（1.0×0.5）	0402	0.5pF~1.5μF	
	钽电容	2125（2.0×1.25）	0805	0.1~100μF/4~35V	
	电 感	3216（3.2×1.6）	1206	0.047~33μH	
	热敏电阻	3225（3.2×2.5）	1210	1.0~150kΩ	
	压敏电阻	4532（4.5×3.2）等	1812	22~270V	
	磁 珠	（视不同元器件而定）		$Z=7~125Ω$	
圆柱形片式元件	电 阻	Φ1.0×2.0	0805	0Ω~10MΩ	编带或散装
	陶瓷电容	Φ1.4×3.5 Φ2.2×5.9	1206 2210	1.0~33000pF	
	陶瓷振子	2.8×7.0	2511	2~6MHz	
复合片式元件	电阻网络	SOP8—20		47Ω~10kΩ	编带
	电容网络			1pF~0.47μF	
	滤波器	4.5×3.2 和 5.0×5.0		低通、高通、带通等	
异型片式元件	铝电解电容	3.0×3.0		0.1~220μF/4~50V	编带
	微调电容器	4.3×4.3		3~50pF	
	微调电位器	4.5×4.0		100Ω~2MΩ	
	绕线型电感器	4.5×3.8		10nH~2.2mH	
	变压器	8.2×6.5		触、旋转、扳钮	
	各种开关	尺寸不等		3.5~25MHz	
	振子	10.0×0.8		规格不等	
	继电器	16×10		规格不等	托盘
	连接器	尺寸不等		规格不等	

8.3.3　表面贴装器件（SMD）

1．SMD 分立器件

SMD 分立器件包括各种分立半导体器件，有二极管、三极管、场效应管，也有由两三只三极管、二极管组成的简单复合电路，如图 8.19 所示。

（1）二极管

塑封二极管，如图 8.20 所示。

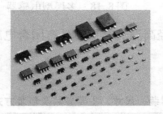

图 8.19　SMD 分立器件　　　　图 8.20　塑封二极管

无引线柱形玻璃封装二极管，如图 8.21 所示。

图 8.21　无引线柱形玻璃封装二极管

（2）短引线晶体管

短引线晶体管（Short Out – line Transistor）又称微型片状晶体管，常用的封装形式有四种。

SOT23 型有三条"翼形"短引线，如图 8.22 所示。

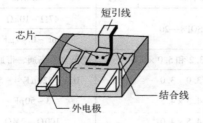

图 8.22　SOT23 型结构

SOT143 型结构与 SOT23 型相仿，不同的是有四条"翼形"短引线。

SOT89 型适用于中功率的晶体管（300mW ~ 2W），它的三条短引线是从管子的同一侧引出的，如图 8.23 所示。

TO252 型适用于大功率晶体管，在管子的一侧有三条较粗的引线，芯片贴在散热铜片上，如图 8.24 所示。

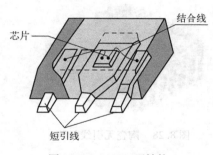

图 8.23　SOT89 型结构

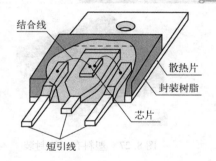

图 8.24　TO252 型结构

（3）集成电路

集成电路有大规模集成电路（Large Scale Integration circuit，LSI）和超大规模集成电路（Ultra LSIC，ULSI）之分。

① 小外形塑料封装（Small Outline Package，SOP 或 SOIC）。

小外形塑料封装集成电路（Small Outline Package，SOP 或 SOIC）如图 8.25 所示。

引线形状：翼形、J 形、I 形，如图 8.26 所示。

引线间距（引线数）：1.27mm（8～28 条）、1.0mm（32 条）、0.76mm（40～56 条）。

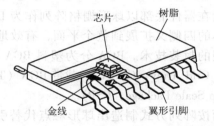

图 8.25　小外形塑料封装集成电路

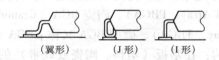

（翼形）　　（J 形）　　（I 形）

图 8.26　引线结构图

② 芯片载体封装。

为适应 SMT 高密度的需要，集成电路的引线由两侧发展到四侧，这种在封装主体四侧都有引线的形式称为芯片载体，通常有塑料及陶瓷封装两大类。

塑料有引线封装（Plastic Leaded Chip Carrier，PLCC），如图 8.27 所示。

引线形状：J 形。

引线间距：1.27mm。

引线数：18～84 条。

陶瓷无引线封装（Leadless Ceramic Chip Carrier，LCCC），如图 8.28 所示。其特点：无引线，引出端是陶瓷外壳，四侧的镀金凹槽（常被称为城堡式），凹槽的中心距有 1.0mm、1.27mm 两种。

③ 方形扁平封装。

方形扁平封装（Quad Flat Package）是专为小引线距（又称细间距）表面贴装集成电路而研制的，如图 8.29 所示。

引线形状：带有翼型引线的称为 QFP；带有 J 形引线的称为 QFJ。

引线间距：0.65mm、0.5mm、0.4mm、0.3mm、0.25mm。

引线数：80～500 条。

图 8.27　塑料有引线封装

图 8.28　陶瓷无引线封装

图 8.29　方形扁平封装

④ 球栅阵列封装。

球栅阵列封装（Ball Grid Array，BGA）是指在器件底部以球形栅格阵列作为 I/O 引出端的封装形式，BGA 集成电路的引线从封装主体的四侧又扩展到整个平面，有效地解决了 QFP 的引线间距缩小到极限的问题，被称为新型的封装技术。BGA 分为塑料 BGA（Plastic Ball Grid Array，PBGA）、陶瓷 BGA（Cramic Ball Grid Array，CBGA）、载带 BGA（Tape Ball Grid Array，TBGA）、微型 BGA 又称 μBGA（Chip Scale Package，CSP）。

结构：在基板（塑料、陶瓷或载带）的背面按阵列方式制造出球形触点代替引线，在基板的正面装配芯片，如图 8.30 所示。

特点：减小了封装尺寸，明显扩大了电路功能。例如，同样封装尺寸为 20mm × 20mm、引间距为 0.5mm 的 QFP 的器件 I/O 数为 156 个，而 BGA 器件为 1521 个。

发展方向：进一步缩小，其尺寸约为芯片的 1 ~ 1.2 倍，被称为"芯片尺寸封装"（简称 CSP 或 μBGA）。

BGA 封装如图 8.31 所示。

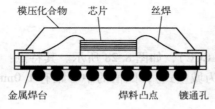

图 8.30　BGA 结构

图 8.31　BGA 封装

⑤ 裸芯片组装。

随着组装密度和 IC 的集成度的不断提高，为适应这种趋势，IC 的裸芯片组装形式应运而生，并得到广泛应用。

它是将大规模集成电路的芯片直接焊接在电路基板上，焊接方法有下列几种。

● 板载芯片（COB）。COB 是将裸芯片直接粘在电路基板上，用引线键合达到芯片与

SMB 的连接，然后用灌封材料包封，这种形式主要用在消费类电子产品中。

- 载带自动键合（TAB）。载带是指基材为聚酰亚胺薄膜，表面覆盖铜箔后，用化学法腐蚀出精细的引线图形；在芯片引出点上镀 Au、Cu 或 Sn/Pn 合金，形成高度为 20 ~ 30μm 的凸点电极；贴组装方法是将芯片粘贴在载带上，将凸点电极与载带的引线连接，然后用树脂封装。TAB 的引线间距可较 QFP 进一步缩小至 0.2mm 或更细，它适用于大批量自动化生产。

- 倒装芯片（Flip Chip，FC）。FC 制成凸点电极；贴装方法是将裸芯片倒置在 SMB 基板上（芯片凸点电极与 SMB 上相应的焊接部位对准），用再流焊连接。由于焊点可分布在裸芯片全表面，并直接与基板焊盘连接，更适应微组装技术的发展趋势，是目前研究和发展最为活跃的一种裸芯片组装技术。倒装芯片结构如图 8.32 所示。

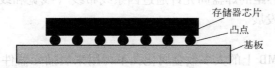

图 8.32　倒装芯片结构

除此之外还有缩小形封装（Shrink Small Outline Package，SSOP）、薄四方形封装（Thin Quad Plat Package，TQFP）、薄缩小形封装（Thin Shrink Small Outline Package，TSSOP）、J 形脚封装（Small Outline J，SOJ）、针状栅阵列（Pin Grid Array，PGA）等。

常用表面贴装器件如表 8.5 所示。

表 8.5　常用表面贴装器件外表封装、引脚参数及包装方式

器件类型	封装名装和外形	引脚数和间距（mm）	包装
片式晶体管	圆柱形二极管		编带或散装
	SOT23	三端	
	SOT89	四端	
	SOT143	四端	
集成电路	SOP（翼形小外形塑料封装）TSOP（薄形 SOP）	8 ~ 44 引脚，引脚间距为 1.27、1.0、0.8、0.65、0.5	编带
	SOJ（J 形小外形塑料封装）	20 ~ 40 引脚，引脚间距为 1.27	
	PLCC（塑料 J 形脚芯片载体）	16 ~ 84 引脚，引脚间距为 1.27	
	LCCC（元引线陶瓷芯片载体）	电极数：18 ~ 156	
	QFP（四边扁平封装器件）PQFP（带角耳的 QFP）	20 ~ 304 引脚，引脚间距为 1.27	管装
	BGA（球形栅格阵列）CSP（又称 μBGA，外形与 BGA 相同，封装尺寸比 BGA 小，芯片封装尺寸与芯片面积比小于或等于 1.2）	焊球间距：15、1.27、1.0、0.8、0.65、0.5、0.4、0.3（0.8 以下为 CSP）	托盘
	ELIPCHIP（倒装芯片）		
	MCM（多芯片模块，如同混合电路，将电阻做在陶瓷或 PCB 上，外贴多个集成电路和电容等其他元件，再封装成一个组件）		

8.4 表面贴装印制电路板（SMB）

8.4.1 SMB 的主要特点

1. 高密度

随着 SMC 引线间距由 1.27mm 向 0.762mm、0.635mm、0.508mm、0.381mm、0.305mm 直至 0.1mm 的过渡，SMB 发展到五级布线密度，即在 1.27mm 中心距的焊盘间允许通过三条布线，在 2.54mm 中心距的焊盘间允许通过四条线布线（线宽和线间距均为 0.1mm），并还在向五条布线的方向发展。

2. 小孔径

在 SMT 中，由于 SMB 上的大多数金属化孔不再用来装插元器件，而是用来实现各层电路的贯穿连接，SMB 的金属化通孔直径一般在向 $\phi0.6$ mm、$\phi0.3$mm、$\phi0.1$mm 的方向发展。

3. 多层数

SMB 不仅适用于单、双面板，而且在高密度布线的多层板上也获得了大量的应用。现代大型电子计算机中用多层 SMB 十分普遍，层数最高的可达近百层。

4. 高板厚孔径比

PCB 的板厚与孔径之比一般在 3 以下，而 SMB 普遍在 5 以上，甚至高达 21。这给 SMB 的孔金属化增加了难度。

5. 优良的传输特性

由于 SMT 广泛应用于高频、高速信号传输的电子产品中，电路的工作频率由 100MHz 向 1000MHz，甚至更高的频段发展。

6. 高平整高光洁度

SMB 在焊接前的静态翘曲度要求小于 0.3%。

7. 尺寸稳定性好

基材的热膨胀系数（CTE）是 SMB 设计、选材时必须考虑的重要因素之一。

8.4.2 几种常用元器件的焊盘设计

1. 矩形片式元器件

矩形片式元器件焊盘尺寸设计如图 8.33 所示，其尺寸如下。

焊盘宽度：$A = b_{max} - K$。

电阻器焊盘的长度：$B = h_{max} + T_{max} + K$。

电容器焊盘的长度：$B = h_{max} + T_{max} - K$。

焊盘间距：$G = L_{max} - 2T_{max} - K$。

其中：L 为元件长度，mm；b 为元件宽度，mm；T 为元件焊端宽度，mm；h 为元件高度（对塑封钽电容器是指焊端高度），mm；K 为常数，一般取 0.254mm。

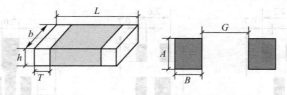

图8.33 矩形片式元器件及其焊盘示意图

2. 圆柱形元器件 （MELF）

焊盘图形尺寸同矩形片式元器件，可设计凹形槽如图8.34所示，其尺寸如下。

焊盘宽度：$a = D_{max} - K$。

焊盘的长度：$b = D_{max} + T_{min} + K$。

焊盘间距：$G = L_{max} - 2T_{min} - K$。

焊盘的槽深：$d = b - \left(\dfrac{2b + G - L_{max}}{2} \right)$。

焊盘的槽宽：$e = 0.4 \sim 0.6\text{mm}$。

K 为常数，一般取 0.254mm。

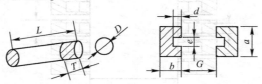

图8.34 圆柱形元器件焊盘示意图

3. 晶体管 （SOT）

（1）单个引脚焊盘长度设计要求如图8.35所示。

$L_2 = L + b_1 + b_2$，$b_1 = b = 0.3 \sim 0.5\text{mm}$。

（2）对于小外形晶体管，应在保持焊盘间中心距等于引线间中心距的基础上，再将每个焊盘四周的尺寸分别向外延伸至少 0.35mm，如图8.36所示。

4. 翼形引脚元器件

翼形引脚元器件包括小外形集成电路、电阻网络（SOP）及四边扁平封装器件（QFP）。

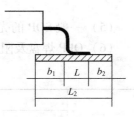

图8.35 单个引脚焊盘长度设计示意图

（1）因为 SOP 和 QFP 的引脚均为翼形，所以其焊盘尺寸的计算方法相同，如图8.37所示。一般情况下，焊盘宽度等于引脚宽度，焊盘长度取（2.5±0.5）mm。

（2）焊盘中心距等于引脚中心距。

（3）单个引脚焊盘设计的一般原则如下。

器件引脚间距≤1.0mm 时：$W_2 \geqslant W$。

器件引脚间距≥1.27mm 时：$W_2 \leqslant 1.2W$，$L_2 = L + b_1 + b_2$，$b_1 = b_2 = 0.3 \sim 0.5$ mm。

（4）相对两排焊盘的距离（焊盘图形内廓）按下式计算（单位 mm）：

$$G = F - K$$

式中：G 为两排焊盘之间的距离，mm；F 为元器件壳体封装尺寸，mm；K_1 为系数，一般取 0.254mm。

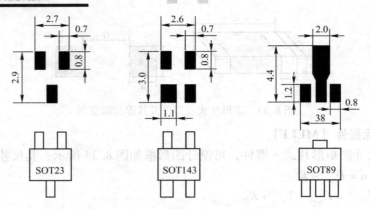

图 8.36　SOT 晶体管焊盘示意图

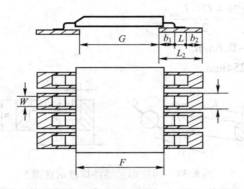

图 8.37　翼形小外形集成电路和电阻网络（SOP）外形及焊盘示意图

（5）一般 SOP 的壳体有宽体和窄体两种，G 值分别为 7.6mm、3.6mm。

（6）QFP 焊盘及阻焊图尺寸如表 8.6 所示。

表 8.6　QFP 焊盘及阻焊尺寸　　　　　　　　　　　　　　　　单位（mm）

引线数	焊盘尺寸			阻焊图尺寸		配置图例
	a （中心距）	b （宽）	c （间隙）	d （宽）	e （间隙）	
64	1.0	0.6	0.4	0.2	0.135	
80	0.8	0.5	0.3	0.13	0.085	
100	0.65	0.35	0.3	0.13	0.085	
160	0.5	0.3	0.2	0.10	0.05	
48、208、224	0.4	0.22	0.18	0.08	0.05	

5. J 形引脚元器件

J 形引脚元器件包括小外形集成电路（SOJ）和塑封有引脚芯片载体（PLCC），典型引脚中距为 1.27mm，其焊盘图形设计相同。焊盘设计如下。

（1）单个引脚的焊盘宽度一般为 0.50～0.80mm，焊盘长度为 1.85～2.15mm。

（2）引脚中心应在焊盘图形内侧 1/3 至焊盘中心之间，如图 8.38 所示。

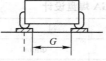 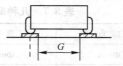

（a）引脚在焊盘中央　　　　（b）引脚在焊盘内侧1/3处

图 8.38　SOJ 外形及焊盘示意图

（3）SOJ 相对两排焊盘之间的距离（焊盘图形内廓）G 值一般为 4.9mm。

（4）PLCC 相对两排焊盘之间的距离（焊盘图形外廓）如图 8.39 所示。

焊盘间距按下式计算（单位 mm）：

$$J = C + K$$

式中：J 为焊盘图形外廓距离；C 为 PLCC 最大封装尺寸；K 为系数，一般取 0.75mm。

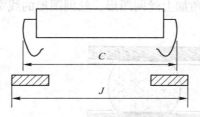

图 8.39　PLCC 相对两排焊盘之间的距离示意图

6. 球栅阵列（BGA）

BGA 的外形尺寸范围为 7～50mm。PBGA 是最普通的 BGA 封装类型，它以印制电路板基材为载体。PBGA 的焊球间距为 1.50mm、1.27mm、1.0mm，焊球直径为 1.27mm、1.0mm、0.89mm、0.762mm。

BGA 底部焊球有部分分布和完全分布两种分布形式，如图 8.40 所示。

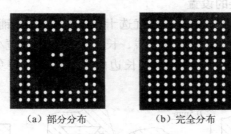

（a）部分分布　　　　　（b）完全分布

图 8.40　BGA 底部焊球分布示意图

BGA 焊盘设计原则如下。

（1）根据 BGA 器件底部焊球分布情况进行设计。

要求 PCB 上每个焊球的焊盘中心与 BGA 器件底部对应的焊球中心相吻合。几种间距的 BGA 焊盘设计见表 8.7。

（2）每个焊球的焊盘图形为实心圆，PCB 焊盘最大直径等于 BGA 器件底部焊球的焊盘直径；PCB 焊盘最小直径等于 BGA 底部焊盘直径减去贴装精度。例如，BGA 底部焊盘直径为 0.89mm，贴装精度为 ±0.1mm，PCB 焊盘最小直径等于 0.89～0.2mm（BGA 器件底部焊球的焊盘直径根据供应商提供的资料）。

表 8.7　几种间距 BGA 焊盘设计

Pithch	焊球直径	焊盘直径	过　孔	引　线
mm	Φmm	Φmm	Φmm	mil
1.27	0.76	0.76	0.635	6~8
1.0	0.6	0.55	0.5	6
0.8	0.5	0.45	0.4	6

（3）阻焊尺寸比焊盘尺寸大 0.1~0.15mm。

一般 BGA 采用有阻焊的焊盘，CSP 及 Flip Chip 采用没有阻焊的焊盘，如图 8.41 所示。

（4）导通孔在孔化电镀后，必须采用介质材料或导电胶进行堵塞，高度不得超过焊盘高度。

（5）在 BGA 器件外壳四角加上丝网图形，丝网图形的线宽为 0.2~0.25mm，如图 8.42 所示。

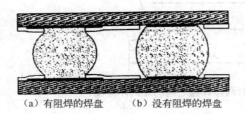
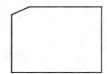

（a）有阻焊的焊盘　　（b）没有阻焊的焊盘

图 8.41　BGA 的焊盘及阻焊层设计示意图　　　　图 8.42　在 BGA 器件外壳
四角加上丝网图形

8.4.3　SMB 相关设置

1. 焊盘与印制导线连接的设置

（1）当焊盘和大面积的地相连时，应优选十字铺地法和 45°铺地法。

（2）从大面积地或电源线处引出的导线，长大于 0.5mm，宽小于 0.4mm。

（3）与矩形焊盘连接的导线应从焊盘长边的中心引出，避免呈一定角度，如图 8.43 所示。

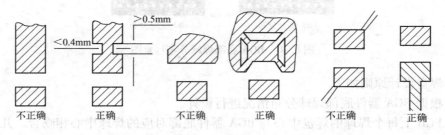

不正确　　　　正确　　　　　　不正确　　　　正确　　　　　不正确　　　　正确

图 8.43　矩形焊盘与印制导线的连接示意图

（4）集成电路组件焊盘间的导线和焊盘引出导线如图 8.44 所示。

2. 导通孔设置

（1）采用再流焊工艺时导通孔设置。

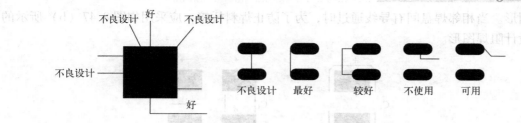

图 8.44　集成电路组件焊盘间的导线和焊盘引出导线

- 一般导通孔直径不小于 0.75mm。
- 除 SOIC 或 PLCC 等器件之外，不能在其他元器件下面打导通孔。如果在 Chip 元件底部打导通孔，必须加工埋（盲）孔和阻焊。
- 不能把导通孔直接设置在焊盘上、焊盘的延长部分和焊盘角上，如图 8.45 所示。

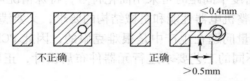

图 8.45　再流焊导通孔示意图

- 导通孔和焊盘之间应有一段涂有阻焊膜的细线相连，细线的长度应大于 0.5mm，宽度小于 0.4mm。

（2）采用波峰焊工艺时，导通孔应设置在焊盘底部或靠近焊盘的位置，有利于排出气体。当导通孔设置在焊盘上时，一般孔与元件端头相距 0.254mm，如图 8.46 所示。

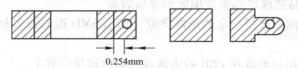

图 8.46　波峰焊导通孔示意图

3．测试点

（1）PCB 上可设置若干个测试点，这些测试点可以是孔或焊盘。

（2）测试孔设置与再流焊导通孔要求相同。

（3）探针测试支撑导通孔和测试点。

采用在线测试时，PCB 上要设置若干个探针测试支撑导通孔和测试点，这些孔或点和焊盘相连时，可从有关布线的任意处引出，但应注意以下几点。

- 要注意不同直径的探针进行自动在线测试（ATE）时的最小间距。
- 导通孔不能选在焊盘的延长部分，与再流焊导通孔要求相同。
- 测试点不能选择在元器件的焊点上。

4．阻焊

（1）PCB 制作应选择热风整平工艺。

（2）阻焊图形尺寸要比焊盘周边大 0.05～0.254mm，防止阻焊剂污染焊盘。

（3）当窄间距或相邻焊盘间没有导线通过时，允许采用如图 8.47（a）所示的方法设计阻焊图形。当相邻焊盘间有导线通过时，为了防止焊料桥接，应采用如图8.47（b）所示的方法设计阻焊图形。

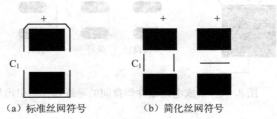

（a）标准丝网符号　　　　　（b）简化丝网符号

图 8.47　阻焊图形设计示意图

5. 丝网图形

一般情况需要在丝网层标出元器件的丝网图形，丝网图形包括丝网符号、元器件位号、极性 IC 的 1 脚标志。高密度窄间距时可采用简化符号，特殊情况可省去元器件位号。

元器件布局既要满足整机电器性能和机械结构的要求，又要满足 SMT 生产工艺的要求。由于设计所引起的产品质量问题在生产中是很难克服的，因此 PCB 设计工程师要了解基本的 SMT 工艺特点，根据不同的工艺要求进行元器件布局设计，正确的设计可以将焊接缺陷降到最低。

8.4.4　元器件布局设置

1. 元器件整体布局设计

表面贴装印制电路板元器件整体布局设计应遵循如下基本原则。

（1）PCB 上元器件分布应尽可能均匀。大质量器件再流焊时热容量较大，因此，如果布局上过于集中，容易造成局部温度偏低而导致假焊。

（2）大型器件的四周要留一定的维修空隙（留出 SMD 返修设备加热头能够进行操作的尺寸）。

（3）功率器件应均匀地放在 PCB 的边缘或机箱内通风位置上。

（4）单面混装时，应把贴装和插装元器件布放在 A 面。

（5）采用双面再流焊混装时，应把大的贴装元器件布放在 A 面，A、B 两面的大器件要尽量交叉错开放置。

（6）采用 A 面再流焊，B 面波峰焊混装时，应把大的贴装和插装元器件布放在 A 面（再流焊面）。适合于波峰焊的矩形、圆柱形片式元件、SOT 和较小的 SOP（引脚数小于 28，引脚间距 1mm 以上）布放在 B 面（波峰焊接面）。波峰焊接面上不能安放四边有引脚的 QFP 器件以及 SOJ 和 PLCC 等。

（7）波峰焊接面上元器件封装必须能承受 260℃以上温度并是全密封型的。电位器、微调电容、电感等元件不能安放在波峰焊接面。

（8）贵重的元器件不要布放在 PCB 的四角、边缘，或靠近接插件、安装孔、槽、拼板的切割槽、豁口和拐角等处，以上这些位置是印制电路板的高应力区，容易造成焊点和元器件的开裂。

2. 元器件排布方向

（1）再流焊工艺的元器件排布方向

再流焊工艺的元器件排布方向如图 8.48 所示。

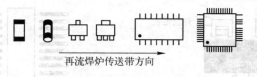

图 8.48 再流焊元器件排布方向示意图

为了使两个端头片式元器件两侧引脚同步受热，减少由于元器件两侧焊端不能同步受热而产生竖碑、移位、焊端脱离焊盘等焊接缺陷，要求 PCB 上两个端头的片式元器件的长轴应垂直于再流焊炉的传送带方向；SMD 器件长轴应平行于再流焊炉的传送带方向，两个端头的 Chip 元件长轴与 SMD 器件长轴应相互垂直。

对于大尺寸的 PCB，为了使 PCB 两侧温度尽量保持一致，PCB 长边应平行于再流焊炉的传送带方向，因此当 PCB 尺寸大于 200mm 时要求：

- 两个端头 Chip 元件的长轴与 PCB 的长边相垂直，SMD 器件的长轴与 PCB 的长边平行；
- 双面组装的 PCB 两个面上的元器件取向一致。

（2）波峰焊工艺的元器件排布方向

波峰焊工艺的元器件排布方向如图 8.49 所示。

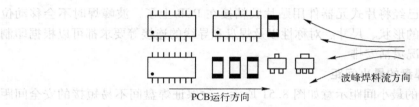

图 8.49 波峰焊元器件排布示意图

为了使元器件相对应的两端头同时与焊料波峰相接触，同时也是为了避免阴影效应，Chip 元件的长轴应垂直于波峰焊机的传送带方向；SMD 器件长轴应平行于波峰焊机的传送带方向。

为了避免阴影效应，同尺寸元器件的端头在平行于波峰焊传送方向排成一直线；不同尺寸的大、小元器件应交错放置；小元器件要排布在大元器件的前方；防止元器件体挡住焊接端头和焊接引脚。当不能按以上要求排布时，元器件之间应留有 3 ~ 5mm 间距。

（3）元器件的特征方向应一致

例如，电解电容器极性、二极管的正极、三极管的单引脚端、集成电路的第一脚等。

（4）采用波峰焊工艺时 PCB 设计的几个要点

① 高密度布线时应采用椭圆焊盘图形，以减少连焊。

② 为了减小阴影效应提高焊接质量，波峰焊的焊盘图形设计时，要对矩形元器件、SOT、SOP 元器件的焊盘长度做如图 8.50 所示处理。

- 延伸元器件体外的焊盘长度，进行延长处理。
- 对 SOP 最外侧的两对焊盘加宽，以吸附多余的焊锡（俗称窃锡焊盘）。
- 小于 3.2mm × 1.6mm 的矩形元件，在焊盘两侧可进行 45°倒角处理。

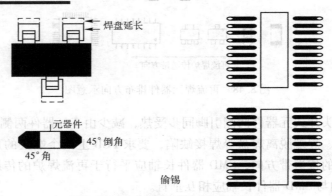

图 8.50　减小波峰焊阴影效应的措施

③ 波峰焊时，应将导通孔设置在焊盘的尾部或靠近焊盘。导通孔的位置应不被元器件覆盖，便于气体排出。当导通孔设置在焊盘上时，一般孔与元器件端头相距 0.254mm。

④ 元器件的布排方向与顺序如下。

- 元器件布局和排布方向应遵循较小的元器件在前和尽量避免互相遮挡的原则。
- 波峰焊接面上的大小元器件应交错放置，不应排成一直线。
- 波峰焊接面上不能安放 QFP、PLCC 等四边有引脚的元器件。
- 由于波峰焊接前已经将片式元器件用贴片胶粘接在 PCB 上了，波峰焊时不会移动位置，因此对焊盘的形状、尺寸、对称性以及焊盘和导线的连接等要求都可以根据印制电路板的实际情况灵活安排。

3. 元器件间相邻焊盘的最小间距

元器件间相邻焊盘的最小间距示意如图 8.51 所示，除保证焊盘间不易短接的安全间距外，还应考虑易损元器件的可维护性要求。一般组装密度情况要求如下。

（1）片式元器件之间、SOT 之间、SOIC 与片式元器件之间为 1.25mm。

（2）SOIC 之间、SOIC 与 QFP 之间为 2mm。

（3）PLCC 与片式元器件、SOIC、QFP 之间为 2.5mm。

（4）PLCC 之间为 4mm。

（5）混合组装时，插装元器件和片式元器件焊盘之间的距离为 1.5mm。

（6）设计 PLCC 插座时应注意留出 PLCC 插座体的尺寸（因为 PLCC 的引脚在插座体的底部内侧）。

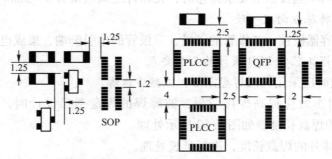

图 8.51　元器件间相邻焊盘最小间距示意图（单位：mm）

8.4.5 基准标志

基准标志（Mark）是为了纠正 PCB 制作过程中产生的误差而设计的用于光学定位的一组图形。基准标志的种类分为 PCB 基准标志和局部基准标志。

1. 基准标志图形

基准标志图形如图 8.52 所示。

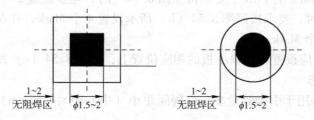

图 8.52　基准标志图形（单位：mm）

Mark 的形状与尺寸应根据不同型号贴装机的具体要求进行设计。一般要求如下：

形状：实心圆、三角形、菱形、方形、十字、空心圆（●▲◆■╋◎）等都可以，优选实心圆。

尺寸：$\phi 1.5 \sim 2mm$。超小版面、高密度局的基准标志可适当缩小，但不能小于 $\Phi 5mm$，最大不能超过中 $\Phi 5mm$。

表面：裸铜、镀锡、镀金均可，但要求镀层均匀不要过厚。

周围：考虑到阻焊材料颜色与环境反差，在 Maik 周围有 $1 \sim 2mm$ 无阻焊区，特别注意不要把 Mark 设置在电源大面积地的网格上。

2. 基准标志布放位置

基准标志布放位置如图 8.53 所示。

基准标志布放位置根据贴装机的 PCB 传输方式决定。直接采用导轨传输 PCB 时，在导轨夹持边和定位孔附近不能布放 Mark，具体尺寸根据贴装机而异。

针定位时，基准标志图形不能布放区域，如图 8.53（a）所示。

边定位时，导轨夹持边边距 4mm 范围内不能布放基准标志图形，如图 8.53（b）所示。

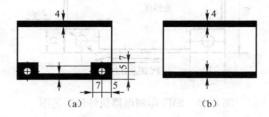

图 8.53　不能布放基准标志图形的区域（图中黑色边框）

3. PCB 基准标志

PCB 基准标志如图 8.54 所示。

PCB 基准标志用于整个 PCB 光学定位的一组图形。

① PCB 基准标志位置应设计在 PCB 的对角线上，距离越大越好。

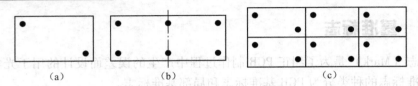

图 8.54　PCB 基准标志位置示意图

② 长度小于 200mm 的 PCB 上要求按照图 8.54（a），至少设置 2 个 Mark，当 PCB 长度大于或等于 200mm 时，要求按照图 8.54（b）所示设置 4 个 Mark，并在 PCB 长度的中心线上或附近设置 1～2 个 Mark。

③ 拼板的 Mark 应设置在每块小板的相应位置上，如图 8.54（c）所示。

4. 局部基准标志

局部基准标志是用于引脚数量多，引脚间距小（中心距≤0.65mm）的单个器件的一组光学定位图形。

局部基准标志位置要求：100 脚及以上的 QFP 器件，在其对角线上设置 2 个 Mark；160 脚及以上的 QFP 器件，在其四角设置 4 个 Mark。

8.4.6　SMT 电子产品 PCB 设计

1. 总体目标和结构

（1）首先确定电子产品功能、性能指标、成本以及整机的外形尺寸的总体目标。

新产品开发设计时，首先要对产品的性能、质量和成本进行定位。

一般情况下，任何产品设计都需要在性能、可制造性及成本之间进行权衡和折中，因此在设计时首先要给产品的用途、档次定位。

（2）电原理和机械结构设计，根据整机结构确定 PCB 的尺寸和结构形状。

画出 SMT 印制电路板外形工艺图，标出 PCB 的长、宽、厚，结构件、装配孔的位置、尺寸，留出边缘尺寸等，使电路设计师能在有效的范围内进行布线设计，如图 8.55 所示。

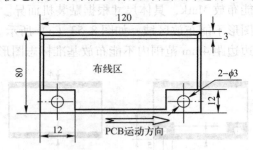

图 8.55　SMT 印制电路板外形工艺图

（3）确定工艺方案。

① 确定组装形式。

组装形式的选择取决于电路中元器件的类型、印刷电路板的尺寸以及生产线所具备的设备条件。印制电路板的组装形式遵循优化工序、降低成本、提高产品质量的原则。

例如，能否用单面板代替双面板；能否用双面板代替多层板；尽量采用一种焊接方法完成；尽量用贴装元器件替代插装元器件；最大限度地不使用手工焊；等等。

② 确定工艺流程

选择工艺流程主要根据印制电路板的组装密度和本单位 SMT 生产线设备条件，当 SMT 生产线具备再流焊、波峰焊两种焊接设备的条件下，可考虑如下几点。

- 尽量采用再流焊方式，因为再流焊比波峰焊具有以下优越性。
- 元器件受到的热冲击小。
- 焊料组分一致性好，焊点质量好。
- 面接触，焊接质量好，可靠性高。
- 有自定位效应（Selfalignment）适合自动化生产，生产效率高。
- 工艺简单，修板的工作量极小，从而节省了人力、电力、材料。
- 在一般密度的混合组装条件下，当 SMD 和 THC 在 PCB 的同一面时，采用 A 面印刷焊膏、再流焊，B 面波峰焊工艺；当 THC 在 PCB 的 A 面、SMD 在 PCB 的 B 面时，采用 B 面点胶、波峰焊工艺。

③ 在高密度混合组装的条件下，当没有 THC 或只有极少量 THC 时，可采用双面印刷焊膏、再流焊工艺，极少量 THC 采用后附的方法；当 A 面有较多 THC 时，采用 A 面印刷焊膏、再流焊，B 面点胶、波峰焊工艺。

注意：在印制电路板的同一面，禁止采用先再流焊 SMD，后对 THC 进行波峰焊的工艺流程。

2. PCB 材料和电子元器件选择

PCB 材料和电子元器件要根据产品的功能、性能指标、产品的档次及成本核算进行选择。

（1）PCB 材料的选择

对于一般的电子产品采用 FR4 环氧玻璃纤维基板；对于使用环境温度较高或挠性电路板采用聚酰亚胺玻璃纤维基板；对于高频电路则需要采用聚四氟乙烯玻璃纤维基板；对于散热要求高的电子产品应采用金属基板。

选择 PCB 材料时应考虑的因素如下。

① 应适当选择玻璃化转变温度（T_g）较高的基材，T_g 应高于电路工作温度。

② 要求热膨胀系数（CTE）低。由于 X、Y 和厚度方向的热膨胀系数不一致，容易造成 PCB 变形，严重时会造成金属化孔断裂和损坏元器件。

③ 要求耐热性高。一般要求 PCB 能有 250℃/50s 的耐热性。

④ 要求平整度好。SMT 的 PCB 翘曲度要求小于 0.0075mm/mm。

⑤ 电气性能方面，高频电路时要求选择介电常数高、介质损耗小的材料。绝缘电阻、耐电压强度、抗电弧性能都要满足产品要求。

（2）电子元器件的选择

选择元器件时除了满足电气性能的要求以外，还应满足表面组装对元器件的要求，并要根据生产线设备条件以及产品的工艺流程选择元器件的封装形式、元器件的尺寸、元器件的包装形式。例如，高密度组装时需要选择薄型小尺寸的元器件，又如贴装机没有宽尺寸编带供料器时，则不能选择编带包装的 SMD 器件。

3. 印制板电路设计

印制板电路设计是 PCB 设计的核心。SMT 工艺与传统插装工艺有很大区别，对 PCB 设计有专门要求。例如，Chip 件的焊盘尺寸与焊盘间距设计正确，贴装时少量的歪斜可以在再流焊时由于熔融焊锡表面张力的作用而得到纠正（称为自定位或自校正效应）；相反，如果焊盘尺寸与焊盘间距设计不正确，即使贴装位置十分准确，再流焊时由于熔融焊锡表面张力不平衡而造成元件位置偏移、脱焊、吊桥等焊接缺陷，这是 SMT 再流焊工艺特性决定的。

由于 SMT 发展迅速，元器件越来越小、组装密度越来越高，BGA、CSP、Flipchip、复合化片式元器件等新封装不断出现，引起了 SMT 设备、焊接材料、印刷、贴装和焊接工艺的变化。因此，对 PCB 设计也提出了更高的要求。虽然目前已经有了 PROTEL、POWER、PCB 等功能较强的 CAD 设计软件，可以直接将电原理图转换成布线图，对于标准尺寸元器件的焊盘图形可以直接从 CAD 软件的元件库中调用，但实际上还必须根据组装密度、不同的工艺、不同的设备以及特殊元器件的要求进行设计。

表面贴装印制板电路设计时应着重注意如下问题。

（1）标准元器件应注意不同厂家的元器件尺寸公差，非标准元器件必须按照元器件的实际尺寸设计焊盘图形及焊盘间距。

（2）设计高可靠电路时应对焊盘做加宽处理（焊盘宽度＝1.1 元器件宽度）。

（3）高密度时要对 CAD 软件中元器件库的焊盘尺寸进行修正。

（4）各种元器件之间的距离、导线、测试点、通孔、焊盘与导线的连接、阻焊等都要按照 SMT 工艺要求进行设计。

（5）应考虑到返修性要求，例如，大尺寸 SMD 周围要留有返修工具进行操作的尺寸。

（6）应考虑散热、高频、电磁干扰等问题。

（7）元器件的布放位置与方向也要根据不同工艺进行设计。例如，采用再流焊工艺时，元器件的布放方向要考虑：PCB 进入再流焊炉的方向；采用波峰焊工艺时，波峰焊接面不能布放 PLCC、QFP、接插件以及大尺寸的 SOIC 器件。为了减小波峰焊阴影效应提高焊接质量，对各种元器件布放方向和位置有特殊要求，波峰焊的焊盘图形设计时对矩形元器件、SOT、SOP 元器件的焊盘长度应做延长处理，对 SOP 最外侧的两对焊盘加宽，以吸附多余的焊锡（俗称窃锡焊盘），小于 3.2mm × 1.6mm 的矩形元器件可在焊盘两端作 45° 倒角处理等。

（8）PCB 设计还要考虑设备，不同贴装机的机械结构、对中方式、PCB 传输方式都不同，因此对 PCB 的定位孔位置、基准标志（Mark）的图形和位置、PCB 板边形状及 PCB 板边附近不能布放元器件的位置都有不同的要求。如果采用波峰焊工艺，还要考虑 PCB 传输链需要留有的工艺边，这些都属于可生产性设计的内容。

（9）应注意相应的设计文件。因为 SMT 生产线的点胶（焊膏）机、贴装机、在线测验、X - RAY 焊点测验、自动光学检测等设备均属于计算机控制的自动化设备。这些设备在组装 PCB 之前，均需要编程人员花费相当长的时间进行准备和编程，因此在 PCB 设计阶段就应考虑生产。一旦设计完成，则将设计所产生的有关数据文件输入 SMT 生产设备，编程时直接调用或进行相关的后处理就可以驱动加工设备。

（10）在保证可靠性的前提下，还要考虑降低生产成本。

8.5 表面贴装工艺材料

焊（锡）膏是由合金粉末和糊状助焊剂载体均匀混合成的膏状焊料，是表面贴装再流焊工艺必需的材料。

8.5.1 焊膏的分类及组分

1. 焊膏的分类

（1）按合金粉末的成分可分为高温、低温、有铅和无铅。

（2）按合金粉末的颗粒度可分为一般间距用和窄间距用。

（3）按焊剂的成分可分为免清洗、可以不清洗、溶剂清洗和水清洗。

（4）按松香活性分为 R（非活性）、RMA（中等活性）、RA（全活性）。

（5）按黏度可分为印刷用和滴涂用。

2. 焊膏的组成

常用焊膏的金属组分、熔化温度与用途如表 8.8 所示。

表 8.8　常用焊膏的金属组分、熔化温度与用途

金属组分	熔化温度（℃）		用　途
	液相线	固相线	
$Sn_{63}Pb_{37}$	183	共晶	适用于普通表面贴装板，不适用于含 AG、AG/PA 材料电极的元器件
$Sn_{60}Pb_{40}$	183	188	
$Sn_{62}Pb_{36}Ag_2$	179	共晶	适用于含 AG、AG/PA 材料电极的元器件，不适用于水金板
$Sn_{10}Pb_{88}Ag_2$	268	290	适用于耐高温元器件及需要两次再流焊表面贴装板的首次再流焊，不适用于水金板
$Sn_{96.5}Ag_{3.5}$	221	共晶	适用于要求焊点强度较高的表面贴装板的焊接，不适用于水金板
$Sn_{42}Bi_{58}$	138	共晶	适用于热敏元器件及需要两次再流焊表面贴装板的第二次再流焊

（1）合金粉末

合金粉末是膏的主要成分，合金粉末的组分、颗粒形状和尺寸是决定膏特性及焊点量的关键因素。

目前最常用焊膏的金属组分为 $Sn_{63}Pb_{37}$ 和 $Sn_{62}Pb_{36}Ag_2$。

合金焊料粉的成分和配比是决定焊膏的熔点的主要因素；合金焊料粉的形状、颗粒度直接影响焊膏的印刷性和黏度；合金焊料粉的表面氧化程度对焊膏的可焊性能影响很大，合金粉末表面氧化物含量应小于 0.5%，最好控制住 80ppm 以下；合金焊料粉中的微粉是产生焊料球的因素之一，微粉含量应控制在 10% 以下。

（2）焊剂

焊剂是净化金属表面、提高润湿性、防止焊料氧化和保证焊膏质量以及优良工艺的关键材料。

焊膏的主要成分及用途如表 8.9 所示。

表 8.9 焊膏的主要成分和功能

成 分		主要材料	作 用
焊料合金粉末		Sn/Pb Sn/Pb/Ag	SMD 与电路的连接
助焊剂	活化剂	松香, 甘油硬脂酸脂 盐酸, 联氨, 三乙醇酸	金属表面的净化
	增黏剂	松香, 松香脂, 聚丁烯	净化金属表面, 与 SMD 保持黏性
	溶剂	丙三醇, 乙二醇	对焊膏特性的适应性
	摇溶性附加剂	Castor 石腊 (腊乳化液) 软膏基剂	隔离散, 塌边等焊接不良

焊膏的粒度等级如表 8.10 所示。

表 8.10 四种粒度等级的焊膏

	80% 以上的颗粒尺寸 (μm)	大颗粒要求	微粉颗粒要求
1 型	75 ~ 150	>150 μm 的颗粒应小于 1%	
2 型	45 ~ 75	>75 μm 的颗粒应小于 1%	<20 μm 微粉颗粒应小于 10%
3 型	20 ~ 45	>45 μm 的颗粒应小于 1%	
4 型	20 ~ 38	>38 μm 的颗粒应小于 1%	

焊膏的黏度如表 8.11 所示。

表 8.11 焊膏黏度

施膏方法	丝网印刷	模板印刷	注射滴涂
黏度 (pa. s)	300 ~ 800	普通密度: 500 ~ 900 高密度、窄间距 SMD: 700 ~ 1300	150 ~ 300

不同的焊剂成分可配制成免清洗、有机溶剂清洗和水清洗不同用途的焊膏。焊剂的组成对焊膏的润湿性、坍落度、黏度、可清洗性、焊料球飞溅及储存寿命等均有较大的影响。

（3）合金焊料粉与焊剂含量的配比

合金焊粉与焊剂含量的配比是决定焊膏黏度的主要因素之一。合金焊料粉的含量高,黏度就大;焊剂百分含量高,黏度就小。一般合金焊粉质量百分含量在 75% ~ 90.5%。免清洗焊膏以及模板印刷用焊膏的合金含量高一些,在 90% 左右。

3. 对焊膏的技术要求

（1）焊膏的合金组分尽量达到共晶或近共晶,要求焊点强度较高,并且与 PCB 镀层、元器件端头或引脚可焊性要好。

（2）在储存期内,焊膏的性能应保持不变。

（3）焊膏中的金属粉末与焊剂不分层。

（4）室温下连续印刷时,要求焊膏不易干燥,印刷性（滚动性）好。

（5）焊膏黏度要满足工艺要求,既要保证印刷时具有优良的脱模性,又要保证良好的触变性（保形性）,印刷后焊膏不塌落。

（6）合金粉末颗粒度要满足工艺要求,合金粉末中的微粉少,焊接时起球少。

（7）再流焊时润湿性好,焊料飞溅少,形成最少量的焊料球。

8.5.2　焊膏的选择依据及管理使用

1. 焊膏的选择依据

根据产品本身价值和用途，高可靠性的产品需要高质量的焊膏。

根据产品的组装工艺、印制板和元器件选择焊膏的合金组分。

（1）常用的焊膏合金组分：$Sn_{63}Pb_{37}$ 和 $Sn_{62}Pb_{36}Ag_2$。

（2）钯金或钯银厚膜端头和引脚可焊性较差的元器件应选含银焊膏。

（3）水金板不要选择含银的焊膏。

根据产品（印制板）对清洁度的要求以及焊后不同的清洗工艺来选择焊膏。

（1）采用免清洗工艺时，要选用不含卤素和强腐蚀性化合物的免清洗焊膏。

（2）采用溶剂清洗工艺时，要选用溶剂清洗型焊膏。

（3）采用水清洗工艺时，要选用水溶性焊膏。

（4）BGA、CSP 器件一般都需要选用高质量的免清洗型含银的焊膏。

根据 PCB 和元器件存放时间和表面氧化程度来选择焊膏的活性。

（1）一般采 KJRMA 级。

（2）高可靠性产品、航天和军工产品可选择 R 级。

（3）PCB、元器件存放时间长，表面严重氧化，应采用 RA 级，焊后清洗。

根据 PCB 的组装密度（有无窄间距）来选择合金粉末颗粒度，常用焊膏的合金粉末颗粒尺寸分为四种粒度等级，窄间距时一般选择 20～45pm。

根据施加焊膏的工艺以及组装密度选择焊膏的黏度，高密度印刷要求高黏度，滴涂要求低黏度。

2. 焊膏的管理和使用

（1）必须储存在 5～10℃的条件下。

（2）要求使用前一天从冰箱取出焊膏（至少提前 2 小时），待焊膏到室温后才能打开容器盖，防止水汽凝结（采用焊膏搅拌机时，15 分钟即可回到室温）。

（3）使用前用不锈钢搅拌棒将焊膏搅拌均匀。

（4）添加完焊膏后，应盖好容器盖。

（5）免清洗焊膏不得回收使用，如果印刷间隔超过 1 小时，必须将焊膏从模板上拭去，同时将焊膏存放到当天使用的容器中。

（6）印刷后尽量在 4 小时内完成再流焊。

（7）免清洗焊膏修板后不能用酒精擦洗。

（8）需要清洗的产品，再流焊后应在当天完成清洗。

（9）印刷焊膏和贴片胶时，要求拿 PCB 的边缘或带指套，以防污染 PCB。

8.5.3　无铅焊料

铅及其化合物会给人类生活环境和安全带来较大危害；电子工业中在大量使用 Sn/Pb 合金焊料是造成污染的产要来源之一。目前普通焊膏还在继续沿用。随着环保要求提出，免清洗焊膏的应用越来越普及。对清洁度要求高必须清洗的产品，一般应采用溶剂清洗型或水清洗型焊膏，必须与清洗工艺相匹配。另外，为了防止铅对环境和人体的危害，无铅焊料也迅速地被提到日程上，日本已研制出无铅焊料并应用到实际生产中，美国和欧洲也在加紧研究和应用。

1. 对无铅焊料的要求

（1）熔点低，合金共晶温度近似于 Sn_{63}/Pb_{37} 的共晶温度 183℃，在 180～220℃之间。

（2）无毒或毒性很低，所选材料现在和将来都不会污染环境。

（3）热传导率和导电率要与 Sn_{63}/Pb_{37} 的共晶焊料相当，具有良好的润湿性。

（4）机械性能良好，焊点要有足够的机械强度和抗热老化性能。

（5）要与现有的焊接设备和工艺兼容，可在不更换设备、不改变现行工艺的条件下进行焊接。

（6）焊接后对各焊点检修容易。

（7）成本要低，所选用的材料能保证充分供应。

2. 目前最有可能替代 Sn/Pb 焊料的合金材料

最有可能替代 Sn/Pb 焊料的无毒合金是 Sn 基合金，以 Sn 为主，添加 Ag、Zn、Cu、Sb、Bi、In 等金属性能，提高可焊性。

目前常和的无铅焊料主要以 Sn-Ag、Sn-Zn、Sb、Bi 为基体，添加适量的其他金属元素组成三元合金和多元合金。$Sn_{3.2}Ag_{-0.5}Cu$ 是目前应用最多的无铅焊料。其熔点为 217～218℃。常用无铅焊膏及熔点温度范围如表 8.12 所示。

表 8.12 常用无铅焊膏及熔点温度范围

无铅焊锡化学成分	熔 点 范 围	说　　明
48Sn/52In	118℃共熔	低熔点、昂贵、强度低
42Sn/58Bi	138℃共熔	已制定、Bi 的可利用关注
91Sn/9Zn	199℃共熔	渣多、潜在腐蚀性
93.5Sn/3Sb/2Bi/1.5Cu	218℃共熔	高强度、很好的温度疲劳特性
95.5Sn/3.5Ag/1Zn	218～221℃	高强度、好的温度疲劳特性
93.3Sn/3.1Ag/3.1Bi/0.5Cu	209～212℃	高强度、好的温度疲劳特性
99.3Sn/0.7Cu	227℃	高强度、高熔点
95Sn/5Sb	232～240℃	好的剪切强度和温度疲劳特性
65Sn/25Ag/10Sb	233℃	摩托罗拉专利、高强度
96.5Sn/3.5Ag	221℃共熔	高强度、高熔点
97Sn/2Cu/0.8Sb/0.2Ag	226～228℃	高熔点

3. 无铅焊接带来的问题

（1）元器件

要求元器件体耐高温，且无铅化。即元器件的焊接端头和引出线也要采用无铅镀层。

（2）PCB

要求 PCB 基材耐更高温度，焊后不变形，焊盘表面镀层无铅化，与组装焊接用的无铅焊料兼容，低成本。

（3）助焊剂

要开发新型的润湿性更好的助焊剂，要与预热温度和焊接温度相匹配，而且要满足环保要求。

（4）焊接设备

要适应较高的焊接温度要求，再流焊炉的预热区要加长或更换新的加热元器件；波峰焊机的焊料槽、焊料波喷嘴、导轨传输爪的材料要耐高温腐蚀。必要时（如高密度窄间距时）采用新的抑制焊料氧化技术和采用惰性气体 N_2 保护焊接技术。

（5）工艺

无铅焊料的印刷、贴片、焊接、清洗以及检测都是新的课题，都要适应无铅焊料的要求。

（6）废料回收

无铅焊料中回收 Bi、Cu、Ag 也是一个新课题。

8.6 表面贴装设备

SMT 自动生产线的组合如图 8.56 所示。

图 8.56 SMT 自动生产线的组合

如图 8.57 所示为 SMT 车间自动生产线。

图 8.57 SMT 车间自动生产线

8.6.1 印刷设备

丝网印刷（Screen Printer）是指使用网版，将印料印到承印物上的印刷工艺过程，简称丝印。同义词丝网漏印，其作用是将焊膏或贴片胶漏印到 PCB 的焊盘上，为元器件的焊接做准备。所用设备为丝印机（丝网印刷机），位于 SMT 生产线的最前端。

丝网漏印手动刮焊膏如图 8.58 所示，自动刮焊膏如图 8.59 所示。

图 8.58　丝网漏印手动刮焊膏　　　　　图 8.59　丝网漏印自动刮焊膏

印刷机是用来印刷焊膏或贴片胶的，其功能是将焊膏或贴片胶正确地漏印到印制电路板相应的位置上。用于 SMT 的印刷机大致分为三个档次：手动、半自动和全自动印刷机。半自动和全自动印刷机可以根据具体情况配置各种功能，以提高印刷精度。例如，视觉识别系统、干/湿和真空吸擦板功能、调整离板速度功能、工作台或刮刀 45°角旋转功能（用于窄间距 QFP 器件），以及二维、三维测量系统等。

无论是哪一种印刷机，都由以下几部分组成。

（1）印刷头单元。包括刮板架和刮刀，刮板架的作用是带动刮刀做往复运动，目前国际精密的丝网印刷机的印刷头都使用电动驱动方式，采用无级调速，使印刷头运动均匀、平稳；刮刀由不锈钢或黄铜制成，具有平的刀片形状，使用的印刷角度为 30° ~ 45°。刮刀的作用是完成印刷油墨从丝网上转移到承印的元器件。

（2）传输印制电路板单元。包括印制电路板的装载、卸载部分，方向从左到右，实际据具体情况而定。

（3）工作台单元。即 $X - Y$ 位移部，印制电路板水平校正，垂直校正，工作台应有 X、Y、Z、θ 三维调节功能。

（4）清洁单元。在机器的前部，清洁模板。采用干的或蘸有溶剂的擦拭纸自动将模板底部擦拭干净，用真空擦拭将吸附在金属丝网模板开口内壁黏附滞留的焊膏吸出。

（5）网板固定单元。用于丝网框的固定、印刷间隙调整、印刷图形的对准、丝网剥离。

（6）彩色二维检查单元。用锡膏检查照相装置判断焊锡膏的面积、位置偏位及桥连情况。

丝网印刷涂敷焊膏的基本原理：首先将印制电路板固定在工作台支架上，将预制好的印刷图形的漏印金属丝网模板绷紧在框架上，并与正下方的印制电路板对准，将焊锡膏放在漏印丝网上，经传动机构传动动力，让刮刀在运动中以一定速度和角度向下挤压焊锡膏和丝网，使丝网底面接触到印制电路板顶面，形成一条压印线，当刮刀走过所腐蚀的整个图形区域长度时，锡膏通过丝网上的开孔（开口网目）印刷到焊盘上。

在锡膏已经沉积之后，丝网在刮板之后利用自身的反弹力马上脱开，回到原地。这个间隔或脱开距离是设备设计所定的，为 2 ~ 4mm，脱开距离与刮板压力是两个达到良好印刷品质与设备有关的重要变量。

焊膏和贴片胶都是触变流体，具有黏性。当刮刀以一定速度和角度向前移动时，对焊膏产生一定的压力，推动焊膏在刮板前滚动，产生将焊膏注入网孔或漏孔所需的压力。焊膏的黏性摩擦力使焊膏在刮板与网板交接处产生切变，切变力使焊膏的黏性下降，有利于焊膏顺利地注入网孔或漏孔。刮刀速度、刮刀压力、刮刀与网板的角度以及焊膏的黏度之间都存在一定的制约关系，因此，只有正确地控制这些参数，才能保证焊膏的印刷质量。

印刷机的主要技术指标有最大 PCB 尺寸，印刷精度一般要求达到 ±0.025mm，印刷速度等。

8.6.2 SMT 元器件贴装设备

将表面贴装元器件准确地贴放到印制电路板上印好焊锡膏或贴片胶的相应位置的过程，称贴装（贴片）工序。

贴装机相当于机器人的机械手，把元器件按照事先编制好的程序从它的包装中取出，并贴放到印制电路板相应的位置上。

贴装机有拱架型（Gantry）和转塔型（Turret）两种。

拱架型（Gantry）贴装机元器件送料器、基板（PCB）是固定的，贴片头（安装多个真空吸料嘴）在送料器与基板之间来回移动，将元器件从送料器取出，经过对元器件位置与方向的调整，然后贴放于基板上。由于贴片头安装于拱架型的 X/Y 坐标移动横梁上，所以得名。这类机型的优势在于系统结构简单，可实现高精度，适用于各种大小、形状的元器件，甚至异型元器件，送料器有带状、管状、托盘形式。适用于中小批量生产，也可多台机组合用于大批量生产。其缺点在于贴片头来回移动的距离长，所以速度受到限制。

转塔型（Turret）贴装机元器件送料器放于一个单坐标移动的料车上，基板（PCB）放于一个 X/Y 坐标系统移动的工作台上，贴片头安装在一个转塔上，工作时，料车将元器件送料器移到取料位置，贴片头上的真空吸料嘴在取料位置取元器件，经转塔转动到贴片位置（与取料位置成 180°）。在转动过程中，经过对元器件位置与方向的调整，将元器件贴放于基板上。这类机型的优势在于，一般转塔上安装有十几到二十几个贴片头，每个贴片头上安装 2~4 个真空吸嘴（较早机型）至 5~6 个真空吸嘴（现在机型）。由于转塔的特点，将动作细微化，选换吸嘴、送料器移动到位、取元器件、元器件识别、角度调整、工作台移动（包含位置调整）、贴放元器件等动作都可以在同一个时间周期内完成，所以实现真正意义上的高速度。目前最快的时间周期达到 0.08~0.10s 一片元器件。其缺点在于贴装元器件类型的限制，并且价格昂贵。

如图 8.60 所示为正在工作的高速旋转贴片机。

图 8.60 正在工作的高速旋转贴片机

贴装机的基本结构包括如下几部分。

（1）机器本体。贴片机的本体是用来安装和支撑贴装机的底座的，本机采用高刚性金属机架，配合防振橡胶脚座来支撑整机。

（2）贴装头。贴装头也叫吸—放头，它相当于机械手，它的动作由拾取—贴放、旋转—定位两种模式组成。高速旋转贴片机由 16 个贴装头组成，每个贴装头有 6 只吸嘴，故可以吸放多种大小不同的元器件。贴装头通过程序控制，完成取元器件，元器件的面积、厚度、角度的检测，从而决定由贴装头的哪个吸嘴来吸附与贴装等动作，实现从供料系统取料后移动到印制电路板的指定位置上。贴装头的端部有一个用真空泵控制的贴装工具（吸嘴）。当换向阀门打开时，吸嘴的负压把 SMT 元器件从供料系统（散装料仓、管装料斗、盘状纸带或托盘包装）中吸上来；当换向阀门关闭时，吸盘把元器件释放到印制电路板上。贴装头通过上述两种模式的组合，完成拾取—放置元器件的动作。16 个贴装头只能做水平方向旋转，贴装头在 1 号位从送料器吸起元器件，在旋转中通过线性传感器，完成校正、测试，到 9 号位完成贴片工序。贴放位置由印制电路板定位系统 X、Y 高速运动实现。从 10 号位到 16 号位完成根据光学检测系统检测到的下一个元器件形状大小来选择吸嘴头的任务。

（3）供料系统。适合于表面组装元器件的供料装置有编带、管状、托盘和散装等几种形式。根据元器件的包装形式和贴片机的类型而确定。贴装前，将各种类型的供料装置分别安装到相应的供料器支架上。随着贴装进程，装载着多种不同元器件的散装料仓水平方向运动，把即将贴装的元器件送到料仓门的下方，便于贴装头拾取；纸带包装元器件的盘装编带随编带架垂直旋转，管状和定位料斗在水平面上二维移动，为贴装头提供新的待取元件。

（4）印制电路板定位系统。印制电路板定位系统可以简化为一个固定了印制电路板的 $X-Y$ 二维平面移动的工作台。在计算机控制系统的操纵下，通过高精度线性传感器，使印制电路板随工作台移到贴装位并被精确定位，贴装头把元器件准确地释放到印制电路板的元器件位。

（5）光学定位系统。贴装头拾取元器件后，CCD 摄像机对元器件成像，并转化成数字图像信号，经计算机分析出元器件的几何中心和几何尺寸，与控制程序中的数据比较，计算出吸嘴中心与元器件中心在 X、Y、θ 的误差，及时修正，保证元器件引脚与印制电路板的焊盘重合。

（6）计算机控制系统。计算机控制系统是指挥贴片机进行准确、有序操作的核心，目前大多数贴片机的计算机控制系统采用 Windows 界面。可以通过高级语言软件或硬件开关，在线或离线编制计算机程序并自动进行优化，控制贴片机的自动工作步骤。每个片状元器件的精确位置，都要编程输入计算机。具有视觉检测系统的贴装机，也是通过计算机实现对印制电路板上贴片位置的图形识别。

贴装机的主要技术指标如下。

（1）贴装精度。贴装精度包括三个内容：贴装精度、分辨率和重复精度。

① 贴装精度是指元器件贴装后相对于印制电路板标准贴装位置的偏移量。一般来讲，贴装 Chip 元件要求达到 ±0.1mm，贴装高密度窄间距的 SMD 至少要求达到 ±0.06mm。

② 分辨率是贴装机运行时最小增量（如丝杠的每个步进为 0.01 mm，那么该贴装机的分辨率为 0.1mm）的一种度量，衡量机器本身精度时，分辨率是重要指标。但是，实际贴装精度包括所有误差的总和，因此，描述贴装机性能时很少使用分辨率，一般在比较贴装机

性能时才使用分辨率。

③ 重复精度是指贴装头重复返回标定点的能力。贴装精度、分辨率、重复精度之间有一定的相关关系。

（2）贴片速度。一般高速机贴装速度为 0.2s/Chip 元件以内，目前最高贴装速度为 0.06s/Chip 元件；高精度、多功能机一般都是中速机，贴装速度为 0.3～0.6s/Chip 元件。

（3）对中方式。贴片的对中方式有机械对中、激光对中、全视觉对中、激光和视觉混合对中等。其中，全视觉对中精度最高。

（4）贴装面积。由贴装机传输轨道以及贴装头运动范围决定，一般最小 PCB 尺寸为 50mm×50mm，最大 PCB 尺寸应大于 250mm×300mm。

（5）贴装功能。一般高速贴装机主要可以贴装各种 Chip 元件和较小的 SMD 器件（最大 25mm×30mm 左右）；多功能机可以贴装从 1.0mm×0.5mm（目前最小可贴装 0.6mm×0.3mm）～54mil×54mil（最大 60mm×60mm）SMD 器件，还可以贴装连接器等异形元器件，最大连接器的长度可达 150mm。

（6）可贴装元件种类数。可贴装元件种类数是由贴装机供料器料站位置的数量决定的（以能容纳 8mm 编带供料器的数量来衡量）。一般高速贴装机料站位置大于 120 个，多功能机制站位置在 60～120 之间。

（7）编程功能。编程功能是指在线和离线编程以及优化功能。

如图 8.61 所示为全视觉泛用型贴片机。

EM－360/EM－360S 型全视觉泛用型贴片机（Full－Vision Multi－Functional Chip Mounter），主要技术指标如下：
- 全视觉取置头：4。
- 搭载最佳速度：CHIP－0.25sec，IC－1.00sec（QFP100pin）。
- 产能：最佳－13000/hr（opt），IPC9850－10000/hr。
- 供料站数：80/40。

图 8.61　全视觉泛用型贴片机

8.6.3　再流焊炉

再流焊炉是焊接表面贴装元器件的设备。再流焊炉主要有红外炉、热风炉、红外炉加热风炉、蒸汽焊炉等。目前最流行的是全热风炉，以及红外加热风炉。

再流焊炉主要由炉体、上下加热源、PCB 传输装置、空气循环装置、冷却装置、排风装置、温度控制装置，以及计算机控制系统组成。

再流焊热传导方式主要有辐射和对流两种方式。

再流焊炉的主要技术指标如下。

（1）温度控制精度（指传感器灵敏度）：应达到 ±0.1 ~ ±0.2。

（2）传输带横向温差：要求 ±5℃以下。

（3）温度曲线测试功能：如果设备无此配置，应外购温度曲线采集器。

（4）最高加热温度：一般为 300 ~ 350℃，如果考虑无铅焊料或金属基板，应选择 350℃以上。

（5）加热区数量和长度：加热区数量越多、长度越长，越容易调整和控制温度曲线。一般中小批量生产选择 4 ~ 5 温区，加热区长度 1.8m 左右即能满足要求。

（6）传送带宽度：应根据最大和最宽 PCB 尺寸确定。

如图 8.62 所示为 TY – RF816LF – S 型八温区无铅再流焊炉，其主要性能特点如下。

- 上 8 下 8 加热，温度曲线设定轻而易举。
- 高加热效率，从常温到温度平衡的开始时间：小于或等于 20min；温度曲线转换时间小于 15min（温度调整幅差值 100℃）；加热温区控制精度 ±1℃。
- 采用特殊设计风加速系统和匀风板，使温度分布更加均匀，横向温差 ±2℃。
- 温度范围 0 ~ 350℃，适用高温度焊接。
- 温度控制方式：PID 控制。
- 采用进口高温电动机直连驱动进行热风加热，噪声低、振动小。
- 采用前后回风的运风方式，使温度曲线更加平滑稳定，无掉温现象。
- 优异的热补偿功能，大量进板而无掉温现象。
- 加热区长度为 2900mm。

图 8.62　TY – RF816LF – S 型八温区无铅再流焊炉

8.6.4　自动光学检测设备

由于印制电路板尺寸大小的改变提出更多的挑战，因此使手工检查更加困难。为了对这些发展做出反应，越来越多的原设备制造商采用自动光学检查（Automated Optical Inspection，AOI）。通过使用 AOI 作为减少缺陷的工具，在装配工艺过程的早期查找和消除错误，以实现良好的过程控制。早期发现缺陷将避免将坏板送到随后的装配阶段，AOI 将减少修理成本将避免报废不可修理的电路板。

AOI 是指运用高速、高精度视觉处理技术自动检测 PCB 板上各种不同贴装错误及焊接缺陷。PCB板的范围可从细间距高密度板到低密度大尺寸板，并可提供在线检测方案，以提高生产效率及焊接质量。

AOI系统能够检验大部分的元器件，包括矩形元件（0805或更大）、圆柱形元件、钽电解电容器、线圈、晶体管、排组、FP、SOIC（0.4mm间距或更大）、连接器、异形元件等，能够检测出元器件漏贴、钽电容的极性错误、焊脚定位错误或偏斜、引脚弯曲或折起、焊料过量或不足、焊点桥接或虚焊等。

如图8.63所示为自动光学检测系统。

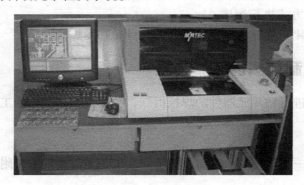

图8.63　SMT自动光学检测系统

8.7　表面贴装元器件手工焊接

焊接是表面贴装技术中的主要工艺技术。由于SMC/SMD的微型化和SMA的高密度化，SMA上元器件之间和元器件与PCB之间的间隙很小，因此，表面贴装元器件的焊接与传统引线插装元器件的焊接相比，主要有以下几个特点。

（1）元器件本身受热冲击大。

（2）要求形成微细化的焊接连接。

（3）由于表面贴装元器件的电极或引线的形状，结构及材料种类繁多，要求能对各种类型的电极或引线进行焊接。

（4）要求表面贴装元器件与PCB上焊盘图形的接合强度和可靠性高。

因此，SMT与THT相比，对焊接技术提出了更高的要求。表面贴装主要采用软钎焊技术，它将SMC/SMD焊接到PCB的焊盘图形上，使元器件与PCB电路之间建立可靠的电气和机械连接，从而实现具有一定可靠性的电路功能。这种焊接技术主要工艺特征：用焊剂将要焊接的金属表面洗净（去除氧化物等），使之对焊接料具有良好的润湿性；供给熔焊料润金属表面。

根据熔融焊料的供给方式，在SMT中采用的软钎焊技术主要有波峰焊（Wave Soldering）和再流焊（Reflow Soldering）。一般情况下，波峰焊用于混合组装方式，再流焊用于全表面组装方式，波峰焊是通孔插技术中使用的传统焊接工艺技术，根据波峰的形状不同有单波峰焊、双波峰焊等形式之分，根据提供热源的方式不同，再流焊有传导、对流、红外、激光、气相等方式。

波峰焊与再流焊之间的基本区别在于热源与钎料的供给方式不同。在波峰焊中，钎料波峰有两个作用：一是供热，二是提供钎料。在再流焊中，热是由再流焊炉自身的加热机理决定的，焊膏首先是由专用的设备以确定的量涂敷的。波峰焊技术与再流焊技术是印制电路板上进行大批量焊接元器件的主要方式。就目前而言，再流焊技术与设备是 SMT 组装厂商组装 SMC/SMD 的主选技术与设备，但波峰焊仍不失为一种高效自动化、高产量，可在生产线上串联的焊接技术。

除了波峰焊接和再流焊接技术之外，为了确保 SMA 的可靠性，对于一些热敏感性强的 SMD 常采用局部加热方式进行焊接。

本节介绍常见贴片元器件手工焊接需要的工具和基本焊接方法。

8.7.1　工具和材料的特殊需要

要有效、自如地进行贴片元器件的焊接拆卸，关键是要有适当的工具。下面是一些最基本的工具。

1. 镊子

焊接贴片元器件一般选用不锈钢尖头镊子，避免其他磁性镊子吸附较轻的贴片元器件。

2. 电烙铁

焊接贴片元器件一般选用尖头电烙铁（尖端的半径在 1mm 以内），或者使用斜口的扁头电烙铁。有条件的可使用温度可调和带 ESD 保护的焊台。

3. 热风枪

热风枪一般用来拆多脚的贴片元器件用，也可以用于焊接。如图 8.64 所示是国内一款吹塑料用的热风枪，其吹出热风温度可达 400～500℃，足以熔化焊锡，经济合用，在很多卖电子元器件的店面就能买到。

4. 焊锡丝

当选用尖头电烙铁时，一般选用细焊锡丝（0.3～0.5mm），当选用斜口电烙铁焊接时，可选用较粗的焊锡丝。

5. 辅助工具

当 IC 的相邻两脚被锡短路时，传统的吸锡器派不上用场，可采用专门的编织带（去锡丝）吸，也可使用多股软铜丝吸。

放大镜要有座和带环形灯管的，如图 8.65 所示，手持式的不能代替，因为有时需要在放大镜下双手操作。放大镜的放大倍数一般要求 5 倍以上，最好为 10 倍。

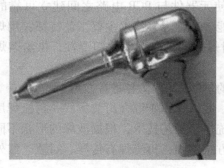

图 8.64　经济实惠的热风枪

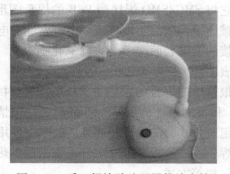

图 8.65　手工焊接贴片元器件放大镜

还要准备助焊剂、异丙基酒精等。使用助焊剂的目的主要是增加焊锡的流动性，这样焊锡可以用电烙铁牵引，并依靠表面张力的作用光滑地包裹在引脚和焊盘上。在焊接后用酒精清除板上的焊剂。

8.7.2　控温电烙铁操作说明

贴片元器件焊接常用控温电烙铁，如图 8.66 所示。

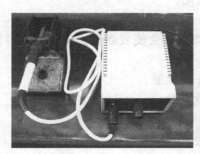

图 8.66　控温电烙铁

（1）使用步骤如下。

① 确认石棉潮湿。

② 清除发热管表面杂质。

③ 确认电烙铁螺丝锁紧无松动。

④ 确认 220V 电源插座插好。

⑤ 将电源开关切换至 ON 位置。

⑥ 调整温度设定调整钮至 300℃，待加热指示灯熄灭后，用温度计测量电烙铁头温度是否为 300℃ ±10℃ 以内；再加热至所需的工作温度。

⑦ 如温度超过范围必须停止使用，并送请维修。

（2）结束使用步骤如下。

① 清洁擦拭电烙铁头并加少许锡丝保护。

② 调整温度设定调整钮至可设定的最低温度。

③ 将电源开关切换至 OFF 位置。

④ 拔下电源插头。

（3）最适当工作温度。

在焊接过程中使用过低的温度将影响焊锡的流畅性。若温度太高又会伤害印制电路板铜箔与焊接不完全和不美观。若有白烟冒出或表面有白粉凹凸不平无光泽系使用温度过高。以上两种情形皆有可能造成冷焊或包焊的情况发生。为避免上述情况发生，除慎用锡丝外，适当且正确的工作温度选择是有必要的。

下列是各种焊锡工作适当的使用温度。

- 一般锡丝溶点：183 ~ 215℃（361 ~ 419 °F）。
- 正常工作温度：270 ~ 320℃（518 ~ 608 °F）。
- 生产线使用温度：300 ~ 380℃（572 ~ 716 °F）。

● 吸锡工作温度（小焊点）：315℃（600 ℉）。

● 吸锡工作温度（大焊点）：400℃（752 ℉）。

注意事项：在红色区即温度超过400℃（752 ℉），勿经常或连续使用；需偶尔使用在大焊点或非常快速焊接时，仅可短时间内使用。

（4）造成电烙铁头不沾锡的原因如下。

造成电烙铁头不沾锡的原因主要有下列几点，请尽可能避免。

① 温度过高，超过400℃时易使沾锡面氧化。

② 使用时未将沾锡面全部加锡。

③ 在焊接时助焊剂过少；或使用活性助焊剂，会使表面很快氧化；水溶性助焊剂在高温有腐蚀性也会损伤电烙铁头。

④ 擦电烙铁头用的海绵含硫量过高，太干或太脏。

⑤ 接触到有机物如塑料；润滑油或其他化合物。

⑥ 锡不纯或含锡量过低。

（5）电烙铁头使用应注意事项及保养方法。

① 电烙铁头每天送电前先去除电烙铁头上残留的氧化物、污垢或助焊剂；并将发热体内杂质清出，以防电烙铁头与发热体或套筒卡死。随时锁紧电烙铁头以确保其在适当位置。

② 使用时先将温度先行设立在200℃左右预热，当温度到达后再设定至300℃，到达300℃时必须实时加锡于电烙铁头之前端沾锡部分，待稳定3～5min后，即以测试温度是否标准后，再设定在所需的工作温度。

③ 在焊接时，不可将电烙铁头用力挑或挤压被焊接物体，不可用磨擦方式焊接，如此并无助于热传导，且有可能损伤电烙铁头。

④ 不可用粗糙面的物体磨擦电烙铁头。

⑤ 不可使用含氯或酸的助焊剂。

⑥ 不可加任何化合物于沾锡面。

⑦ 较长时间不使用时，将温度调低至200℃以下，并将电烙铁头加锡保护，勿擦拭；只有在焊接时才可在湿海绵上擦拭，重新沾上新锡于尖端部分。

⑧ 当天工作完后，不焊接时将电烙铁头擦拭干净后重新沾上新锡于尖端部分，并将之存放在电烙铁架上且将电源关闭。

⑨ 若沾锡面已氧化不能沾锡，或因助焊剂引起氧化膜变黑，用海绵也无法清除时，可用600～800目的砂纸轻轻擦拭，然后用内有助焊剂的锡丝绕在擦过的沾锡面，予以加温待锡接触熔解后再重新加锡。

（6）电烙铁头的换新与维护。

① 在换新电烙铁头时，请先确定发热体是冷的状态，以免将手烫伤。

② 逆时针方向用手转动螺帽，将套筒取下，若太紧时可用钳子夹紧并轻轻转动。

③ 将发热体内杂物清出，并换上新电烙铁头，加温方式如前所述。

④ 若有电烙铁头卡死情形发生时，勿用力将其拔出以免伤及发热体。此时可用除锈剂喷洒其卡死部位，再用钳子轻轻转动。

（7）一般保养。

① 塑料外壳或金属部分可在冷却状态下用去渍油擦拭，请勿侵入任何液体或让任何液

体侵入机台内。

② 电烙铁请勿敲击或撞击以免电热管断掉或损坏。

③ 作业期间电烙铁头若有氧化物必须用石棉立即清洁擦拭。

④ 石棉必须保持潮湿，每隔 4 小时必须清洗一次。

⑤ 电烙铁头若有氧化，应用 600～800 细砂纸清除杂质后，再用锡加温包覆；若此方式仍无法排除氧化现象，应立即更换电烙铁头。

8.7.3 焊接方法

贴片阻容元器件焊接过程如下。

（1）先在一个焊点上点上焊锡，用电烙铁加热焊点，如图 8.67 所示。

（2）用镊子夹住元器件，焊上一端后，检查是否放正，如图 8.68 所示。

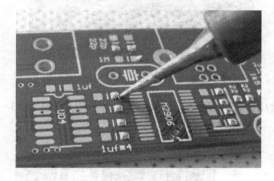
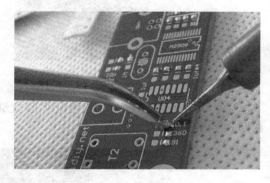

图 8.67　加热焊点并上锡　　　　　　　图 8.68　焊接贴片阻容元器件一端

（3）若元器件已经放正，则紧接着焊接另一端，如图 8.69 所示。

焊接好的贴片阻容元件如图 8.70 所示。

图 8.69　焊接贴片阻容元件第二端　　　　图 8.70　焊接好的贴片阻容元件

PQFP 封装贴片 IC 手工焊接过程如下。

（1）焊接之前先在 IC 所有焊盘上涂上助焊剂，用电烙铁处理一遍，以免焊盘镀锡不良或被氧化，造成不好焊，芯片则一般不用处理。一遍助焊剂要涂够，大部分情况下两遍较少助焊剂比一遍更容易形成堆积。

（2）在电烙铁容易接触到的焊盘上涂上焊锡，如图 8.71 所示。

（3）用镊子小心地将 PQFP 芯片放到 PCB 板上，注意不要损坏引脚。使其与焊盘对齐，要保证芯片的放置方向正确。把电烙铁的温度调到300℃左右，将电烙铁头尖沾上少量的焊锡，用工具向下按住已对准位置的芯片，焊接两个对角位置上的引脚，使芯片固定而不能移动。在焊完对角后重新检查芯片的位置是否对准。如有必要可进行调整或拆除，并重新在PCB板上对准位置。

（4）在IC引脚上大面堆满焊锡，用电烙铁尖接触芯片每个引脚的末端，直到看见焊锡流入引脚，如图8.72所示。

图8.71　在焊盘上涂助焊剂并部分上锡　　　　　图8.72　贴片IC引脚上大面积堆满焊锡

（5）用专用去锡丝带或松香配多股软细铜丝用电烙铁加热吸去多余的焊锡，如图8.73和图8.74所示。

图8.73　将沾松香的软细铜丝置于IC引脚焊锡上用电烙铁加热　　　图8.74　去锡后的贴片IC

（6）用清洗剂或酒精清洗焊接后的PCB板，如图8.75所示。

图8.75　用酒精清洗焊接后的PCB

（7）用高倍显微镜查看焊接点，检查有无虚焊、短路、漏焊点现象。

8.7.4　BGA 元件手工焊接方法

BGA 元件手工焊接步骤如下。

（1）清洁焊盘，如图 8.76 所示。

图 8.76　清洁焊盘

（2）BGA 芯片植锡球，如图 8.77 所示。

（3）BGA 芯片锡球焊接。

（4）涂布助焊膏。

（5）贴装 BGA 芯片，如图 8.78 所示。

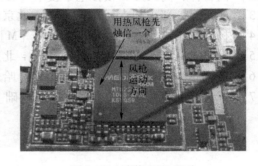

图 8.77　BGA 芯片植锡球　　　　　图 8.78　贴装 BGA 芯片

（6）热风再流焊接，如图 8.79 所示。

BGA 元件手工焊时应注意如下几个问题。

（1）风枪吹焊植锡球时，温度不宜过高，风量也不宜过大，否则锡球会被吹在一起，造成植锡失败，温度通常不超过 350℃。

（2）刮抹锡膏要均匀。

（3）每次植锡完毕后，要用清洗液将植锡板清理干净，以便下次使用。

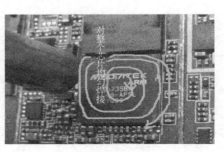

图 8.79　热风再流焊接

（4）锡膏不用时要密封，以免干燥后无法使用。

（5）需备防静电吸锡笔或吸锡线，在拆卸集成块，特别是 BGA 封装的 IC 时，将残留在上面的锡吸干净。

参 考 文 献

[1] 孟贵华. 电子技术工艺基础［M］. 北京：电子工业出版社，2013.

[2] 张金. 电子设计制作 100 例（第二版）［M］. 北京：电子工业出版社，2012.

[3] 张金. 模拟信号调理技术［M］. 北京：电子工业出版社，2012.

[4] 张金. 电子系统设计基础［M］. 北京：电子工业出版社，2011.

[5] 殷志坚. 电子工艺实训教程［M］. 北京：北京大学出版社，2007.

[6] 华成英，童诗白. 模拟电子技术基础（第四版）［M］. 北京：高等教育出版社，2006.

[7] 康华光. 电子技术基础·模拟部分（第五版）［M］. 北京：高等教育出版社，2006.

[8] 阎石. 数字电子技术基础（第五版）［M］. 北京：高等教育出版社，2006.

[9] 周春阳. 电子工艺实习［M］. 北京：北京大学出版社，2006.

[10] 宁铎，马令坤. 电子工艺实训教程［M］. 西安：西安电子科技大学出版社，2006.

[11] 李敬伟，段维莲. 电子工艺训练教程［M］. 北京：电子工业出版社，2005.

[12] 高吉祥，高天万. 模拟电子技术［M］. 北京：电子工业出版社，2004.

[13] 姚金生，郑小利. 元器件［M］. 北京：电子工业出版社，2004.

[14] 杨海洋. 电子电路故障查找技巧［M］. 北京：机械工业出版社，2004.

[15] 孙惠康. 电子工艺实训教程［M］. 北京：机械工业出版社，2003.

[16] 焦辐厚. 电子工艺实习教程［M］. 哈尔滨：哈尔滨工业大学出版社，2001.

[17] 王天曦，李鸿儒. 电子技术工艺基础［M］. 北京：清华大学出版社，2000.

反侵权盗版声明

　　电子工业出版社依法对本作品享有专有出版权。任何未经权利人书面许可，复制、销售或通过信息网络传播本作品的行为；歪曲、篡改、剽窃本作品的行为，均违反《中华人民共和国著作权法》，其行为人应承担相应的民事责任和行政责任，构成犯罪的，将被依法追究刑事责任。

　　为了维护市场秩序，保护权利人的合法权益，我社将依法查处和打击侵权盗版的单位和个人。欢迎社会各界人士积极举报侵权盗版行为，本社将奖励举报有功人员，并保证举报人的信息不被泄露。

举报电话：(010) 88254396；(010) 88258888

传　　真：(010) 88254397

E-mail：dbqq@ phei. com. cn

通信地址：北京市万寿路 173 信箱

电子工业出版社总编办公室

邮　　编：100036